중학 수학
내신 대비
기출문제집

1-1 중간고사

| 교재 내용 문의 | 교재 내용 문의는 EBS 중학사이트 (mid.ebs.co.kr)의 교재 Q&A 서비스를 활용하시기 바랍니다. | 교재 정오표 공지 | 발행 이후 발견된 정오 사항을 EBS 중학사이트 정오표 코너에서 알려 드립니다. **교재 검색 → 교재 선택 → 정오표** | 교재 정정 신청 | 공지된 정오 내용 외에 발견된 정오 사항이 있다면 EBS 중학사이트를 통해 알려 주세요. **교재 검색 → 교재 선택 → 교재 Q&A** |

수학 꽉 잡아

중학 수학 완성

EBS 선생님 **무료강의 제공**

1 연산 → 2 기본 → 3 심화
1~3학년   1~3학년   1~3학년

중학 수학
내신 대비
기출문제집

1-1 중간고사

Structure

구성 및 특징

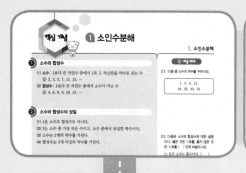

핵심 개념 + 개념 체크

체계적으로 정리된 교과서 개념을 통해 학습한 내용을 복습하고, 개념 체크 문제를 통해 자신의 실력을 점검할 수 있습니다.

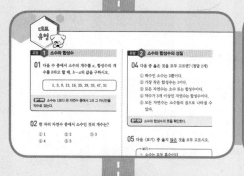

대표 유형 학습

중단원별 출제 빈도가 높은 대표 유형을 선별하여 유형별 유제와 함께 제시하였습니다.
대표 유형별 풀이 전략을 함께 파악하며 문제 해결 능력을 기를 수 있습니다.

기출 예상 문제

학교 시험을 분석하여 기출 예상 문제를 구성하였습니다. 학교 선생님이 직접 출제하신 적중률 높은 문제들로 대표 유형을 복습할 수 있습니다.

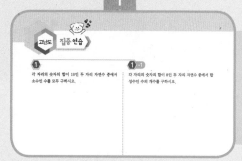

고난도 집중 연습

중단원별 틀리기 쉬운 유형을 선별하여 구성하였습니다. 쌍둥이 문제를 다시 한 번 풀어보며 고난도 문제에 대한 자신감을 키울 수 있습니다.

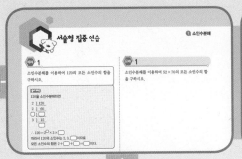

서술형 집중 연습

서술형으로 자주 출제되는 문제를 제시하였습니다. 예제의 빈칸을 채우며 풀이 과정을 서술하는 방법을 연습하고, 유제와 해설의 채점 기준표를 통해 서술형 문제에 완벽하게 대비할 수 있습니다.

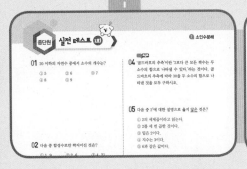

중단원 실전 테스트(2회)

고난도와 서술형 문제를 포함한 실전 형식 테스트를 2회 구성했습니다. 중단원 학습을 마무리하며 자신이 보완해야 할 부분을 파악할 수 있습니다.

부록

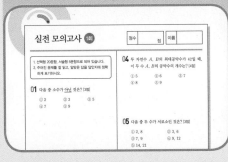

실전 모의고사(3회)

실제 학교 시험과 동일한 형식으로 구성한 3회분의 모의고사를 통해, 충분한 실전 연습으로 시험에 대비할 수 있습니다.

최종 마무리 50제

시험 직전, 최종 실력 점검을 위해 50문제를 선별했습니다. 유형별 문항으로 부족한 개념을 바로 확인하고 학교 시험 준비를 완벽하게 마무리할 수 있습니다.

Contents

이 책의 차례

1-1 기말

Ⅲ. 문자와 식

1. 문자의 사용과 식의 계산

2. 일차방정식

Ⅳ. 좌표평면과 그래프

1. 순서쌍과 좌표

2. 정비례와 반비례

학습 계획표

매일 일정한 분량을 계획적으로 학습하고, 공부한 후 '학습한 날짜'를 기록하며 체크해 보세요.

	대표 유형 학습	기출 예상 문제	고난도 집중 연습	서술형 집중 연습	중단원 실전 테스트 1회	중단원 실전 테스트 2회
소인수분해	/	/	/	/	/	/
최대공약수와 최소공배수	/	/	/	/	/	/
정수와 유리수	/	/	/	/	/	/
정수와 유리수의 계산	/	/	/	/	/	/
문자의 사용과 식의 계산	/	/	/	/	/	/

	실전 모의고사 1회	실전 모의고사 2회	실전 모의고사 3회	최종 마무리 50제
부록	/	/	/	/

I. 소인수분해

1

소인수분해

핵심 개념 1 소인수분해

Ⅰ. 소인수분해

1 소수와 합성수

(1) **소수**: 1보다 큰 자연수 중에서 1과 그 자신만을 약수로 갖는 수

  예 2, 3, 5, 7, 11, 13, …

(2) **합성수**: 1보다 큰 자연수 중에서 소수가 아닌 수

  예 4, 6, 8, 9, 10, 12, …

2 소수와 합성수의 성질

(1) 1은 소수도 합성수도 아니다.

(2) 2는 소수 중 가장 작은 수이고, 소수 중에서 유일한 짝수이다.

(3) 소수는 2개의 약수를 가진다.

(4) 합성수는 3개 이상의 약수를 가진다.

3 거듭제곱

(1) **거듭제곱**: 같은 수나 문자를 거듭하여 곱한 것

(2) **밑**: 거듭제곱에서 곱하는 수나 문자

(3) **지수**: 거듭제곱에서 같은 수나 문자가 곱해진 개수

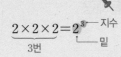

$$\underbrace{2 \times 2 \times 2}_{3번} = 2^{\overset{\text{지수}}{3}}_{\text{밑}}$$

4 소인수분해하기

(1) **인수**: 자연수 a, b, c에 대하여 $a = b \times c$일 때, a의 약수 b, c를 a의 인수라고 한다.

(2) **소인수**: 어떤 자연수의 인수 중에서 소수인 것

  예 12의 인수 1, 2, 3, 4, 6, 12 중에서 소인수는 2, 3이다.

(3) **소인수분해**: 1보다 큰 자연수를 소인수들만의 곱으로 나타내는 것

  예 60을 소인수로 계속 나누면

[방법 1]

$$60 = 2 \times 30$$
$$= 2 \times 2 \times 15$$
$$= 2 \times 2 \times 3 \times 5$$
$$= 2^2 \times 3 \times 5$$

[방법 2]

$$60 \begin{cases} 2 \\ 30 \begin{cases} 2 \\ 15 \begin{cases} 3 \\ 5 \end{cases} \end{cases} \end{cases}$$

[방법 3]

```
2 ) 60
2 ) 30
3 ) 15
       5
```

[소인수분해 결과] $60 = 2^2 \times 3 \times 5$

✔ 개념 체크

01 다음 중 소수의 개수를 구하시오.

> 1, 2, 9, 13,
> 24, 35, 43, 51

02 다음은 소수와 합성수에 대한 설명이다. 옳은 것은 ○표를, 옳지 않은 것은 ×표를 ( ) 안에 써넣으시오.

(1) 모든 소수는 홀수이다. ( )

(2) 가장 작은 소수는 2이다. ( )

(3) 소수의 약수는 모두 2개이다.

  ( )

(4) 소수가 아닌 자연수는 모두 합성수이다. ( )

03 다음을 거듭제곱을 사용하여 나타내시오.

(1) $7 \times 7 \times 7$

(2) $2 \times 2 \times 5 \times 5 \times 5$

(3) $3 \times 3 \times 3 \times 3 \times 5 \times 7 \times 7$

04 다음 수를 소인수분해하고, 소인수를 모두 구하시오.

(1) 56

(2) 100

(3) 252

❺ 제곱인 수 만들기

(1) 어떤 자연수의 제곱인 수는 소인수분해했을 때, 각 소인수의 지수가 모두 짝수이다.

　예 $6^2 = 36 = 2^2 \times 3^2$

(2) **제곱인 수 만들기**

　① 주어진 수를 소인수분해한다.

　② 지수가 홀수인 소인수를 찾아 지수가 짝수가 되도록 적당한 자연수를 곱하거나 적당한 자연수로 나눈다.

　예 12에 자연수 a를 곱하여 어떤 자연수의 제곱이 되도록 할 때, 가장 작은 자연수 a는 $12 \times a = 2^2 \times 3 \times a$에서 소인수의 지수가 모두 짝수이어야 하므로 3이다.

05 360에 자연수 n을 곱하여 어떤 자연수의 제곱이 되게 하려고 한다. 이러한 자연수 n 중에서 가장 작은 수를 구하시오.

06 135를 자연수 n으로 나누어 어떤 자연수의 제곱이 되게 하려고 한다. 이러한 자연수 n 중에서 가장 작은 수를 구하시오.

❻ 약수 구하기

자연수 N이

$$N = a^m \times b^n \ (a,\ b\text{는 서로 다른 소수, } m,\ n\text{은 자연수})$$

으로 소인수분해될 때, N의 약수는

$$(a^m \text{의 약수}) \times (b^n \text{의 약수})$$

예 18을 소인수분해하면 $18 = 2 \times 3^2$이므로 18의 약수는 다음 표와 같다.

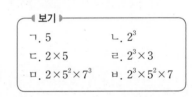

×	1	3	3^2
1	$1 \times 1 = 1$	$1 \times 3 = 3$	$1 \times 3^2 = 9$
2	$2 \times 1 = 2$	$2 \times 3 = 6$	$2 \times 3^2 = 18$

（표 위쪽: 3^2의 약수, 왼쪽: 2의 약수）

07 $2^3 \times 5^2 \times 7$의 약수를 〈보기〉에서 모두 고르시오.

보기

ㄱ. 5　　　　ㄴ. 2^3

ㄷ. 2×5　　ㄹ. $2^3 \times 3$

ㅁ. $2 \times 5^2 \times 7^3$　ㅂ. $2^3 \times 5^2 \times 7$

08 소인수분해를 이용하여 147의 약수를 모두 구하시오.

❼ 약수의 개수 구하기

$a,\ b,\ c$는 서로 다른 소수이고, $l,\ m,\ n$은 자연수일 때

(1) a^l의 약수는 $1,\ a,\ a^2,\ \cdots,\ a^l$이므로 a^l의 약수는 $(l+1)$개이다.

(2) $a^l \times b^m$의 약수는 $(l+1) \times (m+1)$개이다.

(3) $a^l \times b^m \times c^n$의 약수는 $(l+1) \times (m+1) \times (n+1)$개이다.

예 12를 소인수분해하면 $12 = 2^2 \times 3$이므로 2^2의 약수인 1, 2, 2^2 중에서 하나를 뽑고, 3의 약수인 1, 3 중에서 하나를 뽑아 곱한 것이 모두 12의 약수가 된다.

따라서 12의 약수는 $(2+1) \times (1+1) = 6$(개)이다.

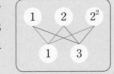

09 소인수분해를 이용하여 다음 수의 약수의 개수를 구하시오.

(1) $3^3 \times 5^2$

(2) $2^3 \times 5 \times 11^2$

(3) 90

(4) 225

유형 1 소수와 합성수

01 다음 수 중에서 소수의 개수를 a, 합성수의 개수를 b라고 할 때, $b-a$의 값을 구하시오.

> 1, 3, 9, 13, 16, 25, 29, 33, 47, 51

풀이 전략 소수는 1보다 큰 자연수 중에서 1과 그 자신만을 약수로 갖는다.

02 한 자리 자연수 중에서 소수인 것의 개수는?

① 1   ② 2   ③ 3
④ 4   ⑤ 5

03 다음 네모 칸에 쓰여진 숫자 중에서 합성수를 찾아 색칠하면 한글 자음 중 하나가 된다고 할 때, 이 자음을 적으시오.

1	17	23
14	57	35
2	41	9
27	15	42
37	11	33

유형 2 소수와 합성수의 성질

04 다음 중 옳은 것을 모두 고르면? (정답 2개)

① 짝수인 소수는 2뿐이다.
② 가장 작은 합성수는 1이다.
③ 모든 자연수는 소수 또는 합성수이다.
④ 약수가 3개 이상인 자연수는 합성수이다.
⑤ 모든 자연수는 소수들의 곱으로 나타낼 수 있다.

풀이 전략 소수와 합성수의 뜻을 확인한다.

05 다음 〈보기〉 중 옳지 <u>않은</u> 것을 모두 고르시오.

> ◀ 보기 ▶
> ㄱ. 소수는 모두 홀수이다.
> ㄴ. 가장 작은 소수는 3이다.
> ㄷ. 소수의 약수의 개수는 2이다.
> ㄹ. 10보다 작은 합성수는 모두 4개이다.
> ㅁ. 5의 배수 중에서 소수인 것은 1개뿐이다.

06 다음 조건을 모두 만족시키는 자연수의 개수를 구하시오.

> (가) 약수는 2개뿐이다.
> (나) 20 이상 40 이하의 수이다.

유형 ③ 거듭제곱

07 다음 중 옳은 것은?

① $2^3 = 6$

② $a + a + a = a^3$

③ $7 \times 7 \times 7 \times 7 = 7^4$

④ $3 \times 3 \times 5 + 5 \times 3 = 3^3 \times 5^2$

⑤ $\dfrac{1}{5} \times \dfrac{1}{5} \times \dfrac{1}{5} \times \dfrac{1}{5} = \dfrac{4}{5^4}$

풀이 전략 같은 수나 문자를 거듭하여 곱한 경우 곱해진 개수가 지수이다.

08 $2 \times 2 \times 2 \times 2 \times 3 \times 3 \times 5 \times 5 \times 5 = 2^a \times 3^b \times 5^c$일 때, 자연수 a, b, c에 대하여 $a - b + c$의 값은?

① 3   ② 4   ③ 5

④ 6   ⑤ 7

09 $2^a = 32$, $3^b = 81$을 만족하는 두 자연수 a, b에 대하여 $a + b$의 값은?

① 8   ② 9   ③ 10

④ 11   ⑤ 12

유형 ④ 소인수분해하기

10 다음 수를 소인수분해한 것으로 옳은 것은?

① $24 = 3 \times 8$ ② $45 = 3^2 \times 5$

③ $144 = 12^2$ ④ $120 = 2^2 \times 3 \times 5$

⑤ $10000 = 10^4$

풀이 전략 소인수로 계속 나눈 후 소인수들만의 곱으로 나타낸다.

11 90의 소인수를 모두 찾으면?

① 2, 3, 5   ② 1, 2, 3, 5

③ 1, 2, 3, 5, 6   ④ 2, 3, 5, 9

⑤ 1, 2, 3, 5, 9

12 다음 중 소인수가 나머지 넷과 <u>다른</u> 하나는?

① 12   ② 24   ③ 36

④ 48   ⑤ 60

13 252를 소인수분해하면 $2^a \times b^2 \times c$이다. 이때 소수인 자연수 a, b, c에 대하여 $a+b+c$의 값을 구하시오.

14 $A = 1 \times 2 \times 3 \times 4 \times \cdots \times 10$을 소인수분해하여 나타냈을 때, 다음 중 옳지 <u>않은</u> 것은?

① A의 소인수는 4개이다.
② 지수가 가장 큰 소인수는 2이다.
③ A의 소인수 중에서 가장 큰 수는 7이다.
④ A의 약수의 개수는 270이다.
⑤ A는 어떤 자연수의 제곱이다.

유형 5 제곱인 수 만들기

15 588에 자연수 a를 곱하여 어떤 자연수의 제곱이 되도록 할 때, 다음 중 a의 값이 될 수 있는 것을 모두 고르면? (정답 2개)

① 3   ② 6   ③ 9
④ 12   ⑤ 15

풀이 전략 소인수분해한 후 소인수의 각 지수가 짝수인지 확인한다.

16 $84 \times a = b^2$을 만족하는 가장 작은 자연수 a, b에 대하여 $b-a$의 값을 구하시오.

17 180을 자연수 x로 나누어 어떤 자연수의 제곱이 되도록 할 때, 다음 중 x의 값이 될 수 있는 것은?

① 10   ② 12   ③ 15
④ 45   ⑤ 60

유형 6 약수 구하기

18 다음 중 $2^4 \times 3^2$의 약수가 <u>아닌</u> 것은?

① 2^3 ② 3^2
③ $2^3 \times 3^2$ ④ $2^2 \times 3^3$
⑤ $2^4 \times 3^2$

풀이 전략 $2^4 \times 3^2$의 약수는 2^4의 약수와 3^2의 약수의 곱으로 이루어지므로 각 소인수의 지수가 $2^4 \times 3^2$의 소인수의 지수보다 작거나 같아야 한다.

19 소인수분해를 이용하여 200의 약수를 구하려고 할 때, 다음 중 옳지 <u>않은</u> 것은?

×	1	5	(나)
(가)			
2		2×5	
2^2	2^2	(다)	
2^3			

① (가)에 알맞은 수는 1이다.
② (나)에 알맞은 수는 5^2이다.
③ (다)에 알맞은 수는 40이다.
④ 200의 약수 중에서 가장 작은 수는 1이다.
⑤ 200의 약수 중에서 5의 배수는 8개이다.

20 $A = 2^2 \times 3 \times 5^2$이라고 할 때, 자연수 A의 약수 중에서 세 번째로 큰 수를 구하시오.

21 720의 약수 중에서 어떤 자연수의 제곱으로 나타낼 수 있는 수의 개수는?

① 5　　　② 6　　　③ 7
④ 8　　　⑤ 9

22 다음 중 약수의 개수가 가장 많은 것은?

① $2^2 \times 5$　　　② $2 \times 3 \times 7$
③ 56　　　④ 80
⑤ 105

> **풀이 전략** $a^m \times b^n$ (a, b는 서로 다른 소수, m, n은 자연수)의 약수의 개수는 $(m+1) \times (n+1)$이다.

23 $2^3 \times 5^a$의 약수의 개수가 12일 때, 자연수 a의 값을 구하시오.

24 상자 안에 숫자 2, 3, 5가 적힌 구슬이 각각 2개씩 있다. 상자에서 구슬 3개를 뽑아 구슬에 적힌 수를 곱한 값을 A라 하고, A의 약수의 개수를 B라고 하자. B의 값이 가장 클 때, 세 구슬에 적힌 숫자의 합을 구하시오.

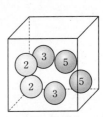

❶ 소수와 합성수

01 다음 중 소수인 것을 모두 고르면? (정답 2개)

① 29   ② 31   ③ 45

④ 87   ⑤ 93

❶ 소수와 합성수

02 그림과 같이 1부터 9까지의 숫자 중 서로 다른 세 수 a, b, c가 비밀번호인 금고가 있다. 비밀번호가 다음 조건을 모두 만족시킬 때, 비밀번호를 구하시오.

(가) a, b, c는 소수이고, $a+b=c$이다.
(나) $a+b+c$의 값에서 각 자리 숫자의 합은 소수이다.

❶ 소수와 합성수

03 일의 자리의 숫자가 3인 두 자리 자연수 중에서 소수인 수의 개수는?

① 4   ② 5   ③ 6

④ 7   ⑤ 8

❷ 소수와 합성수의 성질

04 〈보기〉 중에서 옳지 <u>않은</u> 것을 모두 고른 것은?

┤ 보기 ├

ㄱ. 가장 작은 합성수는 6이다.
ㄴ. 1은 소수도 합성수도 아니다.
ㄷ. 10보다 큰 소수는 모두 홀수이다.
ㄹ. 짝수는 2를 약수로 가지므로 모두 합성수이다.

① ㄱ, ㄴ   ② ㄱ, ㄷ   ③ ㄱ, ㄹ

④ ㄴ, ㄷ   ⑤ ㄴ, ㄹ

❷ 소수와 합성수의 성질

05 다음 중 옳은 것은?

① 1은 소수이다.
② 소수에는 짝수가 없다.
③ 홀수는 모두 소수이다.
④ 3의 배수 중 소수는 1개뿐이다.
⑤ 약수가 3개인 자연수는 소수이다.

❷ 소수와 합성수의 성질

06 〈보기〉에서 약수가 2개인 수의 개수를 a, 약수가 3개 이상인 수의 개수를 b라고 할 때, $a-b$의 값은?

┤ 보기 ├

1, 5, 6, 13, 25, 47, 59

① 0   ② 1   ③ 2

④ 3   ⑤ 4

3 거듭제곱

07 체스를 발명한 고대 인도의 발명가 세타에게 인도의 왕자가 상을 주겠다고 하자 세타는 체스판 한 칸에 수수알 한 톨, 그 다음 칸에 수수알 두 톨, 그 다음 칸에는 수수알 네 톨, 이렇게 다음 칸에는 앞의 칸보다 수수알을 두 배씩 얹어 달라고 했다. 체스판은 정사각형 모양이고 가로, 세로 각각 8개의 칸으로 나누어져 있을 때, 마지막 날 세타가 받을 수수알의 개수를 소인수의 거듭제곱을 이용하여 나타내시오.

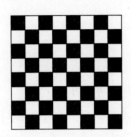

3 거듭제곱

08 밑이 2이고 지수가 4인 자연수를 a, 밑이 3이고 지수가 2인 자연수를 b라고 할 때, $a-b$의 값을 구하시오.

3 거듭제곱

09 $2 \times 2 \times 2 \times 2 \times 3 \times 3 = 2^a \times b^c$와 같이 나타낼 때, 세 자연수 a, b, c에 대하여 $a+b-c$의 값은? (단, b는 소수이다.)

① 1   ② 2   ③ 3
④ 4   ⑤ 5

4 소인수분해

10 504를 소인수분해하면 $2^a \times 3^b \times 7^c$이다. 이때 자연수 a, b, c에 대하여 $a+b+c$의 값은?

① 3   ② 4   ③ 5
④ 6   ⑤ 7

4 소인수분해

11 다음 중 180을 소인수분해한 것은?

① 10×18 ② 5×6^2
③ $4 \times 5 \times 9$ ④ $2^2 \times 3^2 \times 5$
⑤ $2 \times 3 \times 5 \times 6$

4 소인수분해

12 126의 소인수들의 합은?

① 5   ② 7   ③ 8
④ 10   ⑤ 12

4 소인수분해

13 〈보기〉의 수를 소인수분해했을 때, 소인수가 같은 것끼리 짝지은 것은?

◁ 보기 ▷
ㄱ. 45   ㄴ. 84   ㄷ. 108
ㄹ. 140   ㅁ. 192

① ㄱ, ㄷ   ② ㄴ, ㄹ   ③ ㄷ, ㄹ
④ ㄷ, ㅁ   ⑤ ㄹ, ㅁ

4 소인수분해

14 소인수분해했을 때 세 개의 서로 다른 소인수를 갖는 가장 작은 자연수를 구하시오.

5 제곱인 수 만들기

15 $150 \times x$가 어떤 자연수의 제곱이 되도록 할 때, 다음 중 x의 값이 될 수 있는 것은?

① 12   ② 18   ③ 24
④ 30   ⑤ 36

5 제곱인 수 만들기

16 60에 자연수 x를 곱하여 어떤 자연수의 제곱이 되게 하려고 한다. 다음 중 x의 값이 될 수 없는 것은?

① 3×5 ② $2^2 \times 5$ ③ $2^2 \times 3 \times 5$
④ $3^3 \times 5$ ⑤ $3 \times 5 \times 7^2$

5 제곱인 수 만들기

17 168을 가장 작은 자연수 a로 나누어 어떤 자연수 b의 제곱이 되게 할 때, $a-b$의 값을 구하시오.

5 제곱인 수 만들기

18 882를 자연수 x로 나누면 어떤 자연수의 제곱이 된다고 할 때, x의 값이 될 수 있는 자연수의 개수는?

① 3   ② 4   ③ 5
④ 6   ⑤ 7

6 약수 구하기

19 다음 중 1440의 약수가 <u>아닌</u> 것은?

① 2^3 ② $3^2 \times 5$

③ $2^2 \times 3 \times 5$ ④ $2 \times 3 \times 5^2$

⑤ $2^5 \times 3$

6 약수 구하기

20 $2^5 \times 3 \times 5$를 어떤 자연수 x로 나누면 나누어떨어진다고 할 때, 다음 중 x의 값이 될 수 <u>없는</u> 것은?

① 6 ② 15 ③ 20

④ 25 ⑤ 48

6 약수 구하기

21 $3^2 \times 5 \times 7$의 약수 중에서 네 번째로 작은 수를 a, 세 번째로 큰 수를 b라고 할 때, $a+b$의 값을 구하시오.

7 약수의 개수 구하기

22 $2^2 \times 3 \times 5^a$의 약수의 개수가 24일 때, a의 값은?

① 2 ② 3 ③ 4

④ 6 ⑤ 12

7 약수의 개수 구하기

23 다음 중 약수의 개수가 나머지 넷과 <u>다른</u> 하나는?

① $2^3 \times 3^2$ ② $3 \times 7 \times 11$

③ 60 ④ 200

⑤ 675

7 약수의 개수 구하기

24 다음 조건을 모두 만족시키는 모든 자연수 n의 값의 합을 구하시오.

(가) n을 소인수분해하면 소인수는 2와 5뿐이다.
(나) 약수의 개수는 8이다.

 1

각 자리의 숫자의 합이 10인 두 자리 자연수 중에서 소수인 수를 모두 구하시오.

1 -1

각 자리의 숫자의 합이 8인 두 자리 자연수 중에서 합성수인 수의 개수를 구하시오.

2

7^{2021}의 일의 자리의 숫자를 구하시오.

2 -1

3^{342}의 일의 자리의 숫자를 구하시오.

3

100 이하의 자연수 중에서 약수의 개수가 3인 수의 개수를 구하시오.

세 자리 자연수 중에서 약수의 개수가 5인 수를 모두 구하시오.

4

다음 조건을 모두 만족시키는 세 자리 자연수를 모두 구하시오.

(가) 60과 소인수가 같다.
(나) 60과 약수의 개수가 같다.

1350과 소인수가 같고, 약수의 개수가 같은 자연수 중에서 가장 작은 수를 구하시오.

서술형 집중 연습

 1

소인수분해를 이용하여 120의 모든 소인수의 합을 구하시오.

풀이 과정

120을 소인수분해하면

$$
\begin{array}{r}
2\ )\ \underline{120} \\
2\ )\ \underline{60} \\
\boxed{}\ )\ \underline{\boxed{}} \\
3\ )\ \underline{15} \\
\boxed{}
\end{array}
$$

$\therefore 120 = 2^{\boxed{}} \times 3 \times \boxed{}$

따라서 120의 소인수는 2, 3, $\boxed{}$이므로

모든 소인수의 합은 $2 + \boxed{} + \boxed{} = \boxed{}$이다.

 1

소인수분해를 이용하여 52×70의 모든 소인수의 합을 구하시오.

 2

980에 자연수를 곱하여 어떤 자연수의 제곱이 되게 할 때, 곱해야 하는 수 중에서 두 번째로 작은 수를 구하시오.

풀이 과정

곱해야 하는 자연수를 x라고 하자.

980을 소인수분해하면

$980 = 2^{\boxed{}} \times \boxed{} \times \boxed{}^2$이므로

$980 \times x$가 어떤 자연수의 제곱이 되려면

$980 \times x = 2^{\boxed{}} \times \boxed{} \times \boxed{}^2 \times x$의 모든 소인수의 지수가 짝수여야 한다.

$\therefore x = \boxed{} \times (\text{자연수})^2$

따라서 두 번째로 작은 수는

$\boxed{} \times \boxed{}^2 = \boxed{}$이다.

2

다음 조건을 모두 만족시키는 자연수 n의 값의 합을 구하시오.

(가) $450 \times n$은 어떤 자연수의 제곱이다.
(나) n은 두 자리 자연수이다.

3

소인수분해를 이용하여 189의 약수를 구하시오.

풀이 과정

189를 소인수분해하면 $189=3^{\square}\times\boxed{}$이므로
189의 약수는 $3^{\square}$의 약수와 $\boxed{}$의 약수의 곱이다.
이때 $3^{\square}$의 약수는 $1, 3, 3^2, \boxed{}$이고,
$\boxed{}$의 약수는 $1, \boxed{}$이다.

$\times$	1	3	3^2	3^3
1				
7				

따라서 189의 약수는 위의 표와 같이
$1, 3, \boxed{}, 9, \boxed{}, 27, \boxed{}, 189$이다.

유제 **3**

324의 약수 중에서 4의 배수를 모두 구하시오.

 4

$4^2\times3^a\times5^2$의 약수가 45개일 때, 자연수 a의 값을 구하시오.

풀이 과정

$4^2\times3^a\times5^2=4\times\boxed{}\times3^a\times5^2$
$=2^{\square}\times3^a\times5^2$이고
약수의 개수는
$(\boxed{}+1)\times(a+\boxed{})\times(2+1)=\boxed{}$
$a+\boxed{}=\boxed{}$
따라서 $a=\boxed{}$이다.

유제 **4**

$9^2\times a$의 약수가 15개일 때, 가능한 a의 값 중 가장 작은 자연수를 구하시오.

01 20 이하의 자연수 중에서 소수의 개수는?

① 5 ② 6 ③ 7
④ 8 ⑤ 9

02 다음 중 합성수로만 짝지어진 것은?

① 1, 9 ② 2, 6 ③ 4, 21
④ 7, 17 ⑤ 11, 35

03 다음 중 옳은 것은?

① 소수는 모두 홀수이다.
② 1은 가장 작은 소수이다.
③ 7의 배수 중에서 소수는 하나뿐이다.
④ 소수는 약수가 1개인 자연수이다.
⑤ 소수가 아닌 자연수는 모두 합성수이다.

04 [고난도] '골드바흐의 추측'이란 '2보다 큰 모든 짝수는 두 소수의 합으로 나타낼 수 있다.'라는 것이다. 골드바흐의 추측에 따라 30을 두 소수의 합으로 나타낸 것을 모두 구하시오.

05 다음 중 2^3에 대한 설명으로 옳지 <u>않은</u> 것은?

① 2의 세제곱이라고 읽는다.
② 2를 세 번 곱한 것이다.
③ 밑은 2이다.
④ 지수는 3이다.
⑤ 6과 같은 값이다.

06 길이의 단위에 대한 설명이 다음과 같을 때,
1 Tm(테라미터)$=10^a$ m,
1 Pm(페타미터)$=10^b$ m이다. $a+b$의 값은?

오늘날 우리가 사용하는 '미터법'은 1960년에 국제적 합의에 따라 정해진 '국제표준(SI) 단위'를 말한다.
국제 단위계에서는 길이의 경우 m(미터)가 SI 단위(기본 단위)로 이용되고, km의 'k(킬로)=천'처럼 SI 접두어를 붙여 1 km$=10^3$ m와 같이 길이를 나타낸다.

이름	기호	단위에 곱하는 배수
킬로	k	천
메가	M	백만
기가	G	십억
테라	T	조
페타	P	천조

① 21 ② 23 ③ 25
④ 27 ⑤ 29

07 다음 중 소인수가 한 개인 수는?

① 6   ② 15   ③ 27

④ 30   ⑤ 48

08 $2 \times 2 \times 5 \times 3 \times 2 \times 3 \times 2 \times 5 = 2^a \times b^2 \times 5^c$ 일 때,
자연수 a, b, c에 대하여 $a+b-c$의 값은?

(단, b는 소수이다.)

① 5   ② 6   ③ 7

④ 8   ⑤ 9

고난도

09 $1 \times 2 \times 3 \times \cdots \times 19 \times 20$을 3^n으로 나누었더니 나
누어떨어졌다. 이때 가장 큰 자연수 n의 값은?

① 2   ② 4   ③ 5

④ 7   ⑤ 8

10 다음은 주어진 자연수를 소인수분해한 것이다.
□ 안에 들어갈 수가 가장 큰 것은?

① $24 = 2^\square \times 3$ ② $60 = 2^\square \times 3 \times 5$

③ $176 = 2^\square \times 11$ ④ $252 = 2^\square \times 3^2 \times 7$

⑤ $392 = 2^\square \times 7^2$

11 다음 중 $2^3 \times 3^2 \times 7$의 약수인 것을 모두 고르면?

(정답 2개)

① 10   ② 24   ③ 48

④ 63   ⑤ 98

12 다음을 만족하는 두 자연수 x와 y가 될 수 있는
것은?

$$336 \div x = y^2$$

① 2, 42   ② 3, 28   ③ 6, 14

④ 14, 6   ⑤ 21, 4

13 소인수분해를 이용하여 525의 약수의 개수를 구하시오.

15 $\dfrac{270}{n}$이 자연수가 되도록 하는 자연수 n의 개수를 구하시오.

14 $2^a=64$, $\dfrac{3}{7}\times\dfrac{3}{7}\times\dfrac{3}{7}\times\dfrac{3}{7}=\dfrac{3^b}{7^c}$을 만족하는 세 자연수 a, b, c에 대하여 $a+b+c$의 값을 구하시오.

고난도

16 다음 조건을 모두 만족시키는 두 자연수의 합을 구하시오.

(가) 두 자연수를 곱한 수의 약수는 2개뿐이다.
(나) 두 자연수의 차는 36이다.

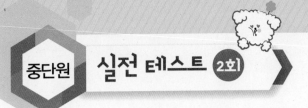
01 다음 중 그 수가 모두 합성수인 것은?

① 3의 배수   ② 12의 약수
③ 자연수 중 홀수   ④ 자연수 중 짝수
⑤ 약수가 4개인 자연수

02 짝수인 소수를 a, 가장 작은 두 자리의 소수를 b 라고 할 때, $b-a$의 값은?

① 7   ② 9   ③ 11
④ 13   ⑤ 15

03 다음 중 옳은 것은?

① 1은 소수이다.
② 소수는 무수히 많다.
③ 두 소수의 합은 합성수이다.
④ 두 소수의 곱은 홀수이다.
⑤ 자연수는 소수와 합성수로 나누어진다.

04 다음 중 옳은 것은?

① $3^4=12$
② $7+7+7=7^3$
③ $5\times5\times5\times5=4^5$
④ $\dfrac{3}{5}\times\dfrac{3}{5}\times\dfrac{3}{5}\times\dfrac{3}{5}=\dfrac{3^4}{5}$
⑤ $2\times3\times2\times2\times3=2^3\times3^2$

05 $\dfrac{1}{2^a}=\dfrac{1}{16}$, $3^4=b$를 만족시키는 두 자연수 a, b 에 대하여 $a+b$의 값은?

① 16   ② 20   ③ 31
④ 32   ⑤ 85

06 2, 3, 5를 소인수로 가지는 두 자리의 자연수들 의 합은?

① 60   ② 90   ③ 120
④ 150   ⑤ 180

07 다음은 84를 소인수분해하는 과정을 나타낸 것이다. 옳은 것을 모두 고르면? (정답 2개)

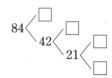

① □ 안의 수는 모두 소수이다.
② □ 안의 수를 모두 더하면 12이다.
③ 84의 소인수는 2, 3, 7이다.
④ 84의 인수는 10개이다.
⑤ 84를 소인수분해하면 $2 \times 3 \times 7$이다.

고난도
08 세 자연수 a, b, c에 대하여 $45 \times a = 56 \times b = c^2$일 때, 가장 작은 c의 값은?

① 105 ② 210 ③ 420
④ 630 ⑤ 840

09 다음 중 96의 약수가 <u>아닌</u> 것은?

① 1 ② 2×3 ③ 2^3
④ $2^2 \times 3$ ⑤ 2×3^2

10 다음 대화 중 옳게 말한 학생을 있는 대로 고른 것은?

> 세은: $2^2 \times 5$의 약수는 3개야.
> 중헌: 50의 약수는 5개야.
> 지은: $2^2 \times 3^2$의 약수는 9개야.

① 세은 ② 중헌
③ 지은 ④ 세은, 중헌
⑤ 중헌, 지은

11 $8 \times \square$의 약수의 개수가 12일 때, 다음 중 □ 안에 들어갈 수로 옳지 <u>않은</u> 것은?

① 2^2 ② 3^2 ③ 5^2
④ 7^2 ⑤ 11^2

고난도
12 $2^3 \times 3 \times 5^2$의 약수 중에서 홀수의 개수는?

① 3 ② 4 ③ 6
④ 8 ⑤ 9

13 30보다 작은 자연수 중에서 가장 큰 소수를 a, 가장 작은 합성수를 b라고 할 때, $a+b$의 약수의 개수를 구하시오.

15 756의 약수의 개수와 $2^a \times 3^2$의 약수의 개수가 같을 때, 자연수 a의 값을 구하시오.

14 $2^{102}+5^{103}$의 일의 자리의 숫자를 구하시오.

16 약수가 6개인 자연수 중에서 가장 작은 수를 구하시오.

I. 소인수분해

2

최대공약수와 최소공배수

② 최대공약수와 최소공배수

Ⅰ. 소인수분해

① 공약수와 최대공약수

(1) **공약수**: 두 개 이상의 자연수의 공통인 약수

(2) **최대공약수**: 공약수 중에서 가장 큰 수

(3) **최대공약수의 성질**: 두 개 이상의 자연수의 공약수는 그 수들의 최대공약수의 약수이다.

예 8과 12의 최대공약수는 4이므로 8과 12의 공약수는 4의 약수인 1, 2, 4이다.

② 서로소

(1) **서로소**: 최대공약수가 1인 두 자연수

예 4와 7의 최대공약수가 1이므로 4와 7은 서로소이다.

(2) 주어진 두 수가 서로소인지 알아보려면 두 수의 최대공약수를 구해 본다.

예 5와 9의 최대공약수는 1이므로 서로소이지만 12와 21의 최대공약수는 3이므로 서로소가 아니다.

③ 최대공약수 구하기

(1) 소인수분해를 이용하는 방법

공통인 소인수만 곱한다.

$$36 = 2^2 \times 3^2$$
$$60 = 2^2 \times 3 \times 5$$
$$\text{(최대공약수)} = 2^2 \times 3 = 12$$

지수가 같으면 그대로 곱한다.

지수가 다르면 지수가 작은 것을 곱한다.

(2) 공약수로 나누는 방법

```
2 ) 36  60
2 ) 18  30
3 )  9  15
      3   5
```
서로소

$$\text{(최대공약수)} = 2 \times 2 \times 3 = 12$$

④ 공배수와 최소공배수

(1) **공배수**: 두 개 이상의 자연수의 공통인 배수

(2) **최소공배수**: 공배수 중에서 가장 작은 수

(3) **최소공배수의 성질**: 두 개 이상의 자연수의 공배수는 그 수들의 최소공배수의 배수이다.

예 6과 8의 최소공배수는 24이므로 6과 8의 공배수는 24의 배수인 24, 48, 72, …이다.

✓ 개념 체크

01 두 자연수의 최대공약수를 이용하여 두 자연수의 공약수를 모두 구하시오.

(1) 16과 20의 최대공약수: 4
⇨ 16과 20의 공약수: _____

(2) 60과 72의 최대공약수: 12
⇨ 60과 72의 공약수: _____

02 다음 두 자연수의 최대공약수를 구하고, 두 수가 서로소인 것은 ○표, 서로소가 아닌 것은 ×표를 ( ) 안에 써넣으시오.

(1) 11, 16
⇨ 최대공약수: _____ ( )

(2) 35, 49
⇨ 최대공약수: _____ ( )

03 다음 수들의 최대공약수를 소인수의 거듭제곱으로 나타내시오.

(1) $2^3 \times 3 \times 5$, $2^2 \times 5^3$

(2) $2^3 \times 3^2$, $2^4 \times 3 \times 5$, $2^2 \times 7^2$

04 공약수로 나누어 다음 수들의 최대공약수를 구하시오.

(1) 40, 56

(2) 36, 54, 60

05 두 자연수의 최소공배수를 이용하여 두 자연수의 공배수를 작은 것부터 차례로 3개 구하시오.

(1) 4와 6의 최소공배수: 12
⇨ 4와 6의 공배수: _____

(2) 10과 15의 최소공배수: 30
⇨ 10과 15의 공배수: _____

5 **최소공배수 구하기**

(1) 소인수분해를 이용하는 방법

공통이 아닌 것도 곱한다.

$$12 = 2^2 \times 3$$
$$24 = 2^3 \times 3$$
$$30 = 2 \times 3 \times 5$$

(최소공배수)$= 2^3 \times 3 \times 5 = 120$

지수가 다르면 지수가 큰 것을 곱한다. ┘

지수가 같으면 그대로 곱한다. ┘

(2) 공약수로 나누는 방법

```
2 ) 12  24  30
3 )  6  12  15
2 )  2   4   5
     1   2   5
```

(최소공배수)
$$= 2 \times 3 \times 2 \times 1 \times 2 \times 5$$
$$= 120$$

6 **최대공약수와 최소공배수의 관계**

두 자연수 A, B의 최대공약수가 G이고, 최소공배수가 L이면

(1) $A = a \times G$, $B = b \times G$ (단, a, b는 서로소)

(2) $L = a \times b \times G$

(3) $A \times B = (a \times G) \times (b \times G) = L \times G$

```
G ) A    B
      a    b
```
서로소

7 **최대공약수의 활용**

(1) 두 종류 이상의 물건을 가능한 한 많은 사람에게 남김없이 똑같이 나누어 주는 문제

(2) 직사각형(직육면체) 모양을 가장 큰 정사각형(정육면체) 모양으로 빈틈없이 채우는 문제

(3) 두 개 이상의 자연수를 동시에 나누는 가장 큰 자연수를 구하는 문제

8 **최소공배수의 활용**

(1) 두 사람(이동 수단)이 동시에 출발한 뒤 처음으로 다시 만나는(출발하는) 시각을 구하는 문제

(2) 직육면체(직사각형) 모양을 가장 작은 정육면체(정사각형) 모양으로 빈틈없이 쌓는 문제

(3) 두 개 이상의 자연수로 동시에 나누어지는 가장 작은 자연수를 구하는 문제

⟨✓ 개념 체크⟩

06 다음 수들의 최소공배수를 소인수의 거듭제곱으로 나타내시오.

(1) $2^2 \times 3^2$, $2^3 \times 7$

(2) 2×3^2, $2^2 \times 5^2$, $2 \times 3^2 \times 7$

07 공약수로 나누어 다음 수들의 최소공배수를 구하시오.

(1) 16, 28

(2) 24, 30, 36

08 두 자연수 16, x의 최대공약수가 8, 최소공배수가 48일 때, x의 값을 구하시오.

09 공책 24권, 지우개 48개, 연필 60자루를 가능한 한 많은 학생들에게 남김없이 똑같이 나누어 줄 때, 나누어 줄 수 있는 학생 수를 구하시오.

10 어느 역에서 버스는 8분, 열차는 12분 간격으로 출발한다. 버스와 열차가 오전 8시에 동시에 출발한 후, 처음으로 다시 동시에 출발하는 시각을 구하시오.

01 어떤 두 자연수의 최대공약수가 30일 때, 이 두 수의 공약수의 개수를 구하시오.

> **풀이 전략** 두 개 이상의 자연수의 공약수는 그 수들의 최대공약수의 약수이다.

02 두 자연수 A, B의 최대공약수가 24일 때, 다음 중 A와 B의 공약수를 모두 고르면? (정답 2개)

① 6   ② 7   ③ 8
④ 9   ⑤ 10

03 두 자연수의 최대공약수가 $2 \times 3^2 \times 5$일 때, 두 자연수의 공약수 중에서 세 번째로 큰 수는?

① 18   ② 30   ③ 45
④ 90   ⑤ 180

04 다음 중 두 수가 서로소인 것은?

① 12, 15   ② 14, 21
③ 19, 38   ④ 26, 39
⑤ 28, 45

> **풀이 전략** 최대공약수가 1인 두 자연수는 서로소이다.

05 다음 조건을 모두 만족시키는 자연수의 개수를 구하시오.

> (가) 12와 서로소이다.
> (나) 20 이상 40 이하의 수이다.

06 다음 중 옳은 것을 모두 고르면? (정답 2개)

① 1은 모든 자연수와 서로소이다.
② 서로소인 두 자연수는 모두 소수이다.
③ 서로 다른 두 소수는 항상 서로소이다.
④ 서로 다른 두 홀수는 항상 서로소이다.
⑤ 10 이하의 자연수 중에서 10과 서로소인 자연수의 개수는 6이다.

07 다음 중 두 수 $2^3 \times 3^2 \times 5$, $2^3 \times 3 \times 7^2$의 최대공약수는?

① 2×3 ② $2^3 \times 3$

③ $2 \times 3 \times 5$ ④ $2 \times 3 \times 7$

⑤ $2 \times 3 \times 5 \times 7$

풀이 전략 공통인 소인수를 찾은 후 지수가 작거나 같은 것을 택하여 곱한다.

08 다음 중 두 수 $2^2 \times 3^3$, $2^3 \times 3^2 \times 5^2$의 공약수가 아닌 것은?

① 2×3 ② 3^2

③ $2^2 \times 3$ ④ $2^2 \times 3^2$

⑤ $2^2 \times 3^3$

09 두 자연수 N, 84의 최대공약수가 14일 때, 100 이하의 자연수 중에서 N의 값이 될 수 있는 수의 개수는?

① 1   ② 2   ③ 3

④ 4   ⑤ 5

10 두 자연수의 최소공배수가 24일 때, 두 자연수의 공배수 중에서 200 이하인 자연수의 개수는?

① 4   ② 5   ③ 6

④ 7   ⑤ 8

풀이 전략 두 개 이상의 자연수의 공배수는 그 수들의 최소공배수의 배수이다.

11 두 자연수 A, B의 최소공배수가 38일 때, A와 B의 공배수 중에서 300에 가장 가까운 수를 구하시오.

12 어떤 세 자연수의 최소공배수가 $2^2 \times 5$일 때, 〈보기〉 중에서 이 세 자연수의 공배수를 모두 고른 것은?

┌ 보기 ┐

ㄱ. 2×5 ㄴ. $2 \times 3 \times 5$

ㄷ. $2^2 \times 5$ ㄹ. $2^2 \times 3 \times 5$

ㅁ. $2^2 \times 5^2$ ㅂ. $2 \times 5^2 \times 7$

① ㄱ, ㄴ, ㅂ   ② ㄱ, ㄷ, ㅁ

③ ㄴ, ㄹ, ㅂ   ④ ㄷ, ㄹ, ㅁ

⑤ ㄹ, ㅁ, ㅂ

최소공배수 구하기

13 다음 중 세 수 $2^3 \times 3 \times 5$, $3^2 \times 5 \times 7^2$, $2 \times 5^3 \times 7$ 의 최소공배수는?

① $2 \times 3 \times 5 \times 7$
② $2^2 \times 3^2 \times 5^2 \times 7^2$
③ $2^3 \times 3^2 \times 5^3 \times 7^2$
④ $2^2 \times 3 \times 5^2 \times 7^3$
⑤ $2^4 \times 3^3 \times 5^5 \times 7^3$

풀이 전략 공통인 소인수에서는 지수가 큰 쪽을 택하고 공통이 아닌 소인수도 모두 택하여 곱한다.

14 다음 중 두 수 $2^3 \times 3^2 \times 5$, $3^3 \times 5^2$의 공배수가 아닌 것은?

① $2^3 \times 3^3 \times 5^2$
② $2^4 \times 3^2 \times 5^2$
③ $2^4 \times 3^3 \times 5^2$
④ $2^3 \times 3^3 \times 5^3$
⑤ $2^3 \times 3^3 \times 5^2 \times 7$

15 두 자연수 N, $2^3 \times 3 \times 5^2$의 최소공배수가 $2^3 \times 3^2 \times 5^2$일 때, 다음 중 N의 값이 될 수 없는 것을 모두 고르면? (정답 2개)

① 2×3^2
② $2^3 \times 3 \times 5$
③ $2^2 \times 3^2 \times 5$
④ $2 \times 3^2 \times 5^2$
⑤ $2^3 \times 3^3 \times 5$

최대공약수와 최소공배수의 관계

16 두 자연수 N과 $2^3 \times 3^2 \times 5$의 최대공약수가 $2^2 \times 3$이고 최소공배수가 $2^3 \times 3^2 \times 5 \times 7$일 때, N의 값을 구하시오.

풀이 전략 두 자연수는 최대공약수의 배수이다.

17 두 수 $2^a \times 3^2 \times 5^3$, $2^3 \times 3^b \times c$의 최대공약수가 $2^2 \times 3^2$이고 최소공배수가 $2^3 \times 3^4 \times 5^3 \times 7$일 때, 자연수 a, b, c에 대하여 $a+b+c$의 값을 구하시오. (단, c는 소수이다.)

18 두 자연수 A, B의 최대공약수는 $2^2 \times 3$이고 곱한 값은 $2^4 \times 3^2 \times 5 \times 7$일 때, 두 자연수의 최소공배수는?

① $2 \times 3 \times 5 \times 7$
② $2^2 \times 3 \times 5 \times 7$
③ $2 \times 3^2 \times 5 \times 7$
④ $2^2 \times 3^2 \times 5 \times 7$
⑤ $2^4 \times 3^2 \times 5 \times 7$

유형 7 최대공약수의 활용

19 가로, 세로의 길이가 각각 360 cm, 168 cm인 직사각형 모양의 벽에 크기가 같은 정사각형 모양의 타일을 겹치지 않게 빈틈없이 붙이려고 한다. 가능한 한 큰 타일을 붙이려고 할 때, 필요한 타일은 몇 개인가?

① 85개   ② 90개   ③ 98개
④ 105개   ⑤ 120개

풀이 전략 가능한 한 큰 정사각형으로 나누어야 하므로 최대공약수를 활용한다.

20 사과 72개, 배 54개, 귤 90개를 가능한 한 많은 학생들에게 똑같이 나누어 주려고 한다. 이때 학생 한 명이 받은 과일은 몇 개인가?

① 10개   ② 11개   ③ 12개
④ 13개   ⑤ 14개

21 세 변의 길이가 84 m, 96 m, 120 m인 삼각형 모양의 잔디밭의 둘레에 일정한 간격으로 말뚝을 박아 울타리를 만들려고 한다. 세 모퉁이에는 반드시 말뚝을 박아야 하고, 말뚝의 개수는 가능한 한 적게 하려고 한다. 말뚝 사이의 간격과 필요한 말뚝의 개수가 바르게 짝지어진 것은?

① 12 m, 25   ② 12 m, 27
③ 12 m, 28   ④ 24 m, 16
⑤ 24 m, 19

유형 8 최소공배수의 활용

22 맞물려 도는 두 톱니바퀴 A, B가 있다. A의 톱니는 18개, B의 톱니는 24개일 때, 두 톱니바퀴가 돌기 시작하여 다시 처음의 위치에 돌아오려면 톱니바퀴 A는 최소한 몇 바퀴를 돌아야 하는지 구하시오.

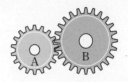

풀이 전략 다시 처음 위치로 돌아왔을 때 톱니바퀴의 수를 구해야 하므로 최소공배수를 활용한다.

23 지나와 정우는 같은 복지센터에서 봉사활동을 한다. 지나는 9일마다, 정우는 15일마다 봉사활동을 할 때, 지나와 정우가 일요일에 만난 후 처음으로 다시 만나는 요일은?

① 월요일   ② 화요일   ③ 수요일
④ 목요일   ⑤ 금요일

24 다음 조건을 모두 만족시키는 가장 작은 자연수를 구하시오.

(가) 4로 나누면 3이 남는다.
(나) 5로 나누면 4가 남는다.
(다) 6으로 나누어떨어지려면 1이 부족하다.

1 공약수와 최대공약수

01 두 자연수 A, B의 최대공약수가 36일 때, 다음 중 A와 B의 공약수가 <u>아닌</u> 것은?

① 6   ② 8   ③ 9

④ 12   ⑤ 18

1 공약수와 최대공약수

02 두 자연수 A, B의 최대공약수가 60일 때, 두 수의 공약수의 개수는?

① 4   ② 6   ③ 8

④ 10   ⑤ 12

1 공약수와 최대공약수

03 두 자연수의 최대공약수가 $2^3 \times 5$일 때, 두 자연수의 모든 공약수의 합을 구하시오.

2 서로소

04 다음 중 30과 서로소인 것은?

① 2   ② 3   ③ 6

④ 7   ⑤ 9

2 서로소

05 다음 중 두 수가 서로소가 <u>아닌</u> 것은?

① 5, 11   ② 12, 35

③ 17, 21   ④ 23, 32

⑤ 39, 65

2 서로소

06 다음 조건을 모두 만족시키는 자연수 N의 개수를 구하시오.

(가) N은 두 자리 자연수이다.
(나) N과 25의 최대공약수는 1이다.

③ 최대공약수 구하기

07 다음 중 두 수의 최대공약수가 가장 큰 것은?

① $2^2 \times 3^2$, $2^2 \times 5^2$
② $2 \times 3 \times 5^3$, $3^2 \times 5^2$
③ $2^2 \times 3^2 \times 5$, $2 \times 3 \times 7^3$
④ $2^4 \times 3^2$, $2^2 \times 3^4 \times 5^2$
⑤ $3^2 \times 5 \times 7^2$, $5^3 \times 7$

③ 최대공약수 구하기

08 다음 중 세 수 $2^4 \times 3^2 \times 5^2$, $2^2 \times 3^3 \times 5$, $2^3 \times 3^4 \times 5$ 의 최대공약수는?

① $2 \times 3 \times 5$
② $2^2 \times 3^2 \times 5$
③ $2^3 \times 3^3 \times 5$
④ $2^4 \times 3^3 \times 5^2$
⑤ $2^9 \times 3^9 \times 5^4$

③ 최대공약수 구하기

09 두 자연수 A, B가 각각 다음과 같이 소인수분해될 때, 다음 중 옳은 것을 모두 고르면?

(정답 2개)

$$A = 2^3 \times 3^2 \times 7, \ B = 2^2 \times 3^3 \times 5^2$$

① A, B의 최대공약수는 72이다.
② A와 B는 모두 8의 배수이다.
③ A와 B의 공약수는 모두 36의 약수이다.
④ A, B의 공약수의 개수는 9이다.
⑤ A는 7의 배수이고 B는 5의 배수이므로 A와 B는 서로소이다.

④ 공배수와 최소공배수

10 두 자연수 A, B의 최소공배수가 18일 때, 다음 〈보기〉에서 A와 B의 공배수의 개수는?

┤ 보기 ├
9, 18, 27, 36, 42, 54, 68, 72

① 4
② 5
③ 6
④ 7
⑤ 8

④ 공배수와 최소공배수

11 두 자연수 A, B의 최소공배수가 $3^2 \times 5$일 때, 다음 중 공배수가 될 수 없는 것은?

① 3×5^2
② $2 \times 3^2 \times 5$
③ $3^2 \times 5^2$
④ $3^2 \times 5 \times 7$
⑤ $2^2 \times 3^2 \times 5^2$

④ 공배수와 최소공배수

12 어떤 두 자연수의 최소공배수가 24일 때, 이 두 수의 공배수 중에서 두 자리 자연수의 개수를 구하시오.

5 최소공배수 구하기

13 세 수 72, $2^2 \times 3 \times 5$, $2 \times 3 \times 5^2$의 최소공배수를 구하시오.

3 최대공약수 구하기 **5** 최소공배수 구하기

16 두 수 $2^4 \times 3^2 \times 7$, $2^3 \times 3^3$의 최대공약수와 최소공배수를 바르게 구한 것은?

	최대공약수	최소공배수
①	2×3	$2^3 \times 3^2 \times 7$
②	2×3	$2^4 \times 3^3 \times 7$
③	$2^3 \times 3^2$	$2^3 \times 3^2 \times 7$
④	$2^3 \times 3^2$	$2^4 \times 3^3 \times 7$
⑤	$2^4 \times 3^3$	$2^3 \times 3^2 \times 7$

5 최소공배수 구하기

14 두 수 $2^4 \times 3^a$, $2^b \times 3^2 \times 5^2$의 최소공배수가 $2^5 \times 3^3 \times 5^c$일 때, 자연수 a, b, c에 대하여 $a+b+c$의 값은?

① 8 ② 9 ③ 10
④ 11 ⑤ 12

6 최대공약수와 최소공배수의 관계

17 두 자연수 N과 18의 최대공약수가 9, 최소공배수가 54일 때, 자연수 N을 구하시오.

5 최소공배수 구하기

15 1000 이하의 자연수 중에서 24와 28의 공배수의 개수는?

① 3 ② 4 ③ 5
④ 6 ⑤ 7

6 최대공약수와 최소공배수의 관계

18 두 자연수 A, B의 곱이 960이고 최대공약수가 8일 때, 다음 중 두 수의 최소공배수는?

① 96 ② 120 ③ 160
④ 192 ⑤ 240

⑦ 최대공약수의 활용

19 가로의 길이가 120 cm, 세로의 길이가 104 cm 인 직사각형 모양의 게시판에 가능한 한 큰 정사 각형 모양의 메모지를 빈틈없이 겹치지 않게 붙이려고 한다. 이때 필요한 메모지의 장수를 구하시오.

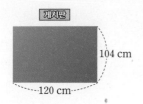

게시판
104 cm
120 cm

⑦ 최대공약수의 활용

20 세 가지 색깔의 색종이를 가능한 한 많은 학생들에게 똑같이 나누어 주려고 한다. 빨간색 54장, 파란색 36장, 노란색 60장이 있을 때, 한 학생이 가지는 노란색 색종이는 몇 장인가?

① 5장   ② 6장   ③ 9장
④ 10장   ⑤ 12장

⑦ 최대공약수의 활용

21 어떤 자연수로 38을 나누면 2가 남고, 65를 나누면 1이 부족하다고 한다. 이러한 자연수 중 가장 큰 수는?

① 2   ② 3   ③ 6
④ 8   ⑤ 9

⑧ 최소공배수의 활용

22 높이가 각각 12 mm, 18 mm인 깔개 A, B가 있다. 가능하면 적은 수의 깔개를 사용하여 같은 높이가 되도록 쌓으려고 할 때, 필요한 깔개 A, B의 개수의 합은?

① 3   ② 4   ③ 5
④ 6   ⑤ 8

⑧ 최소공배수의 활용

23 어느 역에서 A열차는 45분마다, B열차는 1시간 마다, C열차는 1시간 20분마다 출발한다고 한다. 오전 6시에 세 열차가 동시에 출발한 후 처음으로 다시 동시에 출발하는 시각은?

① 오전 10시   ② 오후 12시
③ 오후 2시   ④ 오후 3시
⑤ 오후 6시

⑧ 최소공배수의 활용

24 두 분수 $\frac{1}{12}$, $\frac{1}{21}$의 어느 것에 곱하여도 그 결과가 자연수가 되는 자연수 중에서 가장 작은 수를 구하시오.

열 개의 자연수 1, 2, 3, …, 10의 최소공배수를 구하시오.

열 개의 짝수 2, 4, 6, …, 20의 최소공배수를 구하시오.

세 자연수 48, 84, N의 최대공약수가 12이고 최소공배수가 1008일 때, N의 값이 될 수 있는 자연수의 개수를 구하시오.

세 자연수 45, 105, N의 최대공약수가 15이고 최소공배수가 3150일 때, N의 값이 될 수 있는 자연수들의 합을 구하시오.

3

다음 조건을 모두 만족시키는 세 자연수의 공약수의 개수를 구하시오.

(가) 세 자연수의 비는 2 : 3 : 8이다.
(나) 세 자연수의 최소공배수는 336이다.

3-1

비가 12 : 7 : 9인 세 자연수의 최소공배수가 3024일 때, 세 자연수의 공약수의 개수를 구하시오.

 4

가로, 세로, 높이가 각각 a cm, b cm, c cm인 직육면체 모양의 블록이 다음 조건을 모두 만족시킬 때, $a+b+c$의 값을 구하시오.

(가) 세 수 a, b, c는 1보다 큰 자연수이다.
(나) a, b, c 중 어느 두 수를 택하여도 서로소이다.
(다) 직육면체 모양의 블록을 빈틈없이 쌓아 가장 작은 정육면체 모양을 만들었을 때, 필요한 블록은 7056개이다.

 4-1

가로, 세로의 길이가 각각 a cm, b cm, 높이가 c cm인 직육면체 모양의 쌓기나무를 같은 방향으로 빈틈없이 쌓아서 만든 정육면체가 다음 조건을 모두 만족시킬 때, $a+b+c$의 값을 구하시오. (단, $1<a<b<c$)

(가) 자연수 a, b, c 중 어느 두 수를 택하여도 최대공약수는 1이다.
(나) 가장 작은 정육면체를 만드는데 필요한 쌓기나무는 1764개이다.

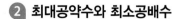

서술형 집중 연습

 1

소인수분해를 이용하여 세 자연수 72, 90, 108의 공배수 중에서 세 번째로 작은 수를 구하시오.

> **풀이 과정**
>
> 세 자연수 72, 90, 108을 각각 소인수분해하여 최소공배수를 구하면
>
> $$72 = 2^3 \times \boxed{}^2$$
> $$90 = 2 \times \boxed{}^2 \times \boxed{}$$
> $$108 = 2^2 \times \boxed{}^3$$
> $$\overline{\text{(최소공배수)} = 2^{\boxed{}} \times \boxed{}^3 \times \boxed{} = \boxed{}}$$
>
> 세 자연수 72, 90, 108의 공배수는 세 자연수의 최소공배수인 $\boxed{}$의 $\boxed{}$이므로 $\boxed{}$, $\boxed{}$, $\boxed{}$, …이다.
>
> 따라서 공배수 중에서 세 번째로 작은 수는 $\boxed{}$이다.

유제 **1**

소인수분해를 이용하여 세 자연수 56, 63, 84의 공배수 중에서 가장 작은 네 자리 자연수를 구하시오.

 2

어느 중학교의 남학생 216명, 여학생 180명이 모둠을 구성하여 진로 체험활동에 참여하려고 한다. 각 모둠에 속하는 남학생의 수와 여학생의 수를 각각 같게 하여 가능한 한 많은 모둠으로 나눌 때, 한 모둠에 속한 남학생과 여학생의 수를 각각 구하시오.

> **풀이 과정**
>
> 가능한 한 많은 모둠으로 나누어야 하므로 모둠의 수는 216과 180의 $\boxed{}$이다.
>
> $$216 = 2^3 \times \boxed{}$$
> $$180 = 2^2 \times \boxed{} \times 5$$
> $$\overline{\text{(최대공약수)} = 2^{\boxed{}} \times \boxed{}}$$
>
> 따라서 모둠은 $2^{\boxed{}} \times \boxed{} = \boxed{}$(개)이다.
>
> $\boxed{}$개의 모둠에 속하는 남학생의 수와 여학생의 수가 각각 같아야 하므로 한 모둠에 속한
>
> 남학생은 $216 \div \boxed{} = \boxed{}$(명),
>
> 여학생은 $180 \div \boxed{} = \boxed{}$(명)이다.

유제 **2**

남학생 126명, 여학생 144명이 보트에 나누어 타려고 한다. 각 보트에 탑승한 남학생의 수와 여학생의 수를 각각 같게 하여 가능한 한 탑승 인원을 적게 할 때, 보트 한 대에 태울 수 있는 남학생과 여학생의 수를 각각 구하시오.

3

가로의 길이가 8 cm, 세로의 길이가 6 cm, 높이가 5 cm인 직육면체 모양의 벽돌을 그림과 같이 빈틈없이 쌓아 가능한 한 작은 정육면체 모양의 구조물을 만들 때, 필요한 벽돌의 개수를 구하시오.

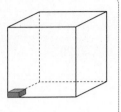

풀이 과정

가능한 한 작은 정육면체를 만들어야 하므로 정육면체의 한 모서리의 길이는 □, □, □의 최소공배수이다.
따라서 정육면체의 한 모서리의 길이는

$2 \times 4 \times$ □ $\times$ □ $=$ □ (cm) 이다.

$$2 \,)\,\underline{8 \quad 6 \quad 5}$$
$$4 \;\; \boxed{} \;\; \boxed{}$$

정육면체의 한 모서리의 길이인 □ cm가 되려면 필요한 벽돌의 개수는
가로는 □ ÷ 8 = □,
세로는 □ ÷ 6 = □,
높이는 □ ÷ 5 = □이므로
모두 □ × □ × □ = □이다.

 3

가로, 세로, 높이가 각각 27 cm, 18 cm, 15 cm인 직육면체 모양의 상자를 정육면체 모양이 되도록 빈틈없이 쌓았다. 가능한 한 작은 공간을 차지하도록 쌓을 때, 필요한 상자의 개수를 구하시오.

예제 4

두 분수 $\dfrac{15}{7}$, $\dfrac{5}{9}$의 어느 것에 곱해도 자연수가 되는 가장 작은 기약분수를 $\dfrac{a}{b}$라고 할 때, $a - b$의 값을 구하시오.

풀이 과정

a는 분모인 7과 9의 배수이어야 하므로 두 수의 □이고, b는 분자인 15와 5의 약수이어야 하므로 두 수의 □이다.

$\dfrac{a}{b}$가 가장 작은 기약분수가 되려면 a는 7과 9의 □ 중 가장 작은 수이므로 두 수의 □인 □이고, b는 15와 5의 □ 중 가장 큰 수이므로 두 수의 □인 □이다.

따라서 $a - b = $ □이다.

유제 4

세 분수 $\dfrac{28}{15}$, $\dfrac{16}{9}$, $\dfrac{24}{5}$의 어느 것에 곱하여도 그 결과가 자연수가 되게 하는 가장 작은 기약분수를 구하시오.

01 두 수 A, B의 최대공약수가 36일 때, 두 수의 공약수의 개수는?

① 4　　　② 6　　　③ 8
④ 9　　　⑤ 12

02 다음 중 24와 서로소인 것은?

① 5　　　② 14　　　③ 15
④ 21　　　⑤ 27

03 두 수 $2^4 \times 3^2 \times 5$, $3^2 \times 5^3$의 최대공약수는?

① 3×5　　　② $2 \times 3 \times 5$
③ $3^2 \times 5$　　　④ $3^2 \times 5^3$
⑤ $2^4 \times 3^2 \times 5^3$

04 두 자연수 $12 \times x$, $18 \times x$의 최대공약수가 60일 때, 다음 중 x의 값은?

① 5　　　② 10　　　③ 15
④ 20　　　⑤ 25

05 다음 중 두 수 $3^2 \times 5^2$, $3^3 \times 5$의 공배수가 <u>아닌</u> 것은?

① $3^3 \times 5^2$　　　② $3^2 \times 5^3$
③ $3^3 \times 5^3$　　　④ $3^3 \times 5^2 \times 7$
⑤ $2^4 \times 3^3 \times 5^2$

06 세 수 $2^3 \times 3^2 \times 5$, 108, 126의 최소공배수는?

① $2^3 \times 3^2 \times 5$　　　② $2^3 \times 3^2 \times 5 \times 7$
③ $2^3 \times 3^3 \times 5$　　　④ $2^3 \times 3^3 \times 5 \times 7$
⑤ $2^4 \times 3^3 \times 5$

07 500보다 작은 자연수 중에서 24와 36의 어느 수로 나누어도 나머지가 0인 수의 개수는?

① 4 ② 5 ③ 6
④ 7 ⑤ 8

08 두 자연수 A, B에 대하여 $A \triangle B$를 두 수의 최대공약수, $A \circledcirc B$를 두 수의 최소공배수라고 할 때, $84 \triangle (50 \circledcirc 35)$의 값은?

① 4 ② 7 ③ 12
④ 14 ⑤ 21

09 두 자연수의 곱이 $2^5 \times 3^4 \times 7^3$이고, 최소공배수가 $2^2 \times 3^2 \times 7$일 때, 두 수의 최대공약수는?

① $2^2 \times 3^2 \times 7^2$ ② $2^3 \times 3^2 \times 7^2$
③ $2^2 \times 3^3 \times 7^2$ ④ $2^2 \times 3^2 \times 7^3$
⑤ $2^3 \times 3^3 \times 7^3$

10 [고난도] 세 자연수 30, 54, N의 최대공약수가 6이고, 최소공배수가 540일 때, 다음 중 자연수 N이 될 수 없는 것은?

① 12 ② 36 ③ 60
④ 108 ⑤ 120

11 [고난도] 가로의 길이가 96 m, 세로의 길이가 120 m인 직사각형 모양의 공원의 둘레에 일정한 간격으로 나무를 심으려고 한다. 네 귀퉁이에는 반드시 나무를 심고, 가능한 한 적은 수의 나무를 심으려고 할 때, 필요한 나무는 몇 그루인가?

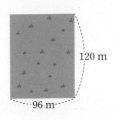

① 9그루 ② 12그루
③ 14그루 ④ 18그루
⑤ 24그루

12 가로, 세로의 길이가 각각 240 cm, 252 cm인 직사각형 모양의 벽에 정사각형 모양의 타일을 붙이려고 한다. 가능한 한 타일을 적게 사용하려고 할 때, 필요한 타일은 몇 개인가?

① 361개 ② 380개
③ 400개 ④ 420개
⑤ 441개

서술형

13 소인수분해를 이용하여 세 수 216, 270, 378의 최대공약수를 구하시오.

14 30 이하의 자연수 중에서 18과 서로소인 자연수 의 개수를 구하시오.

15 어떤 자연수를 6, 9, 15로 나누면 모두 몫은 1보 다 크고 나머지는 1이 된다고 할 때, 가장 작은 자연수를 구하시오.

16 세 분수 $\dfrac{21}{4}$, $\dfrac{70}{9}$, $\dfrac{49}{12}$의 어느 것에 곱해도 자 연수가 되는 가장 작은 기약분수를 $\dfrac{b}{a}$라고 할 때, $a+b$의 값을 구하시오.

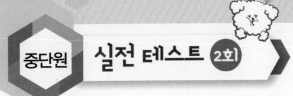

01 ·〈보기〉 중에서 최대공약수가 $3^3 \times 5^2 \times 7^2$인 두 자연수의 공약수인 것을 모두 고른 것은?

┌─ 보기 ┐
ㄱ. 35 ㄴ. 63 ㄷ. 81
ㄹ. 105 ㅁ. 147 ㅂ. 219
└────────┘

① ㄱ, ㄴ, ㄹ, ㅁ ② ㄱ, ㄴ, ㄹ, ㅂ
③ ㄱ, ㄷ, ㄹ, ㅁ ④ ㄴ, ㄷ, ㅁ, ㅂ
⑤ ㄴ, ㄹ, ㅁ, ㅂ

02 다음 중 두 수가 서로소인 것은?

① 6, 8 ② 9, 15
③ 10, 25 ④ 18, 25
⑤ 17, 34

03 다음 중 옳지 <u>않은</u> 것을 모두 고르면? (정답 2개)

① 공약수는 최대공약수의 약수이다.
② 두 수의 차가 1이면 항상 서로소이다.
③ 서로 다른 두 소수는 항상 서로소이다.
④ 서로 다른 두 홀수는 항상 서로소이다.
⑤ 공약수가 1인 두 자연수는 서로소이다.

04 소인수분해한 두 자연수 $A = 3^2 \times \square$, $B = 3^4 \times 5 \times 7^2$의 최대공약수가 $3^2 \times 5$일 때, 다음 중 □ 안에 들어갈 수 있는 수는?

① 15 ② 21 ③ 25
④ 35 ⑤ 42

05 세 수 96, $2^3 \times 3 \times 7$, 216의 최대공약수는?

① 8 ② 12 ③ 16
④ 20 ⑤ 24

고난도

06 다음 조건을 모두 만족시키는 자연수 N 중에서 가장 작은 세 자리 자연수는?

┌──────────────────────────┐
(가) N과 54의 최대공약수는 18이다.
(나) N과 84의 최대공약수는 6이다.
└──────────────────────────┘

① 108 ② 144 ③ 186
④ 198 ⑤ 216

07 500 이하의 자연수 중에서 세 수 $2^2 \times 3$, $3^2 \times 5$, 30의 공배수의 개수는?

① 1   ② 2   ③ 3

④ 4   ⑤ 5

08 비가 3 : 7 : 9인 세 자연수의 최소공배수가 756일 때, 세 자연수 중에서 가장 큰 자연수를 구하시오.

09 다음 중 두 수의 곱이 최소공배수와 같은 것은?

① 3, 12   ② 7, 35   ③ 16, 35

④ 18, 33   ⑤ 26, 39

10 가로, 세로의 길이가 각각 270 mm, 315 mm이고, 높이가 180 mm인 직육면체 모양의 나무토막을 쪼개어 가능한 한 큰 정육면체 모양의 주사위를 만들려고 한다. 이때 주사위의 한 모서리의 길이는?

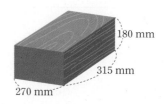

① 5 mm   ② 15 mm   ③ 25 mm

④ 35 mm   ⑤ 45 mm

11 신호등 A는 60초 동안 켜졌다가 12초 동안 꺼지고, 신호등 B는 75초 동안 켜졌다가 15초 동안 꺼진다고 한다. 이 두 개의 신호등이 10시에 동시에 켜진 후 처음으로 다시 동시에 켜지는 시각은?

① 10시 4분 30초   ② 10시 5분

③ 10시 5분 30초   ④ 10시 6분

⑤ 10시 6분 30초

고난도

12 봉사활동을 하기 위해 350명 이상 400명 이하의 학생들이 모였다. 전체 학생들을 6명씩 모둠을 구성하면 3명이 남고, 8명씩 모둠을 구성하면 5명이 남고, 9명씩 모둠을 구성하면 3명이 부족하다. 전체 학생들을 13명씩 모둠을 구성할 때, 남은 학생은 몇 명인가?

① 3명   ② 5명   ③ 6명

④ 8명   ⑤ 10명

13 두 수 $2^3 \times 3^a \times 7^2$, $2^b \times 3^2 \times c$의 최대공약수가 84 일 때, $a+b+c$의 값을 구하시오. (단, c는 소수 이다.)

15 어느 과일가게에서 사과 56개, 귤 84개, 배 42개 를 각각 가능한 한 많은 바구니에 똑같이 나누어 담으려고 한다. 사과, 귤, 배 한 개의 값은 각각 1000원, 800원, 1500원이고 남은 과일은 없다고 한다. 3000원짜리 바구니에 과일을 담았을 때, 과일 바구니 한 개의 원가를 구하시오.

14 서로 다른 두 자연수 A, B에 대하여 $A \times B = 252$, 최대공약수가 6일 때, 두 수의 차 를 구하시오.

16 톱니의 개수가 각각 54개, 63개인 두 톱니바퀴 A, B가 서로 맞물려 있다. 두 톱니바퀴가 회전하 기 시작하여 처음으로 다시 같은 톱니에서 맞물 리는 것은 톱니바퀴 A가 a바퀴, 톱니바퀴 B가 b 바퀴를 회전한 후이다. $a+b$의 값을 구하시오.

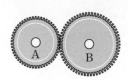

Ⅱ. 정수와 유리수

1

정수와 유리수

1 양수와 음수

(1) 양의 부호(＋)와 음의 부호(－)

어떤 기준을 중심으로 서로 반대되는 성질의 두 수량을 나타낼 때, 한쪽 수량에는 ＋부호를, 다른 한쪽 수량에는 －부호를 붙여 나타낸다.

예 해수면을 기준 0 m로 하여 해발 5 m ➡ ＋5 m, 해저 3 m ➡ －3 m

참고 ＋5를 '양의 5', －3을 '음의 3'이라고 읽는다.

(2) 양수와 음수

① 양수: 0이 아닌 수에 양의 부호 ＋를 붙인 수

② 음수: 0이 아닌 수에 음의 부호 －를 붙인 수

참고 0은 양수도 아니고 음수도 아니다.

2 정수와 유리수

(1) 정수

① 양의 정수: 자연수에 양의 부호 ＋를 붙인 수

참고 양의 정수는 ＋부호를 생략하여 자연수 1, 2, 3, …과 같이 나타내기도 한다.

② 음의 정수: 자연수에 음의 부호 －를 붙인 수

③ 양의 정수, 0, 음의 정수를 통틀어 정수라고 한다.

(2) 유리수

① 양의 유리수: 분자와 분모가 모두 자연수인 분수에 양의 부호＋를 붙인 수

참고 양의 유리수는 양의 정수와 같이 ＋부호를 생략하여 나타내기도 한다.

② 음의 유리수: 분자와 분모가 모두 자연수인 분수에 음의 부호 －를 붙인 수

③ 양의 유리수, 0, 음의 유리수를 통틀어 유리수라고 한다.

참고 앞으로 수라고 하면 유리수를 말한다.

(3) 유리수의 분류

① $+2=+\dfrac{2}{1}$, $-3=-\dfrac{3}{1}$과 같이 나타낼 수 있으므로 정수는 모두 유리수이다.

② $+\dfrac{4}{3}$, $-\dfrac{1}{2}$과 같이 정수가 아닌 유리수도 있다.

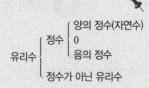

$$\text{유리수} \begin{cases} \text{정수} \begin{cases} \text{양의 정수(자연수)} \\ 0 \\ \text{음의 정수} \end{cases} \\ \text{정수가 아닌 유리수} \end{cases}$$

---

01 다음을 양의 부호 ＋ 또는 음의 부호 －를 사용하여 나타내시오.

⑴ 4000원의 손해를 －4000원으로 나타낼 때, 5000원의 이익

⑵ 출발 30분 후를 ＋30분으로 나타낼 때, 출발 20분 전

⑶ 지상 70 m를 ＋70 m로 나타낼 때, 지하 40 m

02 다음 수 중에서 양의 정수와 음의 정수를 각각 고르시오.

$$-6,\ +3,\ -2,\ 0,\ 10$$

⑴ 양의 정수
⑵ 음의 정수

03 다음 수 중에서 양의 유리수와 음의 유리수를 각각 고르시오.

$$+2.8,\ -\frac{5}{2},\ +3,\ 0,\ +\frac{7}{4}$$

⑴ 양의 유리수
⑵ 음의 유리수

04 다음 수 중에서 정수가 아닌 유리수를 모두 고르시오.

$$-7,\ \frac{13}{7},\ 0,\ +1.6,\ +\frac{6}{2},\ 8$$

③ 수직선

(1) **수직선**: 수를 대응시킨 직선

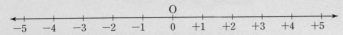

참고 기준이 되는 점 O를 원점이라고 한다.

(2) 모든 유리수는 수직선 위의 점에 대응시킬 수 있다.

예 -4.5, $-\dfrac{5}{3}$, $\dfrac{1}{2}$, 3.6을 수직선 위에 나타내면 다음과 같다.

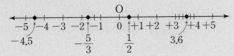

참고 정수가 아닌 유리수를 수직선 위에 대응하는 점으로 나타낼 때는 이웃한 두 정수 사이를 분모의 수만큼 등분한 후, 분자의 수에 해당하는 만큼의 자리에 점을 찍는다.

④ 절댓값

(1) **절댓값**: 수직선 위에서 원점과 어떤 수를 나타내는 점 사이의 거리

예 $+3$의 절댓값은 $|+3|=3$, -5의 절댓값은 $|-5|=5$

(2) 0의 절댓값은 $|0|=0$

⑤ 수의 대소 관계

유리수를 수직선 위에 나타내면 오른쪽에 있는 수가 왼쪽에 있는 수보다 크다.

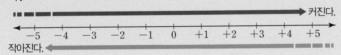

(1) 양수는 0보다 크고, 음수는 0보다 작다.
(2) 두 양수끼리는 절댓값이 큰 수가 크다.
(3) 두 음수끼리는 절댓값이 큰 수가 작다.

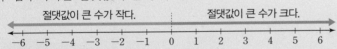

⑥ 수의 범위를 부등호를 사용하여 나타내기

부등호	표현 방법	부등호	표현 방법
$x>a$	x는 a보다 크다. x는 a 초과이다.	$x<a$	x는 a보다 작다. x는 a 미만이다.
$x \geq a$	x는 a보다 크거나 같다. x는 a보다 작지 않다. x는 a 이상이다.	$x \leq a$	x는 a보다 작거나 같다. x는 a보다 크지 않다. x는 a 이하이다.

개념 체크

05 다음 수를 수직선 위에 나타내시오.

$$-3, \ -1.4, \ \dfrac{7}{3}, \ +1$$

06 다음 값을 구하시오.

(1) $|-3|$

(2) $|+4.9|$

(3) $\left|-\dfrac{3}{2}\right|$

(4) $|0|$

07 다음 ○ 안에 부등호 $<$, $>$ 중 알맞은 것을 써넣으시오.

(1) $3.2 \bigcirc 3.6$

(2) $-\dfrac{7}{5} \bigcirc +\dfrac{3}{5}$

(3) $-\dfrac{1}{2} \bigcirc 0$

(4) $-4 \bigcirc -7$

08 다음을 부등호 $<$, $>$, $\leq$, $\geq$ 중 하나를 사용하여 나타내시오.

(1) a는 -7보다 크거나 같다.

(2) b는 -2 이하이다.

(3) c는 3 이상 9 미만이다.

양의 부호 +와 음의 부호 −를 사용하여 나타내기

01 다음 중 밑줄 친 부분을 양의 부호 + 또는 음의 부호 −를 사용하여 나타낸 것으로 옳지 <u>않은</u> 것은?

① 40분 전을 −40분으로 나타낼 때,
<u>50분 후</u> ➡ +50분

② 영상 22℃를 +22℃로 나타낼 때,
<u>영하 10℃</u> ➡ −10℃

③ 14점 득점을 +14점으로 나타낼 때,
<u>8점 실점</u> ➡ −8점

④ 5000원 지출을 −5000원으로 나타낼 때,
<u>10000원 수입</u> ➡ +10000원

⑤ 서쪽으로 300 m 떨어진 지점을 +300 m로 나타낼 때, <u>북쪽으로 500 m 떨어진 지점</u> ➡ −500 m

풀이 전략 어떤 기준을 중심으로 서로 반대되는 성질을 가지는 양을 양의 부호 + 또는 음의 부호 −를 붙여 나타낸다.

02 다음 중 양의 부호 + 또는 음의 부호 −를 사용하여 나타낸 것으로 옳지 <u>않은</u> 것은?

① 4 m 하강 ➡ −4 m
② 지상 5층 ➡ +5층
③ 7 kg 증가 ➡ −7 kg
④ 30 % 감소 ➡ −30 %
⑤ 해발 500 m ➡ +500 m

정수의 분류

03 다음 중 정수가 <u>아닌</u> 것은?

① -3 ② $+8$ ③ 0

④ $-\dfrac{10}{2}$ ⑤ $+\dfrac{6}{4}$

풀이 전략 분수로 나타낸 수를 기약분수로 고쳐서 정수인지 판단한다.

04 다음 수 중에서 양의 정수의 개수를 a, 음의 정수의 개수를 b라고 할 때, $b-a$의 값은?

$$+1,\ \dfrac{3}{5},\ -9,\ -\dfrac{8}{4},\ 0,\ +\dfrac{14}{4},\ -1,\ +0.5$$

① 0   ② 1   ③ 2

④ 3   ⑤ 4

05 다음 수 중에서 자연수가 <u>아닌</u> 정수의 개수는?

$$0,\ -2,\ \dfrac{1}{2},\ -9,\ -\dfrac{5}{1},\ +\dfrac{9}{3},\ +\dfrac{10}{6}$$

① 1   ② 2   ③ 3

④ 4   ⑤ 5

유형 3 유리수의 분류

06 다음 수 중에서 정수가 <u>아닌</u> 유리수의 개수는?

$$+5.2, \ -\frac{6}{2}, \ 0, \ -8, \ +\frac{7}{4}$$

① 0 ② 1 ③ 2
④ 3 ⑤ 4

[풀이 전략] 분수로 나타낸 수를 기약분수로 고쳐서 정수인지 판단한 후, 정수가 아닌 유리수를 찾는다.

07 주어진 수가 음의 정수, 정수, 유리수 각각에 해당하면 ○표 하시오.

	-6	$+\frac{15}{3}$	$-\frac{8}{6}$	-1.7
음의 정수				
정수				
유리수				

08 다음 수에 대한 설명으로 옳은 것은?

$$-3, \ +\frac{8}{6}, \ -2.5, \ \frac{11}{5}, \ 0, \ +\frac{8}{2}$$

① 양의 정수는 없다.
② 양수는 2개이다.
③ 정수는 2개이다.
④ 정수가 아닌 유리수는 3개이다.
⑤ 유리수는 5개이다.

09 다음 중 옳은 것은?

① 0은 유리수가 아니다.
② 자연수는 정수가 아니다.
③ 음수가 아닌 수는 양수이다.
④ 정수가 아닌 유리수가 있다.
⑤ 가장 작은 양의 유리수는 1이다.

유형 4 수를 수직선 위에 나타내기

10 다음 수직선 위의 다섯 개의 점 중에서 $+\frac{8}{3}$ 과 $-\frac{6}{4}$에 대응하는 점을 옳게 짝지은 것은?

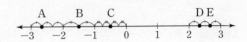

	$+\frac{8}{3}$	$-\frac{6}{4}$
①	A	B
②	A	C
③	D	C
④	E	B
⑤	E	C

[풀이 전략] 이웃한 두 정수 사이를 분모의 수만큼 등분한 후에 수직선 위에 나타낸다.

11 다음 수직선 위의 다섯 개의 점 A, B, C, D, E가 나타내는 수로 옳지 <u>않은</u> 것은?

① A: $-\frac{7}{3}$ ② B: -1.4 ③ C: $+1$
④ D: $+\frac{5}{3}$ ⑤ E: $+3.5$

12 수직선에서 $\frac{11}{4}$에 가장 가까운 정수를 a, $-\frac{5}{7}$에 가장 가까운 정수를 b라고 할 때, a, b의 값을 각각 구하시오.

유형 5 절댓값

13 다음 중 절댓값이 가장 작은 수는?

① -1 ② $\dfrac{1}{2}$ ③ $\dfrac{5}{3}$

④ $-\dfrac{3}{5}$ ⑤ -5

> **풀이 전략** 수를 수직선 위에 나타냈을 때, 원점에 가까울수록 절댓값이 작다.

14 다음 수를 수직선 위에 나타내었을 때, 원점으로부터 가장 멀리 떨어져 있는 수는?

① 3 ② $\dfrac{9}{2}$ ③ -7

④ 6 ⑤ $-\dfrac{13}{4}$

15 〈보기〉의 수를 절댓값이 작은 수부터 차례로 나열하면?

┤ 보기 ├

ㄱ. -4 ㄴ. $+10$

ㄷ. $+3$ ㄹ. -8

① ㄱ, ㄹ, ㄷ, ㄴ   ② ㄷ, ㄱ, ㄴ, ㄹ
③ ㄷ, ㄱ, ㄹ, ㄴ   ④ ㄹ, ㄱ, ㄴ, ㄷ
⑤ ㄹ, ㄱ, ㄷ, ㄴ

16 수직선에서 절댓값이 8인 수를 나타내는 두 점 사이의 거리는?

① 8 ② 10 ③ 12
④ 14 ⑤ 16

유형 6 수의 대소 관계

17 다음 중 두 수의 대소 관계가 옳지 <u>않은</u> 것은?

① $2>-7$ ② $0<\dfrac{5}{7}$

③ $\dfrac{5}{3}<\dfrac{8}{3}$ ④ $-6<-3$

⑤ $-\dfrac{11}{4}>-\dfrac{9}{4}$

> **풀이 전략** 양수끼리는 절댓값이 클수록 크고, 음수끼리는 절댓값이 클수록 작다.

18 다음 중 ○ 안에 들어갈 부등호의 방향이 나머지 넷과 <u>다른</u> 것은?

① $5.2 \bigcirc 5.8$ ② $-\dfrac{7}{2} \bigcirc -\dfrac{5}{2}$

③ $-\dfrac{1}{2} \bigcirc -\dfrac{1}{3}$ ④ $-\dfrac{2}{3} \bigcirc -0.8$

⑤ $1.5 \bigcirc \dfrac{7}{4}$

19 다음 중 두 수의 대소 관계가 옳은 것은?

① $+4>+7$ ② $0<-1$
③ $-3<-5$ ④ $|-5|<|-6|$
⑤ $|-2|>|-4|$

유형 7 부등호를 사용하여 나타내기

20 'x는 −4보다 크고 6 이하이다.'를 부등호를 사용하여 나타낸 것은?

① $-4 < x < 6$

② $-4 \leq x < 6$

③ $-4 < x \leq 6$

④ $-4 \leq x \leq 6$

⑤ $x < -4$ 또는 $x \geq 6$

풀이 전략 '이하이다.'는 '작거나 같다.'와 의미가 같다.

21 다음 중 부등호를 사용하여 나타낸 것으로 옳은 것은?

① a는 −2 미만이다. ➡ $a \leq -2$

② b는 8보다 크거나 같다. ➡ $b \leq 8$

③ c는 −4보다 작지 않다. ➡ $c \geq -4$

④ d는 1 초과이고 7 이하이다. ➡ $1 \leq d \leq 7$

⑤ e는 −3 이상이고 0보다 크지 않다.

➡ $-3 \leq e < 0$

22 다음 중 $-8 < x \leq -5$와 의미가 같지 <u>않은</u> 것을 모두 고르면? (정답 2개)

① x는 −7, −6, −5이다.

② x는 −8 초과 −5 이하이다.

③ x는 −8보다 크고 −5보다 크지 않다.

④ x는 −8보다 크고 −5보다 작거나 같다.

⑤ x는 −8보다 작지 않고 −5보다 크지 않다.

유형 8 주어진 범위에 속하는 수

23 두 유리수 $-\dfrac{10}{3}$과 $\dfrac{17}{5}$ 사이에 있는 정수의 개수는?

① 5 　　② 6 　　③ 7

④ 8 　　⑤ 9

풀이 전략 두 수를 수직선 위에 나타낸다.

24 $-\dfrac{17}{4} < x \leq 3$을 만족하는 정수 x의 개수는?

① 6 　　② 7 　　③ 8

④ 9 　　⑤ 10

25 다음 중 $-\dfrac{18}{5}$과 $\dfrac{9}{4}$ 사이에 있는 수가 <u>아닌</u> 것은?

① -2 　　② $-\dfrac{10}{3}$ 　　③ $\dfrac{3}{2}$

④ $\dfrac{7}{3}$ 　　⑤ $\dfrac{9}{5}$

① 양의 부호 ＋와 음의 부호 ー를 사용하여 나타내기

01 음의 부호 ー를 사용하여 나타낼 수 있는 상황을 〈보기〉에서 모두 고른 것은?

┤ 보기 ├
ㄱ. 출발 3시간 전　　ㄴ. 500 포인트 차감
ㄷ. 1000원 입금　　　ㄹ. 상점 1점 부여

① ㄱ, ㄴ　　② ㄱ, ㄷ　　③ ㄴ, ㄷ
④ ㄴ, ㄹ　　⑤ ㄷ, ㄹ

① 양의 부호 ＋와 음의 부호 ー를 사용하여 나타내기

02 밑줄 친 부분을 양의 부호 ＋ 또는 음의 부호 ー를 사용하여 나타낼 때, 다음 중 부호가 나머지 넷과 <u>다른</u> 것은?

① 작년보다 키가 <u>6 cm 자랐다.</u>
② 한라산의 높이는 <u>해발 1947 m</u>이다.
③ 오늘 낮 최고기온은 <u>영상 33.5℃</u>이다.
④ 용돈을 받아 <u>10000원의 수입</u>이 생겼다.
⑤ 행사에 참여한 인원이 작년보다 <u>30명 감소</u>했다.

② 정수의 분류

03 다음 수 중에서 정수의 개수는?

$$-10, \ 4.7, \ -1, \ -\frac{6}{2}, \ +\frac{5}{2}, \ 0, \ +8$$

① 1　　　② 2　　　③ 3
④ 4　　　⑤ 5

② 정수의 분류

04 다음 수 중에서 자연수가 아닌 정수가 3개일 때, 〈보기〉에서 □ 안에 들어갈 수로 옳은 것을 모두 고른 것은?

$$1.5, \ \frac{36}{3}, \ -1, \ -\frac{10}{2}, \ 12, \ \boxed{}$$

┤ 보기 ├
ㄱ. ＋1　　　ㄴ. 0　　　ㄷ. ー5
ㄹ. $\frac{4}{7}$　　　ㅁ. ー2.2

① ㄱ, ㄷ　　② ㄱ, ㄹ　　③ ㄴ, ㄷ
④ ㄴ, ㅁ　　⑤ ㄹ, ㅁ

③ 유리수의 분류

05 다음 조건을 모두 만족시키는 수는?

(가) 음수이다.
(나) 정수가 아니다.

① ＋3　　　② ー2　　　③ 0
④ ＋$\frac{1}{5}$　　⑤ ー$\frac{3}{4}$

③ 유리수의 분류

06 다음 중 옳은 것은?

① 0은 정수가 아니다.
② ー$\frac{1}{3}$은 음의 정수이다.
③ 4는 양의 유리수가 아니다.
④ ー$\frac{10}{2}$은 정수가 아닌 유리수이다.
⑤ ー$\frac{7}{5}$은 정수가 아닌 음의 유리수이다.

③ 유리수의 분류

07 다음과 같이 유리수를 분류할 때, □에 해당하는 수로 옳은 것은?

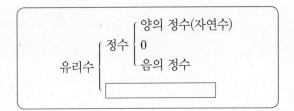

① -2 ② 0 ③ $+4$

④ $-\dfrac{3}{2}$ ⑤ $\dfrac{24}{6}$

③ 유리수의 분류

08 다음 중 음의 정수의 개수를 x, 양의 유리수의 개수를 y, 정수가 아닌 유리수의 개수를 z라고 할 때, $x+y+z$의 값은?

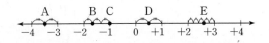

$$-\dfrac{7}{11},\ \dfrac{6}{5},\ +4,\ -\dfrac{12}{2},\ -3,\ 0,\ -1$$

① 6 ② 7 ③ 8

④ 9 ⑤ 10

④ 수를 수직선 위에 나타내기

09 다음 수직선 위의 다섯 개의 점 A, B, C, D, E가 나타내는 수로 옳지 <u>않은</u> 것은?

```
      A      B  C    D         E
◄──┼──┼──┼──┼──┼──┼──┼──┼──►
  -4  -3  -2  -1   0  +1  +2  +3  +4
```

① A: -3.5 ② B: $-\dfrac{7}{3}$ ③ C: -1

④ D: $+\dfrac{1}{2}$ ⑤ E: $+2.6$

④ 수를 수직선 위에 나타내기

10 다음 수직선 위의 다섯 개의 점 A, B, C, D, E에 대한 설명으로 옳지 <u>않은</u> 것은?

```
  A    B        C     D     E
◄─┼──┼──┼──┼──┼──┼──┼──┼──┼──┼──►
 -5 -4 -3 -2 -1  0  +1 +2 +3 +4 +5
```

① 정수에 대응하는 점은 2개이다.
② 양수에 대응하는 점은 2개이다.
③ 점 B보다 점 E가 원점으로부터 멀리 떨어져 있다.
④ 절댓값이 가장 작은 수에 대응하는 점은 C이다.
⑤ 점 D에 대응하는 수는 $\dfrac{7}{4}$이다.

④ 수를 수직선 위에 나타내기

11 수직선 위에서 3에 대응하는 점으로부터의 거리가 4인 점에 대응하는 두 수는?

① $-7, +1$ ② $-7, +7$ ③ $-1, +1$

④ $-1, +7$ ⑤ $+1, +7$

⑤ 절댓값

12 $+6$의 절댓값을 a, -3의 절댓값을 b라고 할 때, $a+b$의 값은?

① 1 ② 3 ③ 5

④ 7 ⑤ 9

5 절댓값

13 다음 수를 수직선 위에 나타내었을 때, 0에 대응하는 점으로부터 가장 가까운 수는?

① $-\dfrac{4}{3}$ ② $\dfrac{1}{6}$ ③ -2

④ 3.5 ⑤ $-\dfrac{2}{5}$

5 절댓값

14 다음 중 옳은 것은?

① 절댓값은 항상 양수이다.
② 절댓값이 같은 수는 항상 2개이다.
③ 절댓값이 가장 작은 수는 -1과 $+1$이다.
④ 수직선에서 오른쪽에 있는 수가 왼쪽에 있는 수보다 절댓값이 크다.
⑤ 수직선에서 절댓값이 2인 수에 대응하는 점이 절댓값이 3인 수에 대응하는 점보다 원점에 가까이 있다.

5 절댓값

15 절댓값이 같고 부호가 반대인 두 수를 수직선 위에 나타내면 두 점 사이의 거리가 $\dfrac{10}{3}$이다. 이때 큰 수는?

① $\dfrac{5}{3}$ ② $\dfrac{10}{3}$ ③ 5

④ $\dfrac{20}{3}$ ⑤ $\dfrac{25}{3}$

6 수의 대소 관계

16 다음 중 두 수의 대소 관계가 옳은 것은?

① $-3>0$ ② $|-5|>|+2|$

③ $\dfrac{6}{5}>\dfrac{5}{3}$ ④ $-\dfrac{1}{4}>-\dfrac{1}{7}$

⑤ $-5.2>-5$

6 수의 대소 관계

17 다음 수를 작은 수부터 차례로 나열할 때, 네 번째에 오는 수는?

$$-5.8, \ -\dfrac{9}{2}, \ -2.4, \ -\dfrac{11}{3}, \ -1$$

① -5.8 ② $-\dfrac{9}{2}$ ③ -2.4

④ $-\dfrac{11}{3}$ ⑤ -1

6 수의 대소 관계

18 다음 수 중에서 가장 작은 수와 절댓값이 가장 큰 수를 옳게 짝지은 것은?

$$-\dfrac{15}{2}, \ -6, \ +7$$

	가장 작은 수	절댓값이 가장 큰 수
①	$-\dfrac{15}{2}$	$-\dfrac{15}{2}$
②	$-\dfrac{15}{2}$	$+7$
③	-6	$-\dfrac{15}{2}$
④	-6	-6
⑤	-6	$+7$

⑥ 수의 대소 관계

19 겉보기 등급은 관측자에게 보이는 별의 밝기를 상대적으로 비교하여 나타낸 것으로, 겉보기 등급 수치가 클수록 어둡게 보이는 별이다. 표는 다섯 개의 별의 겉보기 등급을 나타낸 것이다.

별	겉보기 등급
북극성	2.1
베가	0
시리우스	-1.5
리겔	0.2
카노푸스	-0.7

가장 밝게 보이는 별은?

① 북극성 ② 베가 ③ 시리우스
④ 리겔 ⑤ 카노푸스

⑦ 부등호를 사용하여 나타내기

20 'x는 -3보다 크고 5보다 크지 않다.'를 부등호를 사용하여 나타내면?

① $-3 < x < 5$ ② $-3 \le x < 5$
③ $-3 < x \le 5$ ④ $-3 \le x \le 5$
⑤ $x < -3$ 또는 $x \ge 3$

⑦ 부등호를 사용하여 나타내기

21 기상청에서 발효하는 폭염 경보의 기준은 다음과 같다.

> • 일 최고 체감온도 35℃ 이상인 상태가 2일 이상 지속될 것으로 예상될 때
> • 급격한 체감온도 상승 또는 폭염 장기화 등으로 광범위한 지역에서 중대한 피해발생이 예상될 때

일 최고 체감온도를 x℃, 지속 일수를 y일이라고 할 때, 밑줄 친 부분을 부등호를 사용하여 나타낸 것으로 옳은 것은?

① $x > 35$, $y > 2$ ② $x \ge 35$, $y \ge 2$
③ $x \le 35$, $y \le 2$ ④ $x \ge 2$, $y \ge 35$
⑤ $x \le 2$, $y \le 35$

⑧ 주어진 범위에 속하는 수

22 두 유리수 $-\dfrac{17}{4}$과 $\dfrac{6}{5}$ 사이에 있는 정수의 개수는?

① 6 ② 7 ③ 8
④ 9 ⑤ 10

⑧ 주어진 범위에 속하는 수

23 절댓값이 $\dfrac{25}{4}$인 두 수 사이에 있는 정수의 개수는?

① 10 ② 11 ③ 12
④ 13 ⑤ 14

⑧ 주어진 범위에 속하는 수

24 -6 이상 $\dfrac{13}{3}$ 미만인 정수의 개수는?

① 11 ② 12 ③ 13
④ 14 ⑤ 15

1

수영 중계 방송에서는 선수들의 기록을 나타낼 때, 최고 기록을 기준으로 양의 부호 +와 음의 부호 −를 사용하여 나타낸다. 그림은 제32회 도쿄 올림픽 수영 남자 자유형 200 m 결승 중계 장면 중 일부이다.

다음은 Ⓐ, Ⓑ를 참고하여 중계 방송한 해설의 일부이다. ☐ 안에 들어갈 내용으로 옳지 <u>않은</u> 것을 고르시오.

> 가장 먼저 50 m 지점에 도달한 대한민국의 황선우 선수, 올림픽 세계 기록보다 ㉠ 0.28 초 ㉡ 빠른 기록입니다. 50 m 지점을 3위로 통과한 선수는 황선우 선수의 기록보다 ㉢ 0.28 초 ㉣ 빠릅니다.

1 -1

그림은 그리니치 표준시를 기준으로 세계 여러 도시의 표준시를 나타낸 지도이다.

뉴욕의 −5는 뉴욕의 표준시가 그리니치 표준시보다 5시간 느린 것을 의미한다. 다음 중 그리니치 표준시보다 2시간 빠른 도시와 8시간 느린 도시를 차례로 나열한 것으로 옳은 것은?

① 케이프타운, 베이징   ② 케이프타운, 로스앤젤레스
③ 상파울루, 베이징   ④ 상파울루, 로스앤젤레스
⑤ 파리, 뉴욕

2

그림과 같이 유리수가 적힌 카드 4장과 아무것도 적히지 않은 1장의 카드가 있다.

$$-5 \qquad +\dfrac{8}{2} \qquad +\dfrac{1}{3} \qquad -0.6 \qquad ?$$

마지막 카드에 수를 적으면 정수가 적힌 카드는 3장, 양수가 적힌 카드는 2장이 된다. 다음 중 마지막 카드에 적을 수 있는 수를 모두 고르면? (정답 2개)

① +1   ② −1   ③ 0
④ $-\dfrac{5}{2}$ ⑤ $+\dfrac{1}{2}$

2 -1

다음과 같이 유리수가 적혀 있는 카드 8장이 있다.

$$1 \qquad -7 \qquad -\dfrac{16}{4} \qquad 0$$
$$+1.4 \qquad +3 \qquad 8.7 \qquad -\dfrac{3}{2}$$

각 카드는 양면에 같은 유리수가 적혀 있고, 한면은 분홍색, 다른 한면은 파란색으로 색칠되어 있다. 모두 분홍색 면의 카드가 보이도록 놓은 후 다음과 같은 순서에 따라 카드를 뒤집었을 때, 분홍색 면이 보이는 카드의 개수를 구하시오.

> ◀ 순서 ▶
> 1. 정수에 해당하는 카드를 뒤집는다.
> 2. 음수에 해당하는 카드를 뒤집는다.
> 3. 정수가 아닌 유리수에 해당하는 카드를 뒤집는다.

3

두 유리수 $-\dfrac{3}{4}$과 $\dfrac{2}{3}$ 사이에 있는 정수가 아닌 유리수 중에서 기약분수로 나타낼 때, 분모가 12인 것의 개수는?

① 5   ② 6   ③ 7
④ 8   ⑤ 9

3 -1

두 유리수 $-\dfrac{3}{2}$과 $\dfrac{4}{5}$ 사이에 있는 정수가 아닌 유리수 중에서 기약분수로 나타낼 때, 분모가 10인 것의 개수는?

① 6   ② 7   ③ 8
④ 9   ⑤ 10

4

다음 조건을 모두 만족시키는 서로 다른 세 수 a, b, c의 대소 관계는?

> (가) a는 -5보다 작다.
> (나) b의 절댓값은 a의 절댓값보다 작다.
> (다) b와 -5 사이의 거리는 c와 -5 사이의 거리보다 가깝다.
> (라) c는 양수이다.

① $a<b<c$ ② $a<c<b$
③ $b<a<c$ ④ $b<c<a$
⑤ $c<b<a$

4 -1

다음 조건을 모두 만족시키는 서로 다른 세 수 a, b, c의 대소 관계가 될 수 있는 것을 〈보기〉에서 모두 고른 것은?

> (가) 절댓값이 가장 큰 수는 a이고, 절댓값이 가장 작은 수는 c이다.
> (나) 수직선 위에 세 수를 나타내었을 때, 원점보다 오른쪽에 있는 점은 1개이다.

◁ 보기 ▷
ㄱ. $a<b<c$ ㄴ. $a<c<b$
ㄷ. $b<a<c$ ㄹ. $b<c<a$
ㅁ. $c<a<b$ ㅂ. $c<b<a$

① ㄱ, ㄴ, ㄹ   ② ㄱ, ㄴ, ㅂ
③ ㄱ, ㄹ, ㅁ   ④ ㄴ, ㄷ, ㄹ
⑤ ㄷ, ㅁ, ㅂ

서술형 집중 연습

 1

다음 수 중에서 음의 정수의 개수를 a, 정수가 아닌 유리수의 개수를 b라고 할 때, $a+b$의 값을 구하시오.

$$-7, \ +\frac{5}{2}, \ 3.14, \ 0, \ -\frac{10}{5}, \ \frac{12}{8}$$

풀이 과정

음의 정수는 ☐, ☐의 2개이므로 $a=$ ☐

정수가 아닌 유리수는 ☐, ☐, ☐의 3개이므로

$b=$ ☐

따라서 $a+b=$ ☐이다.

 1

다음 수 중에서 자연수가 아닌 정수의 개수를 a, 음의 유리수의 개수를 b라고 할 때, $a+b$의 값을 구하시오.

$$2.6, \ -\frac{9}{5}, \ -\frac{6}{4}, \ +\frac{12}{2}, \ 0, \ -\frac{15}{6}, \ -11$$

 2

〈보기〉에서 유리수에 대한 설명 중 옳지 <u>않은</u> 것을 모두 찾고, 옳지 <u>않은</u> 이유를 설명하시오.

─┤ 보기 ├─
ㄱ. 자연수는 양수이다.
ㄴ. 양수가 아닌 유리수는 음수이다.
ㄷ. -1은 음의 정수 중에서 가장 작은 수이다.

풀이 과정

옳지 않은 것은 ☐이다.
ㄴ. 양수가 아닌 유리수는 음수이거나 ☐이다.
ㄷ. -1은 음의 정수 중에서 가장 ☐ 수이다.

 2

〈보기〉에서 유리수에 대한 설명 중 옳지 <u>않은</u> 것을 모두 찾고, 옳지 <u>않은</u> 이유를 설명하시오.

─┤ 보기 ├─
ㄱ. 0은 유리수가 아니다.
ㄴ. 모든 자연수는 유리수이다.
ㄷ. 서로 다른 두 정수 사이에는 무수히 많은 정수가 있다.

3

두 수 a, b의 절댓값은 같고, a는 b보다 10만큼 작다. 이때 a, b의 값을 각각 구하시오.

풀이 과정

a는 b보다 10만큼 작으므로 두 수에 대응하는 두 점 사이의 거리는 ◯이고, 두 수의 절댓값이 같으므로 원점으로부터 각각 $10 \div$ ◯ $=$ ◯만큼 떨어져 있다.
절댓값이 ◯인 수는 ◯, ◯이다.
이때 a가 b보다 작으므로
$a=$ ◯, $b=$ ◯이다.

 4

수직선에서 $-\dfrac{4}{3}$에 가장 가까운 정수를 x, 3.2에 가장 가까운 정수를 y라고 할 때, 두 수 x와 y 사이에 있는 정수의 개수를 구하시오.

풀이 과정

$-\dfrac{4}{3}$와 3.2를 수직선 위에 나타내면 다음과 같다.

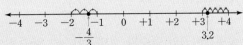
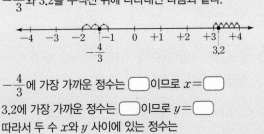

$-\dfrac{4}{3}$에 가장 가까운 정수는 ◯이므로 $x=$ ◯

3.2에 가장 가까운 정수는 ◯이므로 $y=$ ◯
따라서 두 수 x와 y 사이에 있는 정수는
◯의 ◯개이다.

유제 **3**

두 수 a, b의 절댓값은 같고 $a<b$이다. 수직선에서 a, b에 대응하는 두 점 사이의 거리가 $\dfrac{9}{2}$일 때, a, b의 값을 각각 구하시오.

유제 **4**

수직선에서 $-\dfrac{9}{4}$에 가장 가까운 정수를 x, $\dfrac{10}{3}$에 가장 가까운 정수를 y라고 할 때, $|x|+|y|$의 값을 구하시오.

01 다음 중 양의 부호 + 또는 음의 부호 −를 사용하여 나타낸 것으로 옳지 <u>않은</u> 것은?

① 2점 득점 ➡ +2점
② 영하 9℃ ➡ −9℃
③ 지하 3층 ➡ −3층
④ 20 % 할인 ➡ −20 %
⑤ 6000원 입금 ➡ −6000원

02 다음은 세 학생이 수가 적힌 카드 1장을 보고 나눈 대화이다.

> 진아: 이 수는 유리수야.
> 하은: 맞아. 하지만 정수는 아니네.
> 민정: 그리고 양수도 아니야.

카드에 적힌 수가 될 수 있는 것을 〈보기〉에서 모두 고른 것은?

┌─ 보기 ├─
ㄱ. $+1$ ㄴ. $-\dfrac{5}{4}$ ㄷ. $-\dfrac{6}{3}$

ㄹ. 0 ㅁ. $-\dfrac{7}{14}$
└──────────

① ㄱ, ㄷ   ② ㄴ, ㄷ   ③ ㄴ, ㄹ
④ ㄴ, ㅁ   ⑤ ㄹ, ㅁ

03 다음 수에 대한 설명으로 옳은 것은?

$$-2,\ 0,\ +\frac{8}{2},\ -\frac{4}{3},\ 4.7,\ -5$$

① 정수는 3개이다.
② 음수는 4개이다.
③ 0은 유리수가 아니다.
④ 절댓값이 가장 큰 수는 −5이다.
⑤ −2는 $-\dfrac{4}{3}$보다 수직선에서 오른쪽에 있다.

04 다음 중 옳지 <u>않은</u> 것은?

① 모든 자연수는 유리수이다.
② 모든 정수는 유리수이다.
③ 유리수 중에 정수가 아닌 것도 있다.
④ 유리수는 양의 유리수와 음의 유리수로 이루어져 있다.
⑤ 서로 다른 두 유리수 사이에는 무수히 많은 유리수가 존재한다.

05 다음 수직선 위의 다섯 개의 점 A, B, C, D, E 중 $-\dfrac{7}{4}$에 대응하는 점으로 옳은 것은?

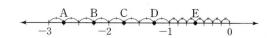

① A   ② B   ③ C
④ D   ⑤ E

06 절댓값이 9인 음수와 절댓값이 2인 양수 사이에 있는 정수의 개수는?

① 10   ② 11   ③ 12
④ 13   ⑤ 14

07 수직선 위에서 -3에 대응하는 점으로부터 거리가 5인 점에 대응하는 양수는?

① 1   ② 2   ③ 3
④ 4   ⑤ 5

10 'x는 -3보다 크거나 같고 2 미만이다.'를 부등호를 사용하여 나타낸 것은?

① $-3 < x < 2$
② $-3 \leq x < 2$
③ $-3 < x \leq 2$
④ $-3 \leq x \leq 2$
⑤ $x < -3$ 또는 $x \geq 2$

고난도

08 다음 조건을 모두 만족시키는 두 정수 x, y에 대하여 x의 값은?

> (가) $x < 0 < y$
> (나) 수직선 위에서 x와 y에 대응하는 두 점 사이의 거리는 24이다.
> (다) $3 \times |x| = |y|$

① -10 ② -8 ③ -6
④ -4 ⑤ -2

고난도

11 다음 조건을 모두 만족시키는 수의 개수는?

> (가) 정수이다.
> (나) 절댓값이 5보다 크지 않다.
> (다) -2보다 크다.

① 6   ② 7   ③ 8
④ 9   ⑤ 10

09 다음 수를 작은 수부터 차례대로 나열할 때, 두 번째에 오는 수는?

① $+2$ ② $+4$ ③ -5
④ $-\dfrac{11}{2}$ ⑤ $-\dfrac{4}{3}$

고난도

12 두 유리수 $-\dfrac{1}{4}$과 $\dfrac{5}{3}$ 사이에 있는 정수가 아닌 유리수 중에서 기약분수로 나타낼 때, 분모가 12인 것의 개수는?

① 6   ② 7   ③ 8
④ 9   ⑤ 10

서술형

고난도

13 그림과 같이 유리수가 적힌 카드 4장과 아무것도 적히지 않은 1장의 카드가 있다.

| 0 | $-\dfrac{30}{5}$ | -4 | $+\dfrac{3}{6}$ | ? |

마지막 카드에 수를 적으면 양수가 적힌 카드는 2장, 정수가 아닌 유리수가 적힌 카드는 1장이 된다. 마지막 카드에 적을 수 있는 수를 가장 작은 것부터 3개 나열하시오. (단, 마지막 카드에는 다른 4장의 카드에 적혀 있는 수를 적을 수 없다.)

14 수직선에서 $-\dfrac{9}{4}$에 가장 가까운 정수를 x, $\dfrac{5}{3}$에 가장 가까운 정수를 y이라고 할 때, 물음에 답하시오.

(1) 수직선 위에 $-\dfrac{9}{4}$와 $\dfrac{5}{3}$에 대응하는 점을 각각 나타내시오.

```
◄─┼────┼────┼────┼────┼────┼────┼─►
 -3   -2   -1    0    1    2    3
```

(2) x와 y의 값을 각각 구하시오.

(3) 두 수 x와 y 사이에 있는 정수의 개수를 구하시오.

15 'x는 -6보다 크고 7보다 크지 않다.'를 부등호를 사용하여 나타내고, x의 값이 될 수 있는 정수를 모두 구하시오.

고난도

16 절댓값이 $\dfrac{12}{5}$ 이상 7 미만인 정수의 개수를 구하시오.

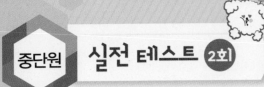

01 음의 부호 −를 사용하여 나타낼 수 있는 상황을 〈보기〉에서 모두 고른 것은?

┌──◀ 보기 ▶──────────────────┐
ㄱ. 2℃ 상승   ㄴ. 3 kg 감소
ㄷ. 10000원 출금   ㄹ. 해발 500 m
└────────────────────────────┘

① ㄱ, ㄴ   ② ㄱ, ㄷ   ③ ㄴ, ㄷ
④ ㄴ, ㄹ   ⑤ ㄷ, ㄹ

02 다음 중 정수가 <u>아닌</u> 것은?

① $+4$ ② $-\dfrac{9}{3}$ ③ $+\dfrac{10}{5}$

④ 0 ⑤ $-\dfrac{2}{8}$

03 다음과 같이 유리수를 분류할 때, □에 해당하는 수로 옳은 것은?

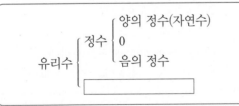

① $+2$ ② -8 ③ $+2.8$

④ $-\dfrac{3}{1}$ ⑤ 0

04 그림과 같이 유리수가 적힌 카드 4장과 아무것도 적히지 않은 1장의 카드가 있다.

$\boxed{+\dfrac{15}{6}}$ $\boxed{-1}$ $\boxed{0}$ $\boxed{+3}$ $\boxed{?}$

마지막 카드에 수를 적으면 자연수가 아닌 정수가 적힌 카드는 2장, 양수가 적힌 카드는 2장, 절댓값이 같은 카드가 1쌍(2장)이 된다. 다음 중 마지막 카드에 적을 수 있는 수는? (단, 마지막 카드에는 다른 4장의 카드에 적혀 있는 수를 적을 수 없다.)

① -3 ② $+1$ ③ $+\dfrac{6}{15}$

④ 5.1 ⑤ $-\dfrac{15}{6}$

05 다음 수직선 위의 네 개의 점 A, B, C, D에 대한 설명으로 옳은 것은?

A, B, C, D 수직선 (-4 -3 -2 -1 0 $+1$ $+2$ $+3$ $+4$)

① 정수에 대응하는 점은 2개이다.
② 양수에 대응하는 점은 1개이다.
③ 절댓값이 가장 큰 수에 대응하는 점은 D이다.
④ 점 B에 대응하는 수는 $-\dfrac{4}{3}$이다.
⑤ 점 B에 대응하는 수와 점 C에 대응하는 수의 절댓값은 같다.

06 다음 중 절댓값이 가장 큰 수와 절댓값이 가장 작은 수를 차례대로 나열하면?

┌────────────────────────────────┐
$-2, \ 0, \ +\dfrac{8}{2}, \ -\dfrac{1}{3}, \ 4.7, \ -5$
└────────────────────────────────┘

① $+\dfrac{8}{2}, \ 0$ ② $4.7, \ -2$

③ $4.7, \ -5$ ④ $-5, \ 0$

⑤ $-5, \ -\dfrac{1}{3}$

07 다음 중 ○ 안에 들어갈 부등호의 방향이 나머지 넷과 <u>다른</u> 것은?

① $1 \bigcirc -0.7$

② $-\dfrac{5}{3} \bigcirc -\dfrac{5}{4}$

③ $0 \bigcirc -3$

④ $-8 \bigcirc -10$

⑤ $|-3.5| \bigcirc |2|$

08 다음은 태양계 행성 표면의 평균 온도를 나타낸 것이다.

행성	표면 평균 온도(℃)
수성	$+179$
금성	$+467$
지구	$+17$
화성	-80
목성	-148
토성	-176
천왕성	-215
해왕성	-214

표면의 평균 온도가 낮은 행성부터 차례대로 나열할 때, 네 번째에 오는 행성은?

① 화성　　② 목성　　③ 토성
④ 천왕성　⑤ 해왕성

09 다음 중 부등호를 사용하여 나타낸 것으로 옳은 것은?

① a는 -5 이하이다. ➡ $a < -5$

② b는 -1보다 크다. ➡ $b < -1$

③ c는 0 이상이고 6 미만이다. ➡ $0 \le c \le 6$

④ d는 1보다 크지 않다. ➡ $d < 1$

⑤ e는 -1보다 작지 않고 3보다 작다.
　➡ $-1 \le e < 3$

고난도

10 수직선 위의 점 A는 원점으로부터 4만큼 떨어져 있고, 점 B는 5에 대응하는 점으로부터 3만큼 떨어져 있다. 이때 두 점 A, B 사이의 거리가 될 수 있는 것 중 가장 큰 값은?

① 2　　　② 4　　　③ 6
④ 12　　⑤ 14

11 -7보다 작지 않고 $-\dfrac{5}{4}$보다 작은 정수의 개수는?

① 6　　　② 7　　　③ 8
④ 9　　　⑤ 10

고난도

12 다음 조건을 모두 만족시키는 서로 다른 세 수 a, b, c의 대소 관계는?

> (가) a와 b의 절댓값은 같다.
> (나) a와 c의 부호는 같다.
> (다) 절댓값이 가장 큰 수는 c이다.
> (라) 수직선 위에 세 수를 나타내었을 때, 원점보다 오른쪽에 있는 점은 2개이다.

① $a < b < c$　　② $b < a < c$
③ $b < c < a$　　④ $c < a < b$
⑤ $c < b < a$

서술형

13 다음 수 중에서 양의 정수의 개수를 a, 정수가 아닌 유리수의 개수를 b라고 할 때, $a+b$의 값을 구하시오.

$$-\frac{5}{2}, \ -\frac{9}{7}, \ +3.7, \ -2, \ +1, \ 0, \ +\frac{15}{3}$$

14 〈보기〉에서 절댓값에 대한 설명 중 옳지 <u>않은</u> 것을 모두 찾고, 옳지 <u>않은</u> 이유를 설명하시오.

◀ 보기 ▶

ㄱ. 절댓값이 같은 수는 항상 2개이다.
ㄴ. 음수의 절댓값보다 0의 절댓값이 더 작다.
ㄷ. 절댓값이 큰 수가 절댓값이 작은 수보다 더 크다.
ㄹ. 절댓값이 클수록 그 수를 수직선 위에 나타냈을 때 원점에서 더 멀리 떨어져 있다.

15 절댓값이 같고 부호가 다른 두 수가 있다. 이 두 수를 수직선 위에 나타내었을 때, 대응하는 두 점 사이의 거리는 $\frac{40}{3}$이다. 이 두 수를 구하시오.

고난도
16 두 유리수 $-\frac{4}{3}$와 $\frac{3}{5}$ 사이에 있는 정수가 아닌 유리수 중에서 기약분수로 나타낼 때 분모가 15인 것의 개수를 구하시오.

Ⅱ. 정수와 유리수

2

정수와 유리수의 계산

핵심 개념 ② 정수와 유리수의 계산

Ⅱ. 정수와 유리수

① 정수와 유리수의 덧셈

(1) 부호가 같은 두 수의 덧셈

두 수의 절댓값의 합에 공통인 부호를 붙인 것과 같다.

(2) 부호가 다른 두 수의 덧셈

두 수의 절댓값의 차에 절댓값이 큰 수의 부호를 붙인 것과 같다.

(3) 절댓값이 같고 부호가 다른 두 수의 합은 0이다.

② 덧셈의 계산 법칙

(1) 덧셈의 교환법칙

두 수의 덧셈에서 두 수의 순서를 바꾸어 더하여도 그 결과는 같다.

(2) 덧셈의 결합법칙

세 수의 덧셈에서 앞의 두 수를 먼저 더하여 계산한 결과와 뒤의 두 수를 먼저 더하여 계산한 결과는 같다.

참고 덧셈의 결합법칙이 성립하므로 괄호를 생략하여 쓸 수 있다.

③ 정수와 유리수의 뺄셈

(1) 두 수의 뺄셈은 빼는 수의 부호를 바꾸어 덧셈으로 고쳐서 계산한다.

예 $(-5)-(-1)=(-5)+(+1)=-(5-1)=-4$

(2) 어떤 수에서 0을 빼면 그 수 자신이다.

④ 덧셈과 뺄셈의 혼합 계산

(1) 뺄셈을 덧셈으로 고친 후 덧셈의 교환법칙과 결합법칙을 이용하여 계산한다.

예 $(-4)+(-1)-(-2)-(+3)=(-4)+(-1)+(+2)+(-3)$

(2) 괄호가 없는 식은 생략된 양의 부호 $+$를 살려 부호가 있는 식으로 고친 후 계산한다.

예 $-3+2-7=(-3)+(+2)-(+7)$

⑤ 정수와 유리수의 곱셈

(1) 부호가 같은 두 수의 곱셈

두 수의 절댓값의 곱에 양의 부호 $+$를 붙인 것과 같다.

(2) 부호가 다른 두 수의 곱셈

두 수의 절댓값의 곱에 음의 부호 $-$를 붙인 것과 같다.

✓ 개념 체크

01 다음을 계산하시오.

(1) $(+4)+(+5)$

(2) $(-3)+(-1)$

(3) $(+7)+(-2)$

(4) $(-6)+(+1)$

02 다음의 계산 과정 중 ㉠, ㉡에서 이용한 덧셈의 계산 법칙을 각각 쓰시오.

$$\left(-\frac{2}{5}\right)+\left(+\frac{7}{3}\right)+\left(-\frac{3}{5}\right)$$
$$=\left(-\frac{2}{5}\right)+\left(-\frac{3}{5}\right)+\left(+\frac{7}{3}\right)\Big\}㉠$$
$$=\left\{\left(-\frac{2}{5}\right)+\left(-\frac{3}{5}\right)\right\}+\left(+\frac{7}{3}\right)㉡$$
$$=(-1)+\left(+\frac{7}{3}\right)$$
$$=+\frac{4}{3}$$

03 다음을 계산하시오.

(1) $(+6)-(+9)$

(2) $(-2)-(-5)$

(3) $(+8)-(-3)$

(4) $(-1)-(+4)$

04 다음을 계산하시오.

(1) $(+4)-(-1)+(+2)$

(2) $\left(-\frac{5}{2}\right)+\left(-\frac{3}{2}\right)+\left(-\frac{4}{3}\right)$

(3) $8-3-7+1$

(4) $-\frac{1}{2}+2+\frac{2}{3}-3$

05 다음을 계산하시오.

(1) $(+2)\times(+8)$

(2) $(+3)\times(-4)$

(3) $(-9)\times(+3)$

(4) $(-4)\times(-6)$

74 ┃ 수학 1-1 중간고사 대비

6 곱셈의 계산 법칙

(1) 곱셈의 교환법칙

　두 수의 곱셈에서 두 수의 순서를 바꾸어 곱하여도 그 결과는 같다.

(2) 곱셈의 결합법칙

　세 수의 곱셈에서 앞의 두 수를 먼저 곱하여 계산한 결과와 뒤의 두 수를 먼저 곱하여 계산한 결과는 같다.

　참고 곱셈의 결합법칙이 성립하므로 괄호를 생략하여 쓸 수 있다.

(3) 세 개 이상의 수를 곱할 때에는 곱의 부호를 정하고, 각 수의 절댓값의 곱에 그 부호를 붙여서 계산한다.

　참고 0이 아닌 여러 개의 수를 곱할 때, 곱의 부호

음수가 하나도 없거나 짝수 개이면	음수가 홀수 개이면
+	-

7 분배법칙

어떤 수에 두 수의 합을 곱한 결과는 어떤 수에 각각의 수를 곱하여 더한 것과 같다.

예 $6 \times \left(-\dfrac{1}{2} + \dfrac{1}{3}\right) = 6 \times \left(-\dfrac{1}{2}\right) + 6 \times \dfrac{1}{3} = -3 + 2 = -1$

8 정수와 유리수의 나눗셈

(1) 부호가 같은 두 수의 나눗셈

　두 수의 절댓값의 나눗셈의 몫에 양의 부호 +를 붙인 것과 같다.

(2) 부호가 다른 두 수의 나눗셈

　두 수의 절댓값의 나눗셈의 몫에 음의 부호 -를 붙인 것과 같다.

(3) 0을 0이 아닌 수로 나누면 그 몫은 0이다.

　참고 어떤 수를 0으로 나누는 경우는 생각하지 않는다.

(4) 역수: 두 수의 곱이 1이 될 때, 한 수를 다른 수의 역수라고 한다.

(5) 유리수를 0이 아닌 수로 나눌 때에는 나누는 수의 역수를 곱하여 계산한다.

(6) 곱셈과 나눗셈이 섞여 있을 때에는 나눗셈을 곱셈으로 바꾸어 계산한다.

9 덧셈, 뺄셈, 곱셈, 나눗셈이 섞인 계산

(1) 거듭제곱이 있으면 거듭제곱을 먼저 계산한다.

(2) 괄호가 있으면 괄호 안을 먼저 계산한다.

(3) 곱셈과 나눗셈을 앞에서부터 차례로 계산한다.

(4) 덧셈과 뺄셈을 앞에서부터 차례로 계산한다.

개념 체크

06 다음의 계산 과정 중 ㉠, ㉡에서 이용한 곱셈의 계산 법칙을 각각 쓰시오.

$$\left(+\dfrac{2}{9}\right) \times \left(+\dfrac{7}{11}\right) \times \left(-\dfrac{9}{2}\right)$$
$$= \left(+\dfrac{2}{9}\right) \times \left(-\dfrac{9}{2}\right) \times \left(+\dfrac{7}{11}\right) \quad \text{㉠}$$
$$= \left\{\left(+\dfrac{2}{9}\right) \times \left(-\dfrac{9}{2}\right)\right\} \times \left(+\dfrac{7}{11}\right) \quad \text{㉡}$$
$$= (-1) \times \left(+\dfrac{7}{11}\right)$$
$$= -\dfrac{7}{11}$$

07 다음을 계산하시오.

(1) $(-3) \times (+4) \times (-2)$

(2) $(-2) \times (+5) \times (+3)$

(3) $(-6) \times (-2) \times (+4) \times (-1)$

08 다음을 계산하시오.

(1) $(+9) \div (-3)$

(2) $(-12) \div (-2)$

(3) $(-8) \div (+7)$

(4) $\left(-\dfrac{3}{2}\right) \div \left(-\dfrac{12}{5}\right)$

09 다음을 계산하시오.

$$\left(-\dfrac{7}{2}\right) \times (-2) \div \left(+\dfrac{14}{3}\right)$$

10 다음을 계산하시오.

$$\{(-3)^2 - (-2)\} \times \dfrac{1}{2} + (-3)$$

유형 1 정수와 유리수의 덧셈

01 다음 중 계산 결과가 옳은 것은?

① $(+10)+(-4)=-14$

② $(-2)+(-5)=-3$

③ $(-0.5)+(-1.2)=-1.7$

④ $(-1)+\left(+\dfrac{3}{5}\right)=+\dfrac{2}{5}$

⑤ $\left(+\dfrac{5}{2}\right)+\left(-\dfrac{2}{3}\right)=-\dfrac{11}{6}$

풀이 전략 부호가 같은 두 수의 덧셈은 두 수의 절댓값의 합에 공통인 부호를 붙이고, 부호가 다른 두 수의 덧셈은 두 수의 절댓값의 차에 절댓값이 큰 수의 부호를 붙인다.

02 다음 중 계산 결과가 가장 큰 것은?

① $(-5)+(+1)$

② $(-2)+0$

③ $(+1.5)+(-0.2)$

④ $\left(-\dfrac{3}{4}\right)+\left(-\dfrac{4}{3}\right)$

⑤ $\left(+\dfrac{7}{2}\right)+\left(-\dfrac{1}{6}\right)$

유형 2 정수와 유리수의 뺄셈

03 다음 중 계산 결과가 옳은 것은?

① $(-4)-(+4)=0$

② $(-5)-(-3)=-8$

③ $(+1)-(+4)=-5$

④ $(-7)-(+1)=-8$

⑤ $(+2)-(-6)=+4$

풀이 전략 빼는 수의 부호를 바꾸어 덧셈으로 고친 후 계산한다.

04 다음 중 계산 결과가 -2가 아닌 것은?

① $0-(+2)$

② $(-5)-(-3)$

③ $(-0.7)-(+1.3)$

④ $\left(+\dfrac{2}{3}\right)-\left(+\dfrac{8}{3}\right)$

⑤ $\left(+\dfrac{2}{7}\right)-\left(-\dfrac{12}{7}\right)$

유형 3 덧셈과 뺄셈의 혼합 계산

05 $\left(+\dfrac{4}{5}\right)+\left(-\dfrac{2}{3}\right)-\left(-\dfrac{1}{5}\right)-\left(+\dfrac{7}{15}\right)$ 을 계산하면?

① $-\dfrac{8}{15}$ ② $-\dfrac{2}{15}$ ③ $\dfrac{2}{15}$

④ $\dfrac{8}{15}$ ⑤ $\dfrac{4}{5}$

풀이 전략 뺄셈을 덧셈으로 고치고, 덧셈의 계산 법칙을 이용한다.

06 $-\dfrac{5}{3}+2-\dfrac{7}{6}-\dfrac{1}{3}$ 을 계산하면?

① $-\dfrac{3}{2}$ ② $-\dfrac{7}{6}$ ③ $-\dfrac{5}{6}$

④ $-\dfrac{1}{2}$ ⑤ $-\dfrac{1}{6}$

유형 4 정수와 유리수의 곱셈

07 다음 중 계산 결과가 가장 큰 것은?

① $(-3) \times (-4)$

② $(+4) \times (-1)$

③ $(+4) \times (+1.5)$

④ $(-15) \times \left(-\dfrac{2}{3}\right)$

⑤ $\left(-\dfrac{2}{5}\right) \times \left(+\dfrac{5}{2}\right)$

풀이 전략 두 수의 절댓값의 곱에 부호가 같은 두 수를 곱한 경우에는 양의 부호 +를, 부호가 다른 두 수를 곱한 경우에는 음의 부호 −를 붙인다.

08 다음 중 계산 결과가 옳지 않은 것은?

① $(+3) \times (-8) = -24$

② $(-6) \times (+4) = -24$

③ $(+2) \times (+12) = +24$

④ $(-18) \times \left(-\dfrac{4}{3}\right) = +24$

⑤ $\left(+\dfrac{15}{2}\right) \times \left(-\dfrac{16}{5}\right) = +24$

유형 5 덧셈과 곱셈의 계산 법칙

09 다음 계산 과정에서 ㉠, ㉡에 이용된 덧셈의 계산 법칙을 각각 쓰시오.

$$\left(-\dfrac{5}{8}\right) + \left(-\dfrac{2}{7}\right) + \left(+\dfrac{13}{8}\right)$$
$$= \left(-\dfrac{5}{8}\right) + \left(+\dfrac{13}{8}\right) + \left(-\dfrac{2}{7}\right) \quad ㉠$$
$$= \left\{\left(-\dfrac{5}{8}\right) + \left(+\dfrac{13}{8}\right)\right\} + \left(-\dfrac{2}{7}\right) \quad ㉡$$
$$= (+1) + \left(-\dfrac{2}{7}\right)$$
$$= +\dfrac{5}{7}$$

풀이 전략 덧셈의 계산 법칙으로 교환법칙과 결합법칙이 있다.

10 다음 계산 과정에서 곱셈의 교환법칙과 결합법칙이 이용된 곳을 옳게 짝지어진 것은?

$$(+4) \times (+7) \times (-2)$$
$$= (+7) \times (+4) \times (-2) \quad ㉠$$
$$= (+7) \times \{(+4) \times (-2)\} \quad ㉡$$
$$= (+7) \times (-8) \quad ㉢$$
$$= -56 \quad ㉣$$

	곱셈의 교환법칙	곱셈의 결합법칙
①	㉠	㉡
②	㉠	㉢
③	㉡	㉠
④	㉡	㉣
⑤	㉢	㉣

유형 6 세 개 이상의 수의 계산

11 $\left(-\dfrac{12}{5}\right) \times \left(+\dfrac{2}{3}\right) \times \left(-\dfrac{7}{8}\right) \times \left(-\dfrac{9}{2}\right)$ 를 계산하면?

① $-\dfrac{189}{10}$ ② $-\dfrac{42}{5}$ ③ $-\dfrac{63}{10}$

④ $\dfrac{63}{10}$ ⑤ $\dfrac{42}{5}$

풀이 전략 먼저 곱의 부호를 정하고, 각 수의 절댓값의 곱에 그 부호를 붙여서 계산한다.

12 $\left(-\dfrac{1}{2}\right) \times \left(-\dfrac{2}{3}\right) \times \left(-\dfrac{3}{4}\right) \times \left(-\dfrac{4}{5}\right) \times \cdots \times \left(-\dfrac{35}{36}\right)$ 를 계산하면?

① $-\dfrac{1}{36}$ ② $-\dfrac{1}{18}$ ③ $\dfrac{1}{72}$

④ $\dfrac{1}{36}$ ⑤ $\dfrac{1}{18}$

13 다음 중 가장 작은 수는?

① $(-1)^5$ ② $\left(-\dfrac{1}{4}\right)^2$ ③ $-(-2^3)$

④ $\left(-\dfrac{3}{2}\right)^4$ ⑤ $-\dfrac{(-3)^2}{5}$

풀이 전략 지수에 따라 계산 결과의 부호를 먼저 정한다.

14 〈보기〉의 수를 작은 수부터 차례로 나열하면?

┤ 보기 ├
ㄱ. $(-3)^3$ ㄴ. -4^2
ㄷ. $-(-5)^2$ ㄹ. $-(-2^5)$

① ㄱ, ㄴ, ㄷ, ㄹ   ② ㄱ, ㄷ, ㄴ, ㄹ
③ ㄴ, ㄱ, ㄷ, ㄹ   ④ ㄷ, ㄴ, ㄱ, ㄹ
⑤ ㄹ, ㄱ, ㄴ, ㄷ

15 분배법칙을 이용하여 다음 식을 계산하시오.

$$-1.76 \times 3.62 - 1.76 \times 6.38$$

풀이 전략 공통으로 곱해진 수를 찾아 분배법칙을 이용한다.

16 다음 계산 과정에서 (가)와 (나)에 들어갈 수를 각각 구하시오.

$$\dfrac{136}{3} \times \left(-\dfrac{9}{17} - \dfrac{15}{4}\right)$$
$$= \dfrac{136}{3} \times \left(-\dfrac{9}{17}\right) + \dfrac{136}{3} \times (\boxed{\text{(가)}})$$
$$= \boxed{\text{(나)}}$$

17 -3의 역수를 a, $-\dfrac{9}{5}$의 역수를 b라고 할 때, $a \times b$의 값은?

① $-\dfrac{9}{5}$ ② $-\dfrac{5}{9}$ ③ $\dfrac{5}{27}$

④ $\dfrac{5}{9}$ ⑤ $\dfrac{5}{3}$

풀이 전략 두 수의 곱이 1이 될 때, 한 수를 다른 수의 역수라고 한다.

18 -2의 역수를 a, a의 역수를 b라고 할 때, $a+b$의 값은?

① $-\dfrac{5}{2}$ ② -2 ③ $-\dfrac{3}{2}$

④ -1 ⑤ $-\dfrac{1}{2}$

유형 10 정수와 유리수의 나눗셈

19 다음 중 계산 결과가 옳은 것은?

① $(+30) \div (-6) = +5$

② $(-2.4) \div (-0.4) = -6$

③ $\left(-\dfrac{2}{3}\right) \div (-8) = \dfrac{3}{16}$

④ $\left(-\dfrac{5}{6}\right) \div \left(-\dfrac{3}{8}\right) = +\dfrac{20}{9}$

⑤ $\left(-\dfrac{11}{5}\right) \div \left(+\dfrac{11}{10}\right) = -\dfrac{1}{2}$

풀이 전략 어떤 수로 나누는 것은 그 수의 역수를 곱하는 것과 같다.

20 $a = (-9) \div \left(-\dfrac{6}{5}\right)$, $b = \left(+\dfrac{3}{8}\right) \div \left(-\dfrac{7}{4}\right)$일 때, $a \div b$의 값은?

① -35　　② -21　　③ -7

④ 7　　⑤ 21

유형 11 곱셈과 나눗셈의 혼합 계산

21 $\left(-\dfrac{8}{5}\right) \times \left(-\dfrac{4}{3}\right) \div \left(-\dfrac{2}{5}\right)^2$을 계산하면?

① $-\dfrac{40}{3}$　　② $-\dfrac{20}{3}$　　③ $-\dfrac{10}{3}$

④ $\dfrac{20}{3}$　　⑤ $\dfrac{40}{3}$

풀이 전략 곱셈과 나눗셈이 섞여 있을 때에는 나눗셈을 곱셈으로 바꾸어 계산한다.

22 다음은 $(-2)^3 \times \left(-\dfrac{2}{5}\right) \div \left(+\dfrac{3}{10}\right) \div (-12)$를 계산하는 과정이다. 처음으로 틀린 부분은?

$$(-2)^3 \times \left(-\dfrac{2}{5}\right) \div \left(+\dfrac{3}{10}\right) \div (-12) \quad \Big\rangle ①$$

$$= (-8) \times \left(-\dfrac{2}{5}\right) \div \left(+\dfrac{3}{10}\right) \div (-12) \quad \Big\rangle ②$$

$$= (-8) \times \left(-\dfrac{2}{5}\right) \div \left(+\dfrac{3}{10}\right) \times \left(-\dfrac{1}{12}\right) \quad \Big\rangle ③$$

$$= (-8) \times \left(-\dfrac{2}{5}\right) \div \left(-\dfrac{1}{40}\right) \quad \Big\rangle ④$$

$$= (-8) \times \left(-\dfrac{2}{5}\right) \times (-40) \quad \Big\rangle ⑤$$

$$= -128$$

유형 12 덧셈, 뺄셈, 곱셈, 나눗셈의 혼합 계산

23 $-2 - \left\{ \left(-\dfrac{4}{3}\right)^2 + 6 \times \left(-\dfrac{5}{9}\right) \right\} \div \left(-\dfrac{7}{12}\right)$을 계산하면?

① $-\dfrac{14}{3}$　　② $-\dfrac{13}{3}$　　③ -4

④ $-\dfrac{11}{3}$　　⑤ $-\dfrac{10}{3}$

풀이 전략 거듭제곱을 먼저 계산한 후, 소괄호 → 중괄호 → 대괄호의 순서로 계산한다.

24 $\left[-\dfrac{2}{5} \div \left\{ \left(-\dfrac{3}{5}\right) + (-1)^7 \right\} \times (-2^2) \right] - 6 \times \dfrac{3}{2}$을 계산하면?

① -25　　② -20　　③ -15

④ -10　　⑤ -5

1 정수와 유리수의 덧셈

01 다음 중 계산 결과가 나머지 넷과 <u>다른</u> 하나는?

① $(+2)+(-7)$
② $(-4)+(-1)$
③ $(-6)+(+1)$
④ $(-2)+(-3)$
⑤ $(+8)+(-3)$

1 정수와 유리수의 덧셈

02 그림은 수직선을 이용하여 정수의 덧셈을 한 것이다. 이 그림이 나타내는 식은?

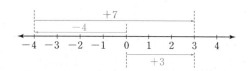

① $(-4)+(+3)=-1$
② $(-4)+(+7)=+3$
③ $(-3)+(+4)=+1$
④ $(+3)+(+7)=+10$
⑤ $(+4)+(-7)=-3$

2 정수와 유리수의 뺄셈

03 다음 중 절댓값이 가장 큰 수를 a, 절댓값이 가장 작은 수를 b라고 할 때, $a-b$의 값은?

$$-5, -2, +\frac{9}{2}, +1.7$$

① -6.7
② -3.4
③ -3
④ 2.6
⑤ 6.5

2 정수와 유리수의 뺄셈

04 하루의 최고 기온에서 최저 기온을 뺀 값을 기온의 일교차라고 한다. 다음 표는 어느 날 각 지역의 최고 기온과 최저 기온을 나타낸 것이다. 일교차가 가장 큰 지역은?

(단위: ℃)

지역	서울	부산	대전	춘천	제주
최고 기온	5.7	10.2	8.1	6	11.7
최저 기온	-5.1	-2.5	-4.9	-9.8	3.2

① 서울
② 부산
③ 대전
④ 춘천
⑤ 제주

1 정수와 유리수의 덧셈 **2** 정수와 유리수의 뺄셈

05 $a=\left(-\frac{8}{3}\right)+\left(+\frac{5}{8}\right)$, $b=\left(-\frac{3}{8}\right)-\left(+\frac{2}{3}\right)$일 때, $a-b$의 값은?

① -5
② -4
③ -3
④ -2
⑤ -1

3 덧셈과 뺄셈의 혼합 계산

06 다음 표의 가로, 세로, 대각선에 놓인 세 수의 합이 모두 같을 때, ㉠~㉤에 들어갈 수로 옳지 <u>않</u>은 것은?

㉠	-1	4
㉡	㉢	-3
㉣	㉤	2

① ㉠: 0
② ㉡: 5
③ ㉢: 1
④ ㉣: -2
⑤ ㉤: -4

③ 덧셈과 뺄셈의 혼합 계산

07 다음 식을 계산하면?

$$1-2+3-4+5-6+\cdots+99-100$$

① -100 ② -50 ③ 0
④ 50 ⑤ 100

④ 정수와 유리수의 곱셈

08 다음 중 옳은 것은?

① $(-5)\times0=-5$
② $(+5)\times(+4)=-20$
③ $(-4)\times(-2)=-8$
④ $(-10)\times(+2)=-20$
⑤ $(+3)\times(-7)=+21$

④ 정수와 유리수의 곱셈

09 〈보기〉에서 계산 결과가 작은 것부터 차례로 나열하면?

┤ 보기 ├
ㄱ. $(+3)\times(-2)$ ㄴ. $(-4)\times\left(-\dfrac{7}{2}\right)$
ㄷ. $\left(-\dfrac{5}{3}\right)\times\left(+\dfrac{1}{4}\right)$ ㄹ. $\left(-\dfrac{9}{4}\right)\times\left(-\dfrac{20}{3}\right)$

① ㄱ, ㄷ, ㄴ, ㄹ ② ㄱ, ㄷ, ㄹ, ㄴ
③ ㄴ, ㄹ, ㄷ, ㄱ ④ ㄷ, ㄱ, ㄴ, ㄹ
⑤ ㄷ, ㄱ, ㄹ, ㄴ

⑤ 덧셈과 곱셈의 계산 법칙

10 다음은 독일의 수학자 가우스(Gauss)가 1부터 100까지의 자연수의 합을 구한 과정이다.

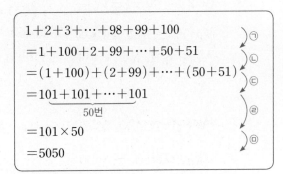

㉠~㉤ 중 덧셈의 교환법칙과 결합법칙이 이용된 곳으로 옳게 짝지은 것은?

	덧셈의 교환법칙	덧셈의 결합법칙
①	㉠	㉡
②	㉠	㉣
③	㉡	㉠
④	㉡	㉢
⑤	㉢	㉤

⑥ 세 개 이상의 수의 계산

11 $(-3)^2\times\left(-\dfrac{5}{6}\right)\times(-2)^3$을 계산하면?

① -60 ② -30 ③ 10
④ 30 ⑤ 60

⑥ 세 개 이상의 수의 계산

12 다음 수 중 서로 다른 세 수를 뽑아 곱한 값 중에서 가장 큰 값은?

$$+5,\ -2,\ -3,\ +8,\ -4$$

① 64 ② 80 ③ 96
④ 120 ⑤ 160

7 거듭제곱의 계산

13 다음 중 계산 결과가 두 번째로 작은 수는?

① $\left(-\dfrac{1}{2}\right)^4$ ② $(-2)^3$ ③ $-(-2)^2$

④ $-(-2^4)$ ⑤ $-\left(\dfrac{1}{2}\right)^5$

7 거듭제곱의 계산

14 $(-1)^{2021}-(-1)^{2022}-1^{2021}$을 계산하면?

① -3 ② -1 ③ 0

④ 1 ⑤ 3

8 분배법칙

15 세 수 a, b, c에 대하여 $a\times b=-\dfrac{16}{3}$,

$a\times(b+c)=7$일 때, $a\times c$의 값은?

① $-\dfrac{112}{3}$ ② $-\dfrac{4}{3}$ ③ $-\dfrac{16}{21}$

④ $\dfrac{5}{3}$ ⑤ $\dfrac{37}{3}$

9 역수

16 〈보기〉에서 두 수가 서로 역수 관계인 것을 모두 고른 것은?

┤ 보기 ├

ㄱ. $-1,\ 1$ ㄴ. $2,\ -\dfrac{1}{2}$

ㄷ. $\dfrac{5}{6},\ \dfrac{6}{5}$ ㄹ. $-\dfrac{5}{3},\ \dfrac{5}{3}$

ㅁ. $-0.4,\ -2.5$

① ㄱ, ㄴ ② ㄱ, ㄹ

③ ㄴ, ㅁ ④ ㄷ, ㄹ

⑤ ㄷ, ㅁ

9 역수

17 그림과 같은 정육면체 모양의 상자의 마주 보는 면에 적힌 두 수는 서로 역수이다. 이때 보이지 않는 세 면에 적힌 수의 합은?

① $-\dfrac{17}{6}$ ② $-\dfrac{13}{14}$ ③ $\dfrac{4}{7}$

④ $\dfrac{10}{7}$ ⑤ $\dfrac{10}{3}$

10 정수와 유리수의 나눗셈

18 $\dfrac{12}{5}$의 역수를 a, -1.8의 역수를 b라고 할 때, $a\div b$의 값은?

① $-\dfrac{9}{4}$ ② $-\dfrac{7}{4}$ ③ $-\dfrac{5}{4}$

④ $-\dfrac{3}{4}$ ⑤ $-\dfrac{1}{4}$

⑩ 정수와 유리수의 나눗셈

19 $\left(-\dfrac{1}{2}\right) \div \left(-\dfrac{2}{3}\right) \div \left(-\dfrac{3}{4}\right) \div \cdots \div \left(-\dfrac{18}{19}\right)$ $\div \left(-\dfrac{19}{20}\right)$를 계산하면?

① -20 ② -10 ③ -5
④ 5 ⑤ 10

⑪ 곱셈과 나눗셈의 혼합 계산

20 $-\dfrac{12}{5} \times (-2)^3 \div \dfrac{3}{10}$ 을 계산하면?

① -64 ② -32 ③ -16
④ 32 ⑤ 64

⑪ 곱셈과 나눗셈의 혼합 계산

21 $a = -\dfrac{3}{4} \div (-6) \times \dfrac{8}{5}$, $b = 3 \div \dfrac{1}{2} \div (-4)$일 때, $a \times b$의 값은?

① $-\dfrac{1}{2}$ ② $-\dfrac{2}{5}$ ③ $-\dfrac{3}{10}$
④ $-\dfrac{1}{5}$ ⑤ $-\dfrac{1}{10}$

⑫ 덧셈, 뺄셈, 곱셈, 나눗셈의 혼합 계산

22 다음 식의 계산 순서를 나열하면?

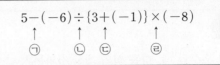

$$5 - (-6) \div \{3 + (-1)\} \times (-8)$$
↑ ㉠   ↑ ㉡ ↑ ㉢   ↑ ㉣

① ㉡, ㉢, ㉠, ㉣   ② ㉡, ㉢, ㉣, ㉠
③ ㉢, ㉡, ㉠, ㉣   ④ ㉢, ㉡, ㉣, ㉠
⑤ ㉢, ㉣, ㉡, ㉠

⑫ 덧셈, 뺄셈, 곱셈, 나눗셈의 혼합 계산

23 $-1^2 - \left[\left\{ \dfrac{5}{2} - (-2)^3 \right\} \div \left(-\dfrac{7}{6}\right) + 2 \right]$를 계산하면?

① -8 ② -6 ③ -4
④ 6 ⑤ 8

❶ 정수와 유리수의 덧셈   ❷ 정수와 유리수의 뺄셈
❹ 정수와 유리수의 곱셈   ⑩ 정수와 유리수의 나눗셈

24 $a > 0$, $b < 0$인 두 수 a, b에 대하여 〈보기〉에서 항상 음수인 것의 개수는?

◁ 보기 ▷
ㄱ. $a + b$ ㄴ. $a - b$
ㄷ. $b - a$ ㄹ. $a \times b$
ㅁ. $a \div b$ ㅂ. $b \div a$

① 1 ② 2 ③ 3
④ 4 ⑤ 5

1

n이 홀수일 때, 다음 식의 계산 결과는?

$$(-1)^n+(-1)^{2\times n}-(-1)^{n+1}$$

① -3 ② -1 ③ 0
④ 1 ⑤ 3

1 -1

n이 1보다 큰 자연수일 때, 다음 식의 계산 결과가 될 수 있는 값을 모두 구하시오.

$$(-1)^{n+2}-(-1)^{n-1}+(-1)^{2\times n}-1^{n+1}$$

2

세 수 -6, $\dfrac{7}{3}$, 4를 다음 식의 □ 안에 한 번씩 써넣어 계산할 때, 나올 수 있는 값 중에서 가장 큰 값은?

$$\square-\square\div\square$$

① $\dfrac{23}{6}$ ② $\dfrac{73}{18}$ ③ $\dfrac{46}{7}$
④ 3 ⑤ 16

2 -1

세 수 -4, $-\dfrac{3}{5}$, 2를 다음 식의 □ 안에 한 번씩 써넣어 계산할 때, 나올 수 있는 값 중에서 가장 작은 값은?

$$\square\div\square+\square$$

① $-\dfrac{43}{5}$ ② $-\dfrac{22}{3}$ ③ $-\dfrac{29}{6}$
④ $-\dfrac{13}{5}$ ⑤ $-\dfrac{11}{10}$

3

두 수 a, b에 대하여 $a \times b > 0$, $a + b < 0$일 때, 다음 중 항상 음수인 것은?

① $a - b$ ② $b - a$ ③ $|b| - |a|$
④ $a \div b$ ⑤ $a^2 \times b$

 3 -1

다음 조건을 모두 만족시키는 서로 다른 세 수 a, b, c에 대하여 그 대소 관계가 될 수 있는 것을 〈보기〉에서 모두 고른 것은?

(가) $a \times b \times c < 0$ (나) $a + b < 0$
(다) $b + c > 0$ (라) $b < a + c$

◁ 보기 ▷
ㄱ. $a < b < c$ ㄴ. $a < c < b$
ㄷ. $b < a < c$ ㄹ. $b < c < a$
ㅁ. $c < a < b$ ㅂ. $c < b < a$

① ㄱ, ㄷ ② ㄱ, ㄹ ③ ㄴ, ㄷ
④ ㄴ, ㅂ ⑤ ㄷ, ㅁ

 4

다음과 같이 유리수가 각각 적힌 카드가 5장 있다.

 $-\dfrac{5}{4}$ $+3$ -6 $-\dfrac{3}{2}$ $+\dfrac{13}{6}$

이 중에서 두 장의 카드를 뽑아서 카드에 적힌 두 수를 곱할 때, 그 결과가 가장 큰 값은?

① $\dfrac{9}{2}$ ② $\dfrac{13}{2}$ ③ $\dfrac{15}{2}$
④ 9 ⑤ 13

4 -1

네 수 $-\dfrac{1}{6}$, 3, $-\dfrac{9}{2}$, $\dfrac{8}{3}$ 중 서로 다른 세 수를 뽑아 곱할 때, 그 결과가 가장 작은 값을 구하시오.

 1

$-\dfrac{3}{5}$보다 2만큼 큰 수를 a, -1보다 $-\dfrac{2}{3}$만큼 작은 수를 b라고 할 때, $a+b$의 값을 구하시오.

> **풀이 과정**
>
> $a=-\dfrac{3}{5}\ \bigcirc\ 2=\boxed{}$
>
> $b=-1\ \bigcirc\ \left(-\dfrac{2}{3}\right)=\boxed{}$
>
> 따라서 $a+b=\boxed{}+\left(\boxed{}\right)=\boxed{}$

유제 **1**

7보다 -3만큼 큰 수를 a, 1보다 $\dfrac{7}{2}$만큼 작은 수를 b라고 할 때, a와 b 사이에 있는 정수의 개수를 구하시오.

 2

어떤 수에서 $-\dfrac{1}{2}$을 빼야 할 것을 잘못하여 더하였더니 $-\dfrac{7}{3}$이 되었다. 이때 옳게 계산한 값을 구하시오.

> **풀이 과정**
>
> 어떤 수를 ■라고 하면
>
> ■$+\left(\boxed{}\right)=-\dfrac{7}{3}$이므로
>
> ■는 $-\dfrac{7}{3}$에서 $\boxed{}$을 뺀 것과 같다.
>
> ■$=-\dfrac{7}{3}-\left(\boxed{}\right)$
>
> $\quad=\boxed{}$
>
> 따라서 옳게 계산하면
>
> $\boxed{}-\left(-\dfrac{1}{2}\right)=\boxed{}$

유제 **2**

어떤 수를 $-\dfrac{3}{5}$으로 나누어야 할 것을 잘못하여 곱하였더니 -6이 되었다. 이때 옳게 계산한 값을 구하시오.

3

서로 다른 세 정수의 곱은 −8이고 합은 +5일 때, 세 정수를 각각 구하시오.

> **풀이 과정**
>
> 서로 다른 세 정수의 곱이 음수인 −8이 되려면 세 수 모두 ⬜이거나 두 수는 ⬜, 나머지 한 수는 ⬜이어야 한다. 그런데 세 수의 합이 양수이므로 두 수는 ⬜, 나머지 한 수는 ⬜이다.
> 곱해서 8이 되는 세 자연수는 ⬜, ⬜, ⬜ 또는 ⬜, ⬜, ⬜ 또는 ⬜, ⬜, ⬜이다.
> 따라서 조건을 만족하는 서로 다른 세 정수는 ⬜, ⬜, ⬜이다.

유제 3

다음 조건을 모두 만족시키는 서로 다른 세 정수 a, b, c에 대하여 $a-b+c$의 값을 구하시오.

> (가) $|a|>|b|>|c|$
> (나) $a \times b \times c = -45$
> (다) $a+b+c=-3$

 4

다음 식을 계산하시오.

$$-1^7+\left\{(-3)^2-10\times\left(-\frac{7}{2}\right)\right\}\div(-4)$$

> **풀이 과정**
>
> $-1^7+\left\{(-3)^2-10\times\left(-\frac{7}{2}\right)\right\}\div(-4)$
> $=\boxed{}+\left\{\boxed{}-10\times\left(-\frac{7}{2}\right)\right\}\div(-4)$
> $=\boxed{}+\left\{\boxed{}-\left(\boxed{}\right)\right\}\div(-4)$
> $=\boxed{}+\boxed{}\div(-4)$
> $=\boxed{}+\boxed{}\times\left(\boxed{}\right)$
> $=\boxed{}+\left(\boxed{}\right)$
> $=\boxed{}$

 4

다음 식에 대하여 물음에 답하시오.

$$\frac{1}{3}-\left\{\left(-\frac{9}{5}\right)\div(-3)^2-(-2)\right\}\times\left(-\frac{1}{6}\right)$$

ㄱ   ㄴ ㄷ   ㄹ   ㅁ

(1) 주어진 식의 계산 순서를 차례로 나열하시오.
(2) 주어진 식을 계산하시오.

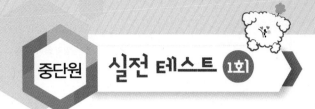

01 다음 중 계산 결과가 양수인 것은?

① $(-2)+(-4)$
② $(-5)+(+1)$
③ $(-4)-(-4)$
④ $(+4)-(+8)$
⑤ $(+6)-(-5)$

02 다음 중 가장 작은 수는?

① -3보다 2만큼 큰 수
② 6보다 7만큼 작은 수
③ -5보다 -1만큼 작은 수
④ 2보다 -8만큼 큰 수
⑤ 0보다 -4만큼 작은 수

03 그림에서 삼각형의 한 변에 놓인 네 수의 합이 모두 같을 때, a, b에 대하여 $a+b$의 값은?

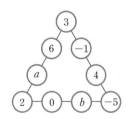

① -6 ② -5 ③ -4
④ -3 ⑤ -2

04 '조삼모사(朝三暮四)'란 눈앞에 보이는 차이만 알고 결과가 같은 것을 모르는 어리석은 상황을 비유할 때 쓰이는 말이다. 이는 송나라에 저공이란 사람이 원숭이를 키우면서 그림과 같이 말하는 상황에서 유래하였다.

다음 계산 과정 중 위의 이야기에서 알 수 있는 수학적 사실과 가장 관련 있는 부분은?

$$\left(-\frac{4}{3}\right)+\left(-\frac{7}{11}\right)+\left(+\frac{13}{3}\right)+\left(-\frac{4}{11}\right) \quad ①$$
$$=\left(-\frac{4}{3}\right)+\left(+\frac{13}{3}\right)+\left(-\frac{7}{11}\right)+\left(-\frac{4}{11}\right) \quad ②$$
$$=\left\{\left(-\frac{4}{3}\right)+\left(+\frac{13}{3}\right)\right\}+\left(-\frac{7}{11}\right)+\left(-\frac{4}{11}\right) \quad ③$$
$$=3+\left(-\frac{7}{11}\right)+\left(-\frac{4}{11}\right) \quad ④$$
$$=3+\left\{\left(-\frac{7}{11}\right)+\left(-\frac{4}{11}\right)\right\} \quad ⑤$$
$$=3+(-1)$$
$$=2$$

05 $\left(-\frac{3}{4}\right)+\left(+\frac{1}{3}\right)-\left(-\frac{5}{2}\right)$를 계산하면?

① $\frac{7}{4}$ ② $\frac{23}{12}$ ③ $\frac{25}{12}$
④ $\frac{9}{4}$ ⑤ $\frac{31}{12}$

06 다음 중 계산 결과가 옳은 것은?

① $(-4) \times (-8) = -32$

② $(-3) \times (+2) = +6$

③ $(+12) \div (-2) = +6$

④ $(-2) \div \left(+\dfrac{1}{3}\right) = -\dfrac{2}{3}$

⑤ $(-2) \times (-3) \times \left(-\dfrac{5}{6}\right) = -5$

07 ⟨보기⟩에서 계산 과정이 <u>틀린</u> 것만을 있는 대로 고른 것은?

┌─ 보기 ┤
ㄱ. $-3^2 = (-3) \times (-3) = 9$

ㄴ. $(-2)^4 = -2 \times 2 \times 2 \times 2 = -16$

ㄷ. $-(-4)^3 = -\{(-4) \times (-4) \times (-4)\}$
$\qquad\qquad = -(-64) = 64$
└─

① ㄱ   ② ㄴ   ③ ㄱ, ㄴ

④ ㄴ, ㄷ   ⑤ ㄱ, ㄴ, ㄷ

08 그림과 같은 정육면체 모양의 상자의 마주 보는 면에 적힌 두 수의 곱은 1이다. 보이지 않는 세 면에 적힌 수의 합이 $\dfrac{5}{4}$일 때, a의 값은?

① $-\dfrac{2}{3}$ ② $-\dfrac{2}{7}$ ③ $-\dfrac{2}{9}$

④ $\dfrac{2}{7}$ ⑤ $\dfrac{2}{5}$

고난도

09 $\left(-\dfrac{1}{2}\right) \div \left(+\dfrac{2}{3}\right) \div \left(-\dfrac{3}{4}\right) \div \cdots \div \left(+\dfrac{48}{49}\right)$

$\div \left(-\dfrac{49}{50}\right)$를 계산하면?

① -50 ② -25 ③ $-\dfrac{25}{2}$

④ $\dfrac{25}{2}$ ⑤ 25

10 다음 식의 계산 과정에서 두 번째로 계산해야 하는 곳은?

$$\frac{1}{3} - \left[-\frac{1}{2} + \left\{ (-2)^3 \div \frac{4}{5} - (-3) \right\} \right]$$
$$\phantom{\frac{1}{3}}\ \uparrow\qquad\ \uparrow\quad\ \uparrow\quad\ \uparrow\quad\ \uparrow$$
$$\phantom{\frac{1}{3}}\ ㉠\qquad ㉡\quad ㉢\quad ㉣\quad ㉤$$

① ㉠   ② ㉡   ③ ㉢

④ ㉣   ⑤ ㉤

고난도

11 그림과 같은 숫자 카드가 한 장씩 있다.

-2	$-\dfrac{5}{3}$	$\dfrac{2}{9}$	3	$\dfrac{12}{5}$

카드를 세 장 뽑아 카드에 적힌 수를 모두 곱할 때, 나올 수 있는 값 중 가장 작은 값은?

① $-\dfrac{72}{5}$ ② -12 ③ $-\dfrac{4}{3}$

④ $-\dfrac{10}{9}$ ⑤ $-\dfrac{16}{15}$

12 $a > 0$, $b < 0$인 두 수 a, b에 대하여 다음 중 항상 옳은 것은?

① $a + b > 0$ ② $a - b < 0$

③ $b - a < 0$ ④ $a \times b > 0$

⑤ $a \div b > 0$

서술형

고난도

13 a의 절댓값이 5이고, b의 절댓값이 8일 때, $a+b$의 값이 될 수 있는 값을 모두 구하시오.

14 어떤 수에 $-\dfrac{8}{3}$을 곱해야 할 것을 잘못하여 나누었더니 $-\dfrac{9}{4}$가 되었다. 이때 옳게 계산한 값을 구하시오.

15 다음과 같은 규칙으로 계산하는 두 장치 A, B가 있다.

장치 A	장치 B
입력된 수에서 -2를 빼고 3을 곱한다.	입력된 수를 4로 나누고 -1을 더한다.

장치 A에 -6을 입력하여 계산된 값을 다시 장치 B에 입력하려 할 때, 물음에 답하시오.

⑴ 장치 A에 -6을 입력할 때, 계산 순서에 따른 알맞은 식을 세우고 계산하시오.

⑵ ⑴에서 계산된 값을 장치 B에 입력할 때, 계산 순서에 따른 알맞은 식을 세우고 계산하시오.

16 다음 식을 계산하시오.

$$(-2)^3-(+3)\div\dfrac{33}{5}\div\left\{-\dfrac{3}{2}+(-1)\right\}$$

01 다음 중 계산 결과가 나머지 넷과 <u>다른</u> 하나는?

① $(-1)+(-5)$

② $(-3)-(-3)$

③ $(-3)\times(+2)$

④ $(+24)\div(-4)$

⑤ $(+3)\div\left(-\dfrac{1}{2}\right)$

02 다음 계산 과정에서 처음으로 틀린 부분은?

$$
\begin{aligned}
&(-2)-(-1)+(-2) \\
&=(-1)-(-2)+(-2) \quad\text{①} \\
&=(-1)+(+2)+(-2) \quad\text{②} \\
&=(-1)+\{(+2)+(-2)\} \quad\text{③} \\
&=(-1)+0 \quad\text{④} \\
&=-1 \quad\text{⑤}
\end{aligned}
$$

03 $-5+7-2-4+9$를 계산하면?

① 5   ② 6   ③ 7

④ 8   ⑤ 9

04 두 수 a, b에 대하여 $a<0$, $b>0$일 때, 다음 중 그 값이 두 번째로 작은 수는?

① a ② b ③ $a-b$

④ $b-a$ ⑤ $a+b$

고난도

05 그림은 그리니치 표준시를 기준으로 세계 여러 도시의 표준시를 나타낸 지도이다.

* 뉴욕의 -5는 뉴욕의 표준시가 그리니치 표준시보다 5시간 느린 것을 의미한다.

서울에 살고 있는 한나가 벤쿠버에 살고 있는 지은이에게 전화를 걸었다. 한나가 전화를 걸었을 때의 일시가 8월 22일 오후 11시라고 할 때, 지은이가 살고 있는 벤쿠버의 현지 시각은?

① 8월 22일 오전 6시

② 8월 22일 오후 2시

③ 8월 22일 오후 3시

④ 8월 23일 오전 8시

⑤ 8월 23일 오후 4시

고난도

06 다음 수직선에서 점 P가 나타내는 수를 구하기 위한 식으로 가장 알맞은 것은?

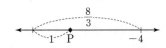

① $-4-\dfrac{8}{3}-1$ ② $-4-\dfrac{8}{3}+1$

③ $-4+\dfrac{8}{3}-1$ ④ $4-\dfrac{8}{3}-1$

⑤ $4-\dfrac{8}{3}+1$

07 $a=\left(-\dfrac{4}{9}\right)\times\left(-\dfrac{3}{2}\right)$, $b=\left(-\dfrac{5}{7}\right)\div\left(+\dfrac{1}{14}\right)$일 때, $a\div b$의 값은?

① $-\dfrac{20}{3}$ ② $-\dfrac{1}{30}$ ③ $-\dfrac{1}{15}$

④ $+\dfrac{1}{15}$ ⑤ $+\dfrac{1}{30}$

08 $-3^3-(-2)^5+(-4)^2$을 계산하면?

① 20 ② 21 ③ 22

④ 23 ⑤ 24

고난도

09 공학용 계산기의 $\boxed{1/x}$ 버튼으로 입력한 수의 역수를 구할 수 있다. 예를 들어 4를 입력한 후 $\boxed{1/x}$ 버튼을 한 번 누르면 4의 역수 $\dfrac{1}{4}$이 소수인 0.25로 표시된다. 〈보기〉에서 옳은 것을 모두 고른 것은?

┤ 보기 ├

ㄱ. 2를 입력하고 $\boxed{1/x}$ 버튼을 두 번 눌렀을 때 나오는 수는 1이다.

ㄴ. -5를 입력하고 $\boxed{1/x}$ 버튼을 열한 번 눌렀을 때 나오는 수는 $-\dfrac{1}{5}$이다.

ㄷ. 10을 입력하고 $\boxed{1/x}$ 버튼을 한 번 눌렀을 때 나오는 수와 $-\dfrac{1}{8}$을 입력하고 $\boxed{1/x}$ 버튼을 한 번 눌렀을 때 나오는 수를 곱한 것은 10과 $-\dfrac{1}{8}$을 곱한 수를 입력하고 $\boxed{1/x}$ 버튼을 한 번 눌러 나온 수와 같다.

① ㄱ ② ㄴ ③ ㄱ, ㄴ

④ ㄴ, ㄷ ⑤ ㄱ, ㄴ, ㄷ

10 그림과 같은 숫자 카드가 한 장씩 있다. 카드를 두 장 뽑아 카드에 적힌 수를 곱할 때, 그 결과가 가장 작은 값은?

$$\boxed{-3}\quad\boxed{+\dfrac{5}{2}}\quad\boxed{-2}\quad\boxed{+3}$$

① -15 ② -12 ③ -9

④ -6 ⑤ -3

11 다음과 같은 순서로 진행되는 계산이 있다. 계산 순서에 알맞은 식을 세우면?

$$-5\xrightarrow{+}\dfrac{2}{3}\xrightarrow{\div}-2\xrightarrow{-}-\dfrac{1}{4}\xrightarrow{\times}3$$

① $-5+\dfrac{2}{3}\div(-2)-\left(-\dfrac{1}{4}\right)\times3$

② $\left(-5+\dfrac{2}{3}\right)\div(-2)-\left(-\dfrac{1}{4}\right)\times3$

③ $-5+\dfrac{2}{3}\div\left\{(-2)-\left(-\dfrac{1}{4}\right)\right\}\times3$

④ $\left(-5+\dfrac{2}{3}\right)\div(-2)-\left(-\dfrac{1}{4}\right)\times3$

⑤ $\left\{\left(-5+\dfrac{2}{3}\right)\div(-2)-\left(-\dfrac{1}{4}\right)\right\}\times3$

고난도

12 네 수 -2, $\dfrac{9}{4}$, $-\dfrac{3}{2}$, 3을 다음 식의 □ 안에 한 번씩 써넣어 계산할 때, 나올 수 있는 값 중에서 가장 작은 값은?

$$\boxed{\square\times\square\div\square}$$

① -5 ② $-\dfrac{9}{2}$ ③ $-\dfrac{27}{8}$

④ $-\dfrac{8}{3}$ ⑤ -2

13 어떤 수의 절댓값은 각각 $\dfrac{3}{4}$, $\dfrac{7}{3}$이고 두 수의 합과 곱이 모두 음수일 때, 두 수를 구하시오.

14 규칙에 따라 바둑돌을 사용하여 정수의 덧셈 방법을 설명하려고 한다.

┤규칙├

• 흰 바둑돌 1개는 +1을 나타내고, 검은 바둑돌 1개는 −1을 나타낸다.

○　　●
+1　−1

• 흰 바둑돌과 검은 바둑돌이 각각 같은 개수만큼 있으면 0을 나타낸다.

0

$(+4)+(-5)=-1$임을 설명하시오.

15 다음은 온도를 나타내는 단위를 설명한 것이다. 물음에 답하시오.

　온도를 나타내는 단위 중에는 섭씨온도와 화씨온도가 있다.
　화씨온도는 1720년경 독일의 파렌하이트 (Daniel Gabriel Fahrenhe)가 처음으로 제안한 것이다. 1기압 하에서 물이 어는 점을 32, 끓는 점을 212로 하고, 두 점 사이를 180 등분하여 정한 것으로, 단위는 °F를 사용한다. 섭씨온도는 1742년에 스웨덴의 셀시우스 (Anders Celsius)가 제안하였다. 1기압 하에서 얼음의 녹는점을 0, 물의 끓는점을 100으로 하고 그 사이를 100등분하여 정한 것으로, 단위는 °C를 사용한다. 전 세계적으로 많이 통용되고 있는 단위는 섭씨온도이다.
　화씨온도와 섭씨온도는 간단한 수식을 사용하여 변환할 수 있다. 화씨온도에서 32를 뺀 값을 1.8로 나누면 섭씨온도가 된다. 반면 섭씨온도에서 1.8을 곱한 값에 32를 더하면 화씨온도가 된다.

⑴ 화씨온도 68°F를 섭씨온도로 나타내고자 한다. 계산 순서에 따른 알맞은 식을 세우고 답을 구하시오.

⑵ 섭씨온도 −20°C를 화씨온도로 나타내고자 한다. 계산 순서에 따른 알맞은 식을 세우고 답을 구하시오.

16 다음 식을 계산하시오.

$$(-3)^2+2\div\dfrac{8}{7}\times\{4-3\times(-6+2)\}$$

Ⅲ. 문자와 식

1

문자의 사용과 식의 계산

① 문자의 사용과 식의 계산

① 문자를 사용한 식

(1) 문자를 사용하여 수량 사이의 관계를 간단한 식으로 나타낼 수 있다.

(2) **문자를 사용하여 식 세우기**

  ① 문제의 뜻을 파악하여 규칙을 찾는다.

  ② 문자를 사용하여 ①의 규칙에 맞도록 식을 세운다.

② 곱셈과 나눗셈 기호의 생략

(1) **곱셈 기호의 생략**

  ① (수)×(문자)에서는 곱셈 기호 ×를 생략하고, 수를 문자 앞에 쓴다.

  예 $a \times 6 = 6a$, $x \times (-4) = -4x$

  ② (문자)×(문자)에서는 곱셈 기호 ×를 생략하고, 보통 알파벳 순서로 쓰며, 같은 문자의 곱은 거듭제곱의 꼴로 나타낸다.

  예 $x \times x \times b \times a = abx^2$

  ③ 1×(문자), (−1)×(문자)에서는 1을 생략한다.

  예 $x \times y \times 1 = xy$, $(-1) \times c = -c$

  ④ 괄호가 있는 식과 수의 곱셈에서는 곱셈 기호 ×를 생략하고 수를 괄호 앞에 쓴다.

  예 $(x+y) \times 3 = 3(x+y)$

(2) **나눗셈 기호의 생략**

  ① 나눗셈 기호 ÷를 생략하고 분수의 꼴로 나타낸다.

  ② 나눗셈을 역수의 곱셈으로 고친 후 곱셈 기호를 생략한다.

  예 $a \div 5 = \dfrac{a}{5}$ 또는 $a \div 5 = a \times \dfrac{1}{5} = \dfrac{1}{5}a$

③ 식의 값

(1) **대입**: 문자가 포함된 식에서 문자를 어떤 수로 바꾸어 넣는 것

(2) **식의 값**: 문자가 포함된 식에서 문자에 어떤 수를 대입하여 계산한 결과

(3) **식의 값을 구하는 방법**

  ① 주어진 식에서 생략된 곱셈 기호 ×를 다시 쓴다.

  ② 분모에 분수를 대입할 때는 나눗셈 기호 ÷를 다시 쓴다.

  ③ 문자에 주어진 수를 대입하여 계산한다. 이때 문자에 음수를 대입할 때는 반드시 괄호를 사용한다.

  예 $a = -2$일 때, $5a+2$의 값 ➡ $5 \times (-2) + 2 = -10 + 2 = -8$

  $a = \dfrac{1}{2}$일 때, $\dfrac{6}{a}$의 값 ➡ $\dfrac{6}{a} = 6 \div a = 6 \div \dfrac{1}{2} = 6 \times 2 = 12$

✓ 개념 체크

01 다음을 문자를 사용한 식으로 나타내시오.

(1) 한 개에 a원인 사탕 8개의 가격

(2) 전체 학생이 30명인 학급에서 여학생이 n명일 때, 남학생의 수

(3) 한 변의 길이가 x cm인 정사각형의 둘레의 길이

02 다음 식을 곱셈 기호를 생략하여 나타내시오.

(1) $x \times (-2)$

(2) $b \times a \times 4$

(3) $a \times a \times a \times b \times 3$

(4) $(-1) \times x + 5 \times y$

(5) $(x-y) \times 7$

03 다음 식을 나눗셈 기호를 생략하여 나타내시오.

(1) $a \div 4$

(2) $x - y \div 3$

(3) $(a+b) \div 2$

(4) $(-5) \div a \div b$

04 $a = 2$일 때, 다음 식의 값을 구하시오.

(1) $2a + 3$

(2) $\dfrac{a}{2} - 2$

(3) $-a + 6$

05 다음을 구하시오.

(1) $x = 2$, $y = -3$일 때, $3x + 4y$의 값

(2) $x = 4$, $y = -3$일 때, $x^2 - 2y$의 값

4 다항식과 일차식

(1) **항**: $2x+6$에서 $2x$, 6과 같이 수 또는 문자의 곱으로 이루어진 식

(2) **상수항**: $2x+6$에서 6과 같이 문자없이 수로만 이루어진 항

(3) **계수**: 수와 문자의 곱으로 이루어진 항에서 문자 앞에 곱해진 수

   예 $2x$에서 x의 계수는 2, $-a$에서 a의 계수는 -1이다.

(4) **다항식**: $-3x$, $6x+1$과 같이 하나의 항 또는 둘 이상의 항의 합으로 이루어진 식

(5) **단항식**: $-3x$와 같이 다항식 중에서 하나의 항으로만 이루어진 식

(6) **항의 차수**: 항에서 어떤 문자가 곱해진 개수

   예 $5x^2$의 차수는 2, $-b^3$의 차수는 3이다.

(7) **다항식의 차수**: 다항식에서 차수가 가장 큰 항의 차수

   예 다항식 $3x^2-6x+1$의 차수는 2이다.

(8) **일차식**: 차수가 1인 다항식

   예 $-x+2$, $\dfrac{1}{5}y$

5 일차식과 수의 곱셈, 나눗셈

(1) **단항식과 수의 곱셈, 나눗셈**

   ① (단항식)×(수): 수끼리 곱하여 문자 앞에 쓴다.

   ② (단항식)÷(수): 나누는 수의 역수를 곱한다.

(2) **일차식과 수의 곱셈, 나눗셈**

   ① (수)×(일차식): 분배법칙을 이용하여 일차식의 각 항에 수를 곱하여 계산한다.

   예 $2(3x-4)=2\times 3x+2\times(-4)=6x-8$

   ② (일차식)÷(수): 나누는 수의 역수를 일차식의 각 항에 곱한다.

   예 $(8x-4)\div 4=(8x-4)\times\dfrac{1}{4}=8x\times\dfrac{1}{4}+(-4)\times\dfrac{1}{4}=2x-1$

6 일차식의 덧셈, 뺄셈

(1) **동류항**: 문자와 차수가 각각 같은 항

   예 $5x-1-x+3$에서 $5x$와 $-x$, -1과 3은 각각 동류항이다.

(2) **동류항의 계산**: 동류항끼리 모은 다음 분배법칙을 이용하여 간단히 한다.

   예 $5x+4x=(5+4)x=9x$, $6a-4a=(6-4)a=2a$

(3) **일차식의 덧셈, 뺄셈**

   ① 괄호가 있으면 분배법칙을 이용하여 괄호를 푼다.

   ② 동류항끼리 모아서 계산한다.

   예 $(3x+2)-(x-4)=3x+2-x+4=(3-1)x+(2+4)=2x+6$

   $(a-5)+2(-a+3)=a-5-2a+6=(1-2)a+(-5+6)$
   $=-a+1$

✓ 개념 체크

06 식 $5x-2y+3$에 대하여 다음 □ 안에 알맞은 것을 써넣으시오.

(1) 항은 □, □, □이다.

(2) 항이 3개이므로 □□식이다.

(3) 상수항은 □이다.

(4) x의 계수: □, y의 계수: □

07 다음 〈보기〉 중 일차식인 것을 모두 고르시오.

┤ 보기 ├
ㄱ. x ㄴ. $2a^2-a$

ㄷ. $5-3y$ ㄹ. $\dfrac{x+1}{2}$

ㅁ. $\dfrac{1}{x-1}$ ㅂ. 6

08 다음 식을 간단히 하시오.

(1) $4a\times 8$

(2) $32x\div(-8)$

(3) $4(2b+3)$

(4) $(-4y-16)\div 4$

09 다음 식을 간단히 하시오.

(1) $2a+5a$

(2) $7b-5b$

(3) $3x-7-5x$

(4) $-y+5+3y-2$

10 다음 식을 간단히 하시오.

(1) $(4a+2)+(a-5)$

(2) $(7x-5)-(8x+4)$

유형 1 곱셈 기호와 나눗셈 기호의 생략

01 다음 중 곱셈 기호와 나눗셈 기호를 생략하여 간단히 나타낸 식으로 옳지 <u>않은</u> 것을 모두 고르면? (정답 2개)

① $x \times 4 + y \times 2 = 4x + 2y$

② $0.1 \times b \times b = 0.b^2$

③ $x \times 3 \times x \times y = 3x^2 y$

④ $5 \times x \div y = \dfrac{5y}{x}$

⑤ $(x - y) \div 3 = \dfrac{x - y}{3}$

풀이 전략 (1) 곱셈 기호의 생략: 수는 문자 앞에, 문자는 알파벳 순으로, 같은 문자는 거듭제곱의 꼴로, 1 또는 −1과 문자의 곱에서는 1을 생략한다.
(2) 나눗셈 기호의 생략: 나눗셈 기호 ÷를 생략하고 분수로 나타내거나 역수의 곱셈으로 고친 후 곱셈 기호를 생략한다.

02 $(-4) \times a \times b \times a \times a \times b$를 곱셈 기호를 생략하여 나타내면?

① $-4a^3 b^2$ ② $4a^3 b^2$ ③ $-4a^2 b + ab$

④ $4a^2 b - ab$ ⑤ $a^3 b^2$

03 $x - y \div z \times 5$를 곱셈 기호와 나눗셈 기호를 생략하여 나타내시오.

04 다음 중 옳지 <u>않은</u> 것은?

① $x \times x \times x \times (-x) \times a = -ax^4$

② $(a + 2b) \times (-3) = -3(a + 2b)$

③ $x \div 3 \times y = \dfrac{xy}{3}$

④ $7 \times a - b \div 2 = \dfrac{7a - b}{2}$

⑤ $l \div m \div n = \dfrac{l}{mn}$

05 다음 중 $\dfrac{x}{yz}$와 같은 것을 모두 고르면?

(정답 2개)

① $x \div y \div z$ ② $x \div y \times z$

③ $x \times y \div z$ ④ $x \div (y \times z)$

⑤ $x \times (y \div z)$

유형 2 문자를 사용한 식으로 나타내기

06 6명이 x원씩 내고 y원인 물건을 사고 남은 금액을 문자를 사용한 식으로 나타내면?

① $(y - 6x)$원   ② $(6y - x)$원

③ $(6x + y)$원   ④ $(6x - y)$원

⑤ $\dfrac{6x}{y}$원

풀이 전략 (1) 문제의 뜻을 파악하여 규칙을 찾는다.
(2) 문자를 사용하여 (1)의 규칙에 맞도록 식을 세운다.
(3) 곱셈 기호와 나눗셈 기호를 생략하여 나타낸다.

07 다음 중 문자를 사용하여 나타낸 식으로 옳지 않은 것은?

① 500원짜리 연필 x자루의 가격 ➡ $500x$원

② 750원짜리 음료수 x개를 사고 3000원을 냈을 때 거스름돈 ➡ $(3000 - 750x)$원

③ 사탕을 3명에게 a개씩 나누어 주고 3개 남았을 때 처음 사탕의 개수 ➡ $(3a + 3)$개

④ 시속 60 km로 자동차가 a시간 동안 달린 거리 ➡ $60a$ km

⑤ 정가가 2000원인 생수를 a % 할인하였을 때 판매 금액 ➡ $20a$원

08 〈보기〉 중에서 옳은 것을 모두 고르시오.

┤ 보기 ├

ㄱ. 십의 자리의 숫자가 a, 일의 자리의 숫자가 b인 두 자리의 자연수 ➡ $100a+b$

ㄴ. 백의 자리, 십의 자리, 일의 자리의 숫자가 각각 a, b, c인 세 자리의 자연수 ➡ abc

ㄷ. 백의 자리의 숫자가 a, 십의 자리의 숫자가 b, 일의 자리의 숫자가 7인 세 자리의 자연수 ➡ $100a+10b+7$

ㄹ. 십의 자리의 숫자가 a, 일의 자리의 숫자가 b인 두 자리의 자연수보다 9만큼 작은수 ➡ $10a+b-9$

09 다음 중 옳지 <u>않은</u> 것은?

① 한 변의 길이가 a cm인 정삼각형의 둘레의 길이 ➡ $3a$ cm

② 한 변의 길이가 x cm인 정사각형의 넓이 ➡ $4x$ cm^2

③ 밑변의 길이가 a cm, 높이가 h cm인 삼각형의 넓이 ➡ $\dfrac{1}{2}ah$ cm^2

④ 한 변의 길이가 a cm인 정육면체의 부피 ➡ a^3 cm^3

⑤ 가로의 길이가 a cm, 세로의 길이가 b cm인 직사각형의 둘레의 길이 ➡ $(2a+2b)$ cm

10 집에서 출발한 자동차가 120 km만큼 떨어진 관광지까지 시속 80 km로 일정하게 달리고 있다. 이 자동차가 a시간 동안 달렸을 때, 남은 거리를 문자를 사용한 식으로 나타내시오.

유형 **3** **식의 값 구하기**

11 $a=-2$, $b=-3$일 때, $4a^2-3b$의 값은?

① 23   ② 24   ③ 25

④ 26   ⑤ 27

> **풀이 전략** 문자에 수를 대입할 때에는 생략된 곱셈, 나눗셈 기호를 다시 쓰고, 음수를 대입할 때에는 반드시 괄호를 사용한다.

12 $x=-3$일 때, 나머지 넷과 그 값이 <u>다른</u> 하나는?

① $x+6$ ② x^2 ③ $-3x$

④ $18-x^2$ ⑤ $(-x)^2$

13 $x=2$, $y=-\dfrac{1}{3}$일 때, $3xy-9y^2$의 값은?

① -3 ② -1 ③ 0

④ 1   ⑤ 3

14 $x=\dfrac{1}{2}$, $y=-\dfrac{1}{3}$일 때, $\dfrac{4}{x}-\dfrac{6}{y}$의 값을 구하시오.

유형 **4** 다항식과 일차식

15 다음 설명 중 옳은 것은?

① x^2+x는 단항식이다.
② x^2-3x+2에서 x의 계수는 3이다.
③ $-6a$는 다항식이다.
④ $2y^2+y-3$에서 상수항은 2이다.
⑤ x^3+2x의 다항식의 차수는 2이다.

풀이 전략 다항식 $2a^2-4a+3$에 대하여
(1) 항 $2a^2$, $-4a$, 3
(2) 다항식의 차수: 2
(3) a^2의 계수: 2, a의 계수: -4, 상수항: 3

16 다음 중 다항식 $6x^2-x+2$에 대한 설명으로 옳지 <u>않은</u> 것은?

① 항은 3개이다.
② 상수항은 2이다.
③ 다항식의 차수는 2이다.
④ x의 계수는 1이다.
⑤ x^2의 계수는 6이다.

17 다음 중 일차식인 것을 모두 고르면? (정답 2개)

① 1
② $\frac{1}{3}a-1$
③ x^2+5
④ $\frac{1}{x}+3$
⑤ $-0.1x-2$

유형 **5** 일차식과 수의 곱셈과 나눗셈

18 다음 중 옳은 것은?

① $3\times 2x=2x^3$
② $(-12x)\div 6=2x$
③ $(x+6)\div 2=x+3$
④ $-2(x-1)=-2x-1$
⑤ $\frac{1}{2}(6x-4)=3x-2$

풀이 전략 (1) (수)×(일차식): 분배법칙을 이용한다.
(2) (일차식)÷(수): 나누는 수의 역수를 곱하여 계산한다.

19 $(3x-1)\times(-2)$를 계산하였을 때, x의 계수와 상수항의 합을 구하시오.

20 $(2x-6)\div\left(-\frac{2}{3}\right)=ax+b$일 때, 상수 a, b에 대하여 $b-a$의 값은?

① 9 ② 10 ③ 12
④ 15 ⑤ 16

21 다음 중 계산한 결과가 $-2(3x-1)$을 계산한 결과와 같은 것은?

① $(3x-6)\div(-2)$
② $2(2-3x)$
③ $(3x-1)\times 2$
④ $(-2x+1)\div\left(-\frac{1}{6}\right)$
⑤ $\left(-x+\frac{1}{3}\right)\div\frac{1}{6}$

유형 6 일차식의 덧셈과 뺄셈

22 다항식 $2(2x-5)-3(x-2)$를 계산한 식에서 x의 계수를 a, 상수항을 b라고 할 때, ab의 값은?

① -4 ② -1 ③ 0

④ 1 ⑤ 4

> **풀이 전략** (1) 분배법칙을 이용하여 괄호를 푼다.
> (2) 동류항끼리 모아서 계산한다.

23 〈보기〉 중 동류항끼리 짝지어진 것을 모두 고르시오.

> ┤ 보기 ├
> ㄱ. $-a, -5a$ ㄴ. $3b, 3b^2$ ㄷ. $3x, \dfrac{3}{x}$
> ㄹ. $6, -\dfrac{1}{6}$ ㅁ. x^2, y^2 ㅂ. $2y^2, 2y$

24 다음 중 $5a$와 동류항인 것의 개수는?

> $-b,\ 5a^2,\ \dfrac{a}{5},\ 3a,\ 5,\ \dfrac{5}{a}$

① 1 ② 2 ③ 3

④ 4 ⑤ 5

25 다음 중 옳지 <u>않은</u> 것은?

① $5a-8a=-3a$ ② $a+\dfrac{a}{2}=\dfrac{3}{2}a$

③ $6+4x=10x$ ④ $x+5x-2=6x-2$

⑤ $-4y+3y+1=-y+1$

26 다음 중 옳은 것은?

① $(2x+6)+(4x+3)=4x+9$

② $(5x-3)-(-2x+1)=7x-2$

③ $(2-7x)+(-4x-3)=-2x-10$

④ $(-4x+1)-(9x-5)=5x+6$

⑤ $2(3x+2)-3(3-2x)=12x-5$

27 $6x-[4x-\{-2-(3x-2)\}-3]$을 계산하면?

① x ② $-x+3$ ③ $x-3$

④ $5x-3$ ⑤ $5x+3$

28 오른쪽 그림과 같이 가로의 길이가 60 m, 세로의 길이가 40 m 인 직사각형 모양의 땅에 폭이 x m로 일정하고 각 변에 수직인 길을 만들었다. 길을 제외한 땅의 둘레의 길이를 x를 사용한 식으로 나타내시오.

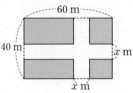

1 곱셈과 나눗셈 기호의 생략

01 다음 중에서 기호 $\times$, $\div$를 생략하여 나타낸 식으로 옳지 <u>않은</u> 것은?

① $x+4\times y=x+4y$

② $6\div a+b=\dfrac{6}{a+b}$

③ $x\div 5-2\times y=\dfrac{1}{5}x-2y$

④ $a\times 0.1\times x\times b=0.1abx$

⑤ $x\times x\times(-1)\div y=-\dfrac{x^2}{y}$

1 곱셈과 나눗셈 기호의 생략

02 다음 중 기호 $\times$, $\div$를 생략했을 때, 나머지 넷과 <u>다른</u> 하나는?

① $a\times b\div c$　　② $a\div(b\div c)$

③ $a\times\left(\dfrac{1}{b}\div\dfrac{1}{c}\right)$　　④ $a\div b\div\dfrac{1}{c}$

⑤ $a\div\left(b\times\dfrac{1}{c}\right)$

2 문자를 사용한 식으로 나타내기

03 정가 a원인 티셔츠를 30 % 할인하여 샀을 때, 지불한 금액을 문자를 사용한 식으로 나타내시오.

2 문자를 사용한 식으로 나타내기

04 다음은 문자를 사용하여 식으로 나타낸 것이다. 옳지 <u>않은</u> 것은?

① 12개에 x원인 사탕 한 개의 값 ➡ $\dfrac{12}{x}$원

② 수학 점수가 a점, 영어 점수가 b점일 때, 두 과목 성적의 평균 점수 ➡ $\dfrac{a+b}{2}$점

③ 한 변의 길이가 $6a$인 정삼각형의 둘레의 길이 ➡ $18a$

④ 시속 a km로 달리는 자동차로 2 km를 가는 데 걸리는 시간 ➡ $\dfrac{2}{a}$시간

⑤ 십의 자리의 숫자가 5, 일의 자리의 숫자가 b인 두 자리 자연수 ➡ $50+b$

3 식의 값 구하기

05 키가 x cm인 사람의 표준 체중은 $0.9(x-100)$ kg이라고 한다. 윤희의 키가 150 cm일 때, 윤희의 표준 체중을 구하시오.

3 식의 값 구하기

06 $a=2$, $b=-3$일 때, $\dfrac{ab}{a-b}$의 값은?

① -6　　② -1　　③ $-\dfrac{6}{5}$

④ $\dfrac{6}{5}$　　⑤ 6

4 다항식과 일차식

07 다항식 x^2-3x+4에 대하여 다항식의 차수를 a, x의 계수를 b, 상수항을 c라고 할 때, $a+b+c$의 값은?

① -3 ② -1 ③ 0

④ 1 ⑤ 3

4 다항식과 일차식

08 다음 중 일차식이 <u>아닌</u> 것은?

① $5x-2$ ② $-4x-3$

③ $3(x+2)-6$ ④ $\dfrac{1}{2}(4x+5)-x$

⑤ $6x-2x+7-4x$

5 일차식과 수의 곱셈과 나눗셈

09 다음 중 옳은 것을 모두 고르면? (정답 2개)

① $\dfrac{3}{2}a\times(-6)=-9a$

② $-2(a-1)=-2a-2$

③ $\dfrac{1}{2}(2x-6)=x-12$

④ $(15x-6)\div\dfrac{3}{2}=10x-4$

⑤ $(9x-6)\div(-3)=-6x+2$

6 일차식의 덧셈과 뺄셈

10 다항식 $2(3x-2)-4(5-x)$를 계산하면 x의 계수는 a, 상수항은 b이다. 이때 $a-b$의 값은?

① -34 ② -14 ③ 10

④ 14 ⑤ 34

6 일차식의 덧셈과 뺄셈

11 다음 식을 계산하시오.

$$\dfrac{3x-4}{2}-\dfrac{1-2x}{3}$$

6 일차식의 덧셈과 뺄셈

12 $4x-[3x+4\{2x-(3x-2)\}]$를 계산하면?

① $-5x-8$ ② $-5x+8$ ③ $5x$

④ $5x-8$ ⑤ $5x+8$

 1

다음 그림과 같이 성냥개비를 사용하여 정삼각형의 개수를 하나씩 계속 늘려 나가려고 한다. 정삼각형이 n개 만들어졌을 때, 사용한 성냥개비의 개수를 n을 사용한 식으로 나타내시오.

 1 -1

다음 그림과 같이 성냥개비를 사용하여 정사각형의 개수를 하나씩 계속 늘려 나가려고 한다. 정사각형이 n개 만들어졌을 때, 사용한 성냥개비의 개수를 n을 사용한 식으로 나타내시오.

2

$a=-\dfrac{1}{2}$, $b=\dfrac{1}{3}$, $c=-\dfrac{1}{4}$일 때, 다음 식의 값을 구하시오.

$$\frac{4}{a}-\frac{3}{b}+\frac{8}{c}$$

2 -1

$a=\dfrac{1}{3}$, $b=\dfrac{3}{2}$, $c=-\dfrac{3}{5}$일 때, 다음 식의 값을 구하시오.

$$\frac{1}{a^2}-\frac{3}{b}-\frac{9}{c^2}$$

n이 자연수일 때, 다음 식을 계산하시오.

$$(-1)^{2n} \times \frac{3x+1}{2} + (-1)^{2n+1} \times \frac{2-x}{3}$$

n이 자연수일 때, 다음 식을 계산하시오.

$$(-1)^{2n-1} \times \frac{x-1}{3} + (-1)^{2n} \times \frac{3x-1}{2}$$

x의 계수가 -5인 일차식이 있다. $x=1$일 때의 식의 값을 a, $x=-3$일 때의 식의 값을 b라고 할 때, $b-a$의 값을 구하시오.

x의 계수가 3인 일차식이 있다. $x=-2$일 때의 식의 값을 a, $x=5$일 때의 식의 값을 b라고 할 때, $a-b$의 값을 구하시오.

서술형 집중 연습

 1

윤희가 5개에 a원인 사탕을 사려고 한다. 사탕을 3개 사고 5000원을 냈을 때의 거스름돈을 문자를 사용한 식으로 나타내시오.

> **풀이 과정**
>
> 5개에 a원인 사탕 한 개의 가격은 ⬚ 원이다.
>
> 따라서 사탕 3개의 가격은 ⬚ 원이므로
>
> 사탕을 3개 사고 5000원을 냈을 때의 거스름돈은
>
> (⬚)원이다.

유제 **1**

원가가 a원인 상품에 30 %의 이익을 붙여 정가를 매겼다. 이 상품을 정가의 20 %를 할인하여 판매하였을 때의 판매 가격을 문자를 사용한 식으로 나타내시오.

 2

오른쪽 그림과 같이 밑면의 가로, 세로의 길이가 각각 5 cm, 3 cm이고, 높이가 $2x$ cm인 직육면체의 겉넓이를 문자를 사용한 식으로 나타내고 $x=2$일 때, 직육면체의 겉넓이를 구하시오.

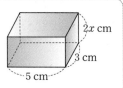

> **풀이 과정**
>
> 직육면체의 겉넓이는
>
> $2(⬚\times3+2x\times3+5\times⬚)$
>
> $=2(⬚+15)$
>
> $=⬚+30$
>
> $x=2$를 ⬚$+30$에 대입하면
>
> ⬚$\times2+30=⬚$
>
> 따라서 $x=2$일 때, 직육면체의 겉넓이는 ⬚ cm²이다.

유제 **2**

오른쪽 그림과 같이 밑면의 가로, 세로의 길이가 각각 3 cm, 4 cm이고, 높이가 $3x$ cm인 직육면체의 겉넓이를 문자를 사용한 식으로 나타내고 $x=3$일 때, 직육면체의 겉넓이를 구하시오.

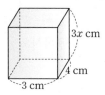

3

$\dfrac{6-2x}{3}-\dfrac{x+5}{4}$ 를 계산했을 때, x의 계수를 a, 상수항을 b라고 하자. 이때 $a+2b$의 값을 구하시오.

풀이 과정

$$\dfrac{6-2x}{3}-\dfrac{x+5}{4}=\dfrac{\boxed{}(6-2x)-\boxed{}(x+5)}{12}$$
$$=\dfrac{\boxed{}x+\boxed{}}{12}$$

따라서 x의 계수 $a=\boxed{}$, 상수항 $b=\boxed{}$ 이므로

$a+2b=\boxed{}$

 4

$-3x+5$에서 어떤 식을 빼야 할 것을 잘못하여 더하였더니 $2x+9$가 되었다. 옳게 계산한 식을 구하시오.

풀이 과정

$-3x+5$에 어떤 식을 더하였더니 $2x+9$가 되었으므로

$(-3x+5)+(\text{어떤 식})=\boxed{}$

$(\text{어떤 식})=\boxed{}$

따라서 옳게 계산한 식은 $-3x+5$에서 어떤 식을 빼야 하므로

$(-3x+5)-(\text{어떤 식})=(-3x+5)-(\boxed{})$
$\qquad\qquad\qquad\qquad\quad=\boxed{}$

 3

$\dfrac{5x-8}{2}-\dfrac{3x-2}{5}$ 를 계산했을 때, x의 계수를 a, 상수항을 b라고 하자. 이때 $a-b$의 값을 구하시오.

 4

$\dfrac{1}{2}x-3$에서 어떤 식을 더해야 할 것을 잘못하여 뺐더니 $-x+7$이 되었다. 옳게 계산한 식을 구하시오.

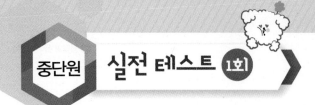

01 다음 중 옳은 것은?

① $4a \div \dfrac{1}{b} = \dfrac{b}{4a}$

② $6 \div a - b = \dfrac{a}{6} - b$

③ $2 \div (a+b) = \dfrac{2}{a+b}$

④ $(x+y) \times (-5) = x - 5y$

⑤ $x \times (-6) + y \div 2 = -3xy$

02 $\dfrac{3a^2 b}{x+3y}$를 곱셈 기호와 나눗셈 기호를 사용하여 나타내면?

① $3 \times a \times b \times b \times (x + 3 \times y)$

② $3 \times a \times a \times b \times (x + 3 \times y)$

③ $3 \times a \times b \times b \div (x + 3 \times y)$

④ $3 \times a \times a \times b \div (x + 3 \times y)$

⑤ $3 \times a \times b \times b \div x + 3 \times y$

03 다음을 문자를 사용한 식으로 나타낸 것 중 옳지 <u>않은</u> 것은?

① a분 b초 ➡ $(60a + b)$초

② 12개에 b원인 사탕 한 개의 가격 ➡ $\dfrac{12}{b}$ 원

③ 한 모서리의 길이가 x cm인 정육면체의 부피
➡ x^3 cm^3

④ x살인 오빠보다 네 살 아래인 동생의 나이
➡ $(x-4)$살

⑤ 시속 50 km로 일정하게 달리는 자동차가 y
시간 동안 이동한 거리 ➡ $50y$ km

04 집에서 출발하여 x km만큼 떨어진 학교에 시속 3 km로 걸어 가다가 도중에 서점에 들러 책을 사는 데 20분이 소요되었다. 집에서 출발하여 학교에 도착할 때까지 걸린 총 시간을 문자를 사용한 식으로 나타내면?

① $\left(\dfrac{x+1}{3}\right)$시간   ② $\left(\dfrac{x}{3} + 20\right)$시간

③ $\left(x + \dfrac{1}{3}\right)$시간   ④ $(3x + 20)$시간

⑤ $\left(3x + \dfrac{1}{3}\right)$시간

05 $a = -2$일 때, a^2과 식의 값이 같은 것은?

① $2a$ ② $\dfrac{16}{a^2}$ ③ $-a^2$

④ $-\dfrac{2}{a}$ ⑤ $\left(-\dfrac{1}{a}\right)^2$

고난도

06 $a : b = 1 : 3$일 때, $\dfrac{5a-2b}{a+b}$의 값은?

① $-\dfrac{1}{2}$ ② $-\dfrac{1}{4}$ ③ $\dfrac{1}{4}$

④ $\dfrac{1}{2}$ ⑤ $\dfrac{2}{3}$

07 〈보기〉에 대한 설명 중 옳지 <u>않은</u> 것은?

┌ 보기 ┐
ㄱ. $\dfrac{2}{5}a$ ㄴ. $-4a+3a^2$ ㄷ. $\dfrac{1}{2}a^2$
ㄹ. $-5+5x$ ㅁ. $0.7x-2$ ㅂ. $2x+1$

① 일차식은 4개이다.
② 단항식은 2개이다.
③ ㄱ, ㄷ은 동류항이다.
④ ㄹ의 x의 계수는 5이다.
⑤ ㅁ의 항은 2개이다.

10 다음 식을 계산하였을 때, a의 계수가 가장 작은 것은?

① $(3a-2)+5(1-a)$
② $(4-6a)+(2a+1)$
③ $(2a+1)-(3a+5)$
④ $6(a+2)+2(3a-4)$
⑤ $4(a-1)-3(2a+1)$

08 다음 중 옳은 것을 모두 고르면? (정답 2개)

① $-5a\times4=a-20$
② $6a\div\dfrac{3}{2}=9a$
③ $-3(2x+7)=-6x-21$
④ $(x-2)\div\left(-\dfrac{1}{4}\right)=-4x+8$
⑤ $(-8x-6)\div(-2)=4x-3$

고난도
11 n이 홀수일 때,
$(-1)^{n+1}\times(3x+1)-(-1)^n\times(3x-1)$을 계산하면?

① $3x-1$ ② $3x+1$ ③ 0
④ $6x$ ⑤ $6x+2$

09 다음 중 $-a$와 동류항인 것의 개수는?

$-b,\ 2a^2,\ \dfrac{1}{4}a,\ -6a,\ 5a$

① 1   ② 2   ③ 3
④ 4   ⑤ 5

12 $\dfrac{2x-1}{3}-\dfrac{4x-2}{5}$를 계산하여 $ax+b$의 꼴로 나타낼 때, $a-b$의 값은? (단, a, b는 상수이다.)

① $-\dfrac{1}{5}$ ② $-\dfrac{2}{15}$ ③ $-\dfrac{1}{15}$
④ $\dfrac{1}{15}$ ⑤ $\dfrac{1}{5}$

13 오른쪽 그림과 같이 윗변의 길이가 a cm, 아랫변의 길이가 b cm, 높이가 h cm인 사다리꼴에 대하여 다음 물음에 답하시오.

(1) 사다리꼴의 넓이를 a, b, h를 사용한 식으로 나타내시오.

(2) $a=3$, $b=7$, $h=5$일 때, 사다리꼴의 넓이를 구하시오.

14 다항식 $\dfrac{x+6}{2}-5y$에서 x의 계수를 a, y의 계수를 b, 상수항을 c라고 할 때, $a(b+c)$의 값을 구하시오.

15 오른쪽 그림과 같은 규칙을 이용하여 아래의 그림의 A에 알맞은 식을 구하시오.

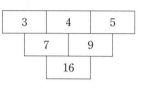

$3a-1$		$4-a$
	$5a+3$	
	A	

16 다음 식을 계산하였을 때, x의 계수와 상수항의 곱을 구하시오.

$$4x-[-6+\{-3x-(x+4)\}]$$

01 다음 중 기호 ×, ÷를 생략하여 나타낸 것으로 옳지 <u>않은</u> 것은?

① $a \times a \times a \times a = a^4$ ② $0.1 \times b = 0.1b$

③ $a \div \dfrac{1}{b} = \dfrac{a}{b}$ ④ $b \times c \times b \times a = ab^2c$

⑤ $a - b \div 3 = \dfrac{3a - b}{3}$

02 다음을 문자를 사용하여 식으로 나타내면?

> 10개에 a원인 귤 b개의 값

① $10ab$원   ② $(ab + 10)$원

③ $\dfrac{ab}{10}$원   ④ $\dfrac{10a}{b}$원

⑤ $(10a - b)$원

03 다음 도형에서 색칠한 부분의 넓이를 식으로 나타내면?

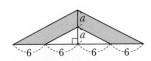

① $6a$ ② $10a$ ③ $12a$

④ $15a$ ⑤ $18a$

04 $a = 2$, $b = -3$일 때, 다음 중 식의 값이 옳지 <u>않은</u> 것은?

① $3a - b = 9$ ② $a^2 - b^2 = 13$

③ $\dfrac{a - 3}{b + 2} = 1$ ④ $\dfrac{1}{a} - \dfrac{1}{b} = \dfrac{5}{6}$

⑤ $\dfrac{a + b}{ab} = \dfrac{1}{6}$

고난도

05 $a = \dfrac{1}{3}$, $b = \dfrac{3}{2}$, $c = -\dfrac{2}{5}$일 때, $\dfrac{1}{a^2} - \dfrac{3}{b} - \dfrac{8}{c^3}$의 값은?

① 84   ② 96   ③ 120

④ 132   ⑤ 150

06 온도를 우리나라에서는 섭씨온도(℃)로 나타내고, 미국에서는 화씨온도(℉)로 나타낸다. 화씨 x℉는 섭씨 $\dfrac{5}{9}(x - 32)$℃이다. 화씨 50℉는 섭씨 몇 ℃인가?

① 10℃   ② 12℃   ③ 15℃

④ 18℃   ⑤ 20℃

07 다음 중 다항식 $5x^2+2x-1$에 대한 설명으로 옳은 것은?

① 상수항은 1이다.
② 항은 x^2, x, 1이다.
③ x의 계수는 2이다.
④ $5x^2$의 차수는 5이다.
⑤ 다항식은 일차식이다.

08 $(3x-12)\div\left(-\dfrac{3}{4}\right)$을 계산하면?

① $\dfrac{-9x+36}{4}$ ② $\dfrac{4x-48}{3}$

③ $4x-12$ ④ $2x-6$

⑤ $-4x+16$

09 다음 중 동류항이 <u>아닌</u> 것끼리 짝지어진 것은?

① $3a$, $-a$ ② $5x$, $\dfrac{1}{2}x$ ③ b^2, $0.1b^2$

④ a, $\dfrac{2}{5}a^2$ ⑤ $2xy$, $6xy$

10 $3(x-2)-\dfrac{1}{2}(2x+12)$를 계산하면 $ax+b$이다. 이때 ab의 값은? (단, a, b는 상수이다.)

① -24 ② -12 ③ 6
④ 12   ⑤ 24

고난도
11 상수항이 -4인 x에 대한 일차식이 있다. $x=3$일 때 식의 값이 a이고 $x=-3$일 때 식의 값이 b라고 할 때, $a+b$의 값은?

① -12 ② -8 ③ -4
④ 0   ⑤ 8

12 $6(3x-1)-\boxed{}=2(5x-2)$일 때, □ 안에 알맞은 식은?

① $-8x$ ② $-8x-2$ ③ $-8x+2$
④ $8x-2$ ⑤ $8x+2$

13 다항식 $\dfrac{2x+1}{3} - \dfrac{x-3}{4} + \dfrac{x+2}{12}$ 를 계산하고, $x=-3$일 때, 식의 값을 구하시오.

14 다음 카드 중에서 일차식이 적힌 카드만 골랐을 때, 모든 일차항의 계수의 곱을 구하시오.

$$\boxed{\dfrac{1}{6}a} \quad \boxed{0 \times x + 5} \quad \boxed{-\dfrac{3}{b}+2}$$

$$\boxed{7 \times y \times y} \quad \boxed{4-x}$$

15 다음 표에서 가로, 세로, 대각선에 놓인 세 다항식의 합이 모두 같을 때, A에 들어갈 다항식을 구하시오.

$-2x+4$	$5x-3$	
	$x+1$	
A		$4x-2$

16 어떤 다항식에서 $3x-9$의 3배를 빼야 할 것을 잘못하여 $\dfrac{1}{3}$배를 더했더니 $6x-7$이 되었다. 이 때 옳게 계산한 식을 구하시오.

부록

실전 모의고사

1. 선택형 20문항, 서술형 5문항으로 되어 있습니다.
2. 주어진 문제를 잘 읽고, 알맞은 답을 답안지에 정확하게 표기하시오.

01 다음 중 소수가 <u>아닌</u> 것은? [3점]

① 2　　　　② 3　　　　③ 5
④ 7　　　　⑤ 9

02 다음 중 옳은 것은? [4점]

① $3^2 = 6$
② $5 + 5 + 5 = 5^3$
③ $3 \times 3 \times 3 \times 3 = 4^3$
④ $\dfrac{1}{7} \times \dfrac{1}{7} \times \dfrac{1}{7} \times \dfrac{1}{7} \times \dfrac{1}{7} = \dfrac{1}{7^5}$
⑤ $(3 \times 5) \times (3 \times 5) = 2 \times (3 \times 5)$

03 다음 중 소인수분해한 것이 옳지 <u>않은</u> 것은?
[4점]

① $18 = 2 \times 3^2$　　② $45 = 3^2 \times 5$
③ $60 = 2^2 \times 3 \times 5$　　④ $120 = 2^2 \times 3^2 \times 5$
⑤ $147 = 3 \times 7^2$

04 두 자연수 A, B의 최대공약수가 42일 때, 이 두 수 A, B의 공약수의 개수는? [4점]

① 5　　　　② 6　　　　③ 7
④ 8　　　　⑤ 9

05 다음 중 두 수가 서로소인 것은? [3점]

① 2, 8　　　　② 3, 6
③ 7, 9　　　　④ 9, 12
⑤ 14, 21

06 세 자연수 12, 15, N의 최소공배수가 180일 때, 다음 중 N의 값이 될 수 <u>없는</u> 것은? [4점]

① 9　　　　② 18　　　　③ 27
④ 36　　　　⑤ 45

07 두 자연수 $2^3 \times 3^2 \times 5$, N의 최대공약수가 $2^2 \times 3^2$, 최소공배수가 $2^3 \times 3^3 \times 5 \times 7$일 때, N의 값 중 가장 작은 수는? [4점]

① $2^2 \times 3^3 \times 5$　　② $2^2 \times 3^3 \times 7$
③ $2^3 \times 3^3 \times 7$　　④ $2^3 \times 3^3 \times 5$
⑤ $2^2 \times 3^3 \times 5 \times 7$

08 어느 꽃가게에서 장미 84송이, 수국 72송이, 백합 108송이로 꽃다발을 만들려고 한다. 각 꽃다발에 들어가는 장미, 수국, 백합의 수가 각각 같도록 가능한 한 많은 꽃다발을 만들 때, 꽃다발은 몇 개인가? [4점]

① 8개   ② 10개   ③ 12개
④ 14개   ⑤ 16개

09 다음 밑줄 친 부분을 부호 +, −를 사용하여 나타낼 때, 그 부호가 <u>다른</u> 하나는? [3점]

① 오늘 기온은 영상 <u>20℃</u>이다.
② 병원의 주차장은 <u>지하 3층</u>에 있다.
③ 지나의 키가 작년 1월보다 <u>6 cm 컸다.</u>
④ 농구 경기에서 우리팀이 <u>4점 득점</u>하였다.
⑤ 제과제빵반을 선택한 학생이 농구반을 선택한 학생보다 <u>4명이 많다.</u>

10 다음 그림과 같은 연산 상자에 두 수를 넣으면 절댓값이 큰 수가 나온다고 할 때, 다음 중 그 결과가 가장 큰 것은? [4점]

① 3, −4   ② −6, 0
③ $\dfrac{5}{4}$, $-\dfrac{5}{2}$ ④ $-\dfrac{7}{3}$, $\dfrac{5}{6}$
⑤ −2, $-\dfrac{9}{5}$

11 다음 수에 대한 설명으로 옳지 <u>않은</u> 것은? [3점]

$$-4,\ +\frac{1}{4},\ 1.5,\ 0,\ -\frac{3}{2}$$

① 정수는 2개이다.
② 가장 큰 수는 1.5이다.
③ 1.5와 $-\dfrac{3}{2}$의 절댓값은 같다.
④ 절댓값이 가장 큰 수는 −4이다.
⑤ 절댓값이 가장 작은 수는 $+\dfrac{1}{4}$이다.

12 다음 중 계산 결과가 가장 큰 것은? [4점]

① $\dfrac{3}{4} \div \left(-\dfrac{1}{2}\right)^3 \times (-1)^5$
② $(-3)^2 \times (-5) \div \left(-\dfrac{3}{2}\right)^2$
③ $6 \div \left(-\dfrac{3}{4}\right)^2 \times \left(-\dfrac{3}{2}\right)^2$
④ $\left(-\dfrac{1}{2}\right)^2 \div \dfrac{3}{8} \times (-3)^3$
⑤ $\left(-\dfrac{25}{4}\right) \div \left(-\dfrac{5}{6}\right)^2 \times (-2)^2$

13 동전을 던져 앞면이 나오면 $\dfrac{3}{2}$점, 뒷면이 나오면 $-\dfrac{2}{3}$점을 받는 게임에서 처음 점수를 0점이라고 하자. 다음 중 동전을 4번 던졌을 때, 나올 수 <u>없는</u> 점수는? [5점]

① 6점   ② $\dfrac{23}{6}$점   ③ $\dfrac{5}{3}$점
④ $\dfrac{1}{2}$점   ⑤ $-\dfrac{8}{3}$점

14 다음 식을 계산한 값은? [4점]

$$\frac{4}{3}-\left\{1+\left(-\frac{1}{2}\right)^3\times(-6)\right\}\div\frac{7}{2}$$

① $\frac{17}{6}$ ② $\frac{53}{42}$ ③ $\frac{5}{6}$

④ $\frac{37}{42}$ ⑤ $-\frac{1}{6}$

15 다음 계산 과정에서 이용한 연산법칙과 $a+b+c+d$의 값이 바르게 짝지어진 것은?

[4점]

$$
\begin{aligned}
59\times102&=59\times(100+a)\\
&=59\times100+59\times b\\
&=5900+c\\
&=d
\end{aligned}
$$

① 덧셈의 결합법칙, 6018
② 덧셈의 결합법칙, 6140
③ 곱셈의 결합법칙, 6140
④ 분배법칙, 6018
⑤ 분배법칙, 6140

16 다음 중 옳지 <u>않은</u> 것을 모두 고르면?

(정답 2개) [4점]

① 우유 1000 mL를 3명이 똑같이 x mL씩 마셨을 때 남은 우유의 양
➡ $(1000-3x)$ mL
② 십의 자리의 숫자가 x, 일의 자리의 숫자가 y인 두 자리의 자연수 ➡ $10x+y$
③ 시속 v km로 걷는 사람이 4 km를 걷는 데 걸린 시간 ➡ $4v$시간
④ a원짜리 물건을 30 % 할인한 가격
➡ $0.3a$원
⑤ x개에 5000원인 귤 y개의 가격
➡ $\dfrac{5000y}{x}$원

17 다음 중 동류항끼리 짝지은 것은? [3점]

① $3,\ 3a$ ② $2b,\ b^2$

③ $4x,\ \dfrac{4}{x}$ ④ $-y,\ \dfrac{1}{2}y$

⑤ $2ab,\ 2b$

18 다항식 $\dfrac{3}{2}x^2-x-\dfrac{1}{2}$에 대한 설명으로 옳지 <u>않은</u> 것은? [3점]

① 항은 3개이다.
② 다항식의 차수는 2이다.
③ x^2의 계수는 $\dfrac{3}{2}$이다.
④ x의 계수는 1이다.
⑤ 상수항은 $-\dfrac{1}{2}$이다.

19 〈보기〉와 같이 이웃한 두 칸의 식을 더한 것이 바로 아래 칸의 식이 된다고 할 때, A에 알맞은 식은? [4점]

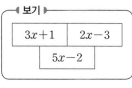

〈보기〉
$3x+1$	$2x-3$

$5x-2$

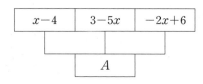

$x-4$	$3-5x$	$-2x+6$

A

① $-11x+8$ ② $-8x+5$
③ $-6x+5$ ④ $2x-3$
⑤ $5x+6$

20 $A=2-x$, $B=3x-2$일 때, $B-2(3A-B)$를 간단히 하면 $ax+b$가 된다. 상수 a, b에 대하여 $a+b$의 값은? [4점]

① -15 ② -7 ③ -3
④ -1 ⑤ 5

서술형

21 $2^3 \times 3^2 \times 7$에 자연수 x를 곱하여 어떤 자연수 y의 제곱이 되게 하려고 한다. 이를 만족하는 가장 작은 수 x, y에 대하여 $x+y$의 값을 구하시오. [5점]

22 어느 시외버스 터미널에서 인천행 버스는 18분, 수원행 버스는 24분, 천안행 버스는 48분 간격으로 출발한다. 오전 8시에 세 도시로 가는 버스가 동시에 출발한 후에 처음으로 다시 세 버스가 동시에 출발하는 시각을 구하시오. [5점]

23 다음 조건을 모두 만족하는 유리수 a, b에 대하여 a^2-b의 값을 구하시오. [5점]

(가) a와 b의 절댓값은 같다.
(나) 수직선 위에서 두 수 a, b에 대응하는 두 점 사이의 거리는 8이다.
(다) $|a|=-a$

24 $A=\left(-\dfrac{9}{2}\right) \div \left(-\dfrac{3}{4}\right)^2 - \left(-\dfrac{15}{4}\right) \times \left(-\dfrac{6}{5}\right)^2$ 일 때, A의 역수를 구하시오. [5점]

25 그림과 같은 도형의 넓이를 x를 사용한 식으로 간단히 나타내시오. [5점]

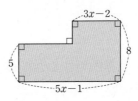

실전 모의고사 2회

점수   점   이름

1. 선택형 20문항, 서술형 5문항으로 되어 있습니다.
2. 주어진 문제를 잘 읽고, 알맞은 답을 답안지에 정확하게 표기하시오.

01 다음 중 소수의 개수는? [3점]

> 2, 5, 7, 9
> 15, 17, 21, 29

① 3   ② 4   ③ 5
④ 6   ⑤ 7

02 $6 \times 12 \times 42$를 $2^a \times 3^b \times c$로 소인수분해했을 때, $a+b+c$의 값은? (단, c는 소수이다.) [4점]

① 10   ② 11   ③ 12
④ 13   ⑤ 14

03 다음 중 소인수가 189의 소인수와 같은 것은? [4점]

① 30   ② 42   ③ 63
④ 75   ⑤ 105

04 다음 중 옳지 <u>않은</u> 것은? [4점]

① 9와 17은 서로소이다.
② 홀수와 짝수는 서로소이다.
③ 서로 다른 두 소수는 서로소이다.
④ 서로소인 두 자연수의 공약수는 1개이다.
⑤ 두 자연수의 공약수는 두 수의 최대공약수의 약수이다.

05 세 수 $2^3 \times 3^2 \times 5$, $2^4 \times 3^3$, $2^2 \times 3^3 \times 5$의 최대공약수는? [4점]

① 2×3 ② $2 \times 3 \times 5$
③ $2^2 \times 3^2$ ④ $2^2 \times 3^2 \times 5$
⑤ $2^4 \times 3^3 \times 5$

06 다음 중 세 수 $2^2 \times 3^2$, $2^3 \times 3 \times 5$, 252의 공배수가 <u>아닌</u> 것은? [4점]

① $2^2 \times 3^3 \times 5 \times 7$ ② $2^3 \times 3^2 \times 5 \times 7$
③ $2^3 \times 3^3 \times 5 \times 7$ ④ $2^3 \times 3^2 \times 5^2 \times 7$
⑤ $2^3 \times 3^2 \times 5 \times 7 \times 11$

07 어떤 자연수에 18을 곱하면 24와 42의 공배수가 된다. 이러한 자연수 중 가장 작은 수는? [4점]

① 21   ② 24   ③ 25
④ 27   ⑤ 28

08 두 자연수 75, N의 최대공약수가 15이고, 최소공배수가 675일 때, 자연수 N의 값은? [4점]

① 90 ② 105 ③ 120
④ 135 ⑤ 150

09 그림과 같이 두 변의 길이가 56 m, 세 변의 길이가 80 m인 오각형 모양의 공원에 가능한 한 적은 수의 말뚝을 사용하여 다음 조건을 모두 만족하는 울타리를 세우려고 한다. 이때 필요한 말뚝은 모두 몇 개인가? [4점]

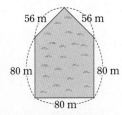

(가) 다섯 모퉁이에는 반드시 말뚝을 세운다.
(나) 공원의 경계를 따라 일정한 간격으로 말뚝을 세운다.
(다) 말뚝의 간격은 5 m 이하이다.

① 84개 ② 86개 ③ 88개
④ 90개 ⑤ 92개

10 다음 중 정수가 <u>아닌</u> 것을 모두 고르면?
(정답 2개) [3점]

① $\dfrac{5}{2}$ ② $+1.2$ ③ 0
④ $-\dfrac{9}{3}$ ⑤ -5

11 절댓값이 3보다 작은 정수의 개수는? [3점]

① 2 ② 3 ③ 4
④ 5 ⑤ 6

12 수직선 위에서 $-\dfrac{5}{3}$에 가장 가까운 정수를 a, $\dfrac{15}{4}$에 가장 가까운 정수를 b라고 할 때, $a+b$의 값은? [4점]

① -1 ② 0 ③ 1
④ 2 ⑤ 3

13 다음 그림과 같은 전개도를 접어서 정육면체를 만들었을 때, 마주 보는 면에 적힌 두 수의 합이 같다. 이때 $a+b$의 값은? [4점]

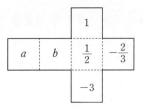

① -3 ② $-\dfrac{10}{3}$ ③ $-\dfrac{7}{2}$
④ $-\dfrac{23}{6}$ ⑤ -4

14 다음 중 가장 큰 수는? [3점]

① -1^4 ② $(-1)^5$ ③ $-(-2)^2$

④ -2^3 ⑤ $-(-2)^3$

15 1.2의 역수를 a, $-\dfrac{1}{3}$의 역수를 b라고 할 때, ab의 값은? [4점]

① $-\dfrac{18}{5}$ ② $-\dfrac{5}{2}$ ③ $-\dfrac{5}{3}$

④ $\dfrac{5}{3}$ ⑤ $\dfrac{5}{2}$

16 분배법칙을 이용하여 다음을 계산하면? [4점]

$$4.15 \times (-2.96) + 4.15 \times 1.46 + (-1.5) \times 1.85$$

① -9 ② -8.5 ③ -8.1

④ -8 ⑤ -7.2

17 다음 〈보기〉 중 옳은 것을 모두 고른 것은? [4점]

◀ 보기 ▶

ㄱ. $2+2+2+2=2^4$

ㄴ. $\left(-\dfrac{1}{4}\right) \times \left(-\dfrac{1}{4}\right) \times \left(-\dfrac{1}{4}\right) = -\dfrac{1}{4^3}$

ㄷ. $y \times (-1) \times x = -xy$

ㄹ. $0.1 \times a \times a = 0.a^2$

ㅁ. $a \times a \times b \times b \times a = 3ab^2$

ㅂ. $(-3) \div y = -\dfrac{3}{y}$

① ㄱ, ㄴ, ㅁ ② ㄴ, ㄷ, ㄹ

③ ㄴ, ㄷ, ㅂ ④ ㄷ, ㄹ, ㅂ

⑤ ㄹ, ㅁ, ㅂ

18 다음 중 일차식이 <u>아닌</u> 것을 모두 고르면? (정답 2개) [3점]

① x^2 ② $1+2x$ ③ $\dfrac{1}{x}$

④ $\dfrac{x}{3}+4$ ⑤ $0.5x-6$

19 다음 중 $5x$와 동류항인 것은? [3점]

① x^2 ② $-\dfrac{2}{3}x$ ③ 5

④ $5y$ ⑤ xy

20 다음 그림과 같이 성냥개비를 이용하여 정삼각형을 만들 때, 18개의 정삼각형을 만드는 데 필요한 성냥개비는 몇 개인가? [5점]

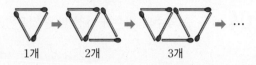

1개 　2개 　3개 ⋯

① 36개 　② 37개 　③ 38개
④ 39개 　⑤ 40개

‥‥‥‥‥‥‥ 서술형 ‥‥‥‥‥‥‥

21 72와 $2 \times 3^a \times 5^b$의 약수의 개수가 같을 때, 자연수 a, b에 대하여 $a+b^2$의 값을 구하시오.
(단, $a<b$) [5점]

22 비가 $3 : 6 : 8$인 세 자연수의 최소공배수가 360일 때, 세 자연수의 합을 구하시오. [5점]

23 두 분수 $\dfrac{96}{n}$, $\dfrac{72}{n}$를 모두 자연수가 되도록 하는 자연수 n의 개수를 구하시오. [5점]

24 다음 □에 세 수 $-\dfrac{9}{4}$, $-\dfrac{4}{3}$, $\dfrac{5}{2}$를 한 번씩 사용하여 계산하였을 때, 그 결과 중 가장 큰 값을 구하시오. [5점]

$$\boxed{\ \Box - (\Box + \Box)\ }$$

25 $\dfrac{2x+1}{3} - \dfrac{3-x}{2}$를 간단히 하였을 때, x의 계수를 a, 상수항을 b라고 할 때, $a-b$의 값을 구하시오. [5점]

1. 선택형 20문항, 서술형 5문항으로 되어 있습니다.
2. 주어진 문제를 잘 읽고, 알맞은 답을 답안지에 정확하게 표기하시오.

01 다음 설명 중 옳지 <u>않은</u> 것은? [3점]

① 1은 소수도 합성수도 아니다.
② 모든 소수는 홀수이다.
③ 소수의 약수는 2개이다.
④ 모든 자연수는 자기 자신을 약수로 갖는다.
⑤ 약수가 3개인 자연수는 합성수이다.

02 $64=2^a$, $243=3^b$일 때, $2a-3b$의 값은? [3점]

① -8 ② -7 ③ -3
④ -2 ⑤ 5

03 126의 모든 소인수의 합은? [3점]

① 5 ② 7 ③ 8
④ 10 ⑤ 12

04 다음 중 약수의 개수가 가장 많은 것은? [4점]

① $2^2 \times 7$ ② $2^2 \times 3^2$
③ $2 \times 3 \times 5$ ④ $2^3 \times 7$
⑤ 3×5^2

05 24와 서로소이고 $10 < N \le 40$인 자연수 N의 개수는? [4점]

① 9 ② 10 ③ 11
④ 12 ⑤ 13

06 두 수 $2^4 \times \square$와 $2^2 \times 3^3 \times 5$의 최대공약수가 36일 때, 다음 중 $\square$ 안에 들어갈 수 <u>없는</u> 수를 모두 고르면? (정답 2개) [4점]

① 9 ② 27 ③ 45
④ 63 ⑤ 72

07 세 수 24, 30, 32의 공배수 중에서 1000에 가장 가까운 수는? [4점]

① 900 ② 930 ③ 960
④ 990 ⑤ 1020

08 서로 맞물려 도는 두 톱니바퀴 A, B에서 톱니바퀴 A의 톱니가 28개이고, 두 톱니바퀴가 회전하기 시작하여 다시 처음 톱니에서 맞물리는 것은 톱니바퀴 A가 10바퀴를 돌았을 때이다. 이때 톱니바퀴 B의 톱니는 몇 개인가? [4점]

① 32개　　　② 35개　　　③ 40개
④ 42개　　　⑤ 54개

09 세 수 $\dfrac{63}{10}$, $\dfrac{36}{5}$, $\dfrac{108}{25}$의 어느 것에 곱하여도 그 계산 결과가 자연수가 되는 분수 중에서 가장 작은 기약분수를 $\dfrac{b}{a}$라고 할 때, $b-a$의 값은? [4점]

① 13　　　② 22　　　③ 24
④ 32　　　⑤ 41

10 두 자리 자연수 A, B에 대하여 두 수의 곱은 6048, 최대공약수가 12일 때, 두 자연수의 합은? [5점]

① 108　　　② 120　　　③ 156
④ 204　　　⑤ 276

11 다음 〈보기〉 중 옳은 것을 모두 고른 것은? [4점]

┤보기├
ㄱ. 정수의 절댓값은 0보다 크다.
ㄴ. 음수의 절댓값은 양수이다.
ㄷ. 양수의 절댓값은 자기 자신과 같다.
ㄹ. 절댓값이 클수록 수직선의 오른쪽에 있다.
ㅁ. $|a|=3$이면 $a=3$이다.

① ㄱ, ㄴ　　　　② ㄱ, ㄷ
③ ㄴ, ㄷ　　　　④ ㄷ, ㄹ
⑤ ㄷ, ㅁ

12 다음 수를 수직선 위에 나타낼 때, $-\dfrac{3}{2}$을 나타내는 점보다 오른쪽에 있는 수의 개수는? [3점]

$$-\dfrac{2}{3},\ 0,\ +\dfrac{3}{4},\ -2,\ \dfrac{6}{5},\ -1.8$$

① 1　　　② 2　　　③ 3
④ 4　　　⑤ 5

13 다음 중 두 수의 대소 관계가 옳은 것은? [4점]

① $|-3|<2$　　　　② $-|-4|>0$
③ $-\dfrac{1}{2}>\dfrac{1}{3}$　　　　④ $-\dfrac{1}{2}>-\dfrac{3}{4}$
⑤ $-4>-2$

14
다음 중 가장 큰 수는? [4점]

① $+2$보다 4만큼 큰 수
② -3보다 -2만큼 큰 수
③ 4보다 $+2$만큼 작은 수
④ $\dfrac{15}{2}$보다 -3만큼 큰 수
⑤ $\dfrac{13}{3}$보다 $-\dfrac{12}{5}$만큼 작은 수

15
다음 중 두 수가 서로 역수인 것은? [3점]

① $-1,\ 0.1$ ② $-2,\ \dfrac{1}{2}$

③ $3,\ -\dfrac{1}{3}$ ④ $0.3,\ \dfrac{3}{10}$

⑤ $2.5,\ \dfrac{2}{5}$

16
다음 네 장의 카드 중 세 장을 뽑아 카드에 적혀 있는 숫자를 곱한 값 중에서 가장 큰 값을 x, 가장 작은 값을 y라고 할 때, $x-y$의 값은? [4점]

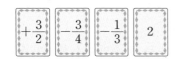

① $\dfrac{5}{4}$ ② $\dfrac{7}{4}$ ③ $\dfrac{9}{4}$

④ $\dfrac{11}{4}$ ⑤ $\dfrac{13}{4}$

17
다음 중 기호 $\times$, $\div$를 생략하여 나타낸 것으로 옳은 것을 모두 고르면? (정답 2개) [4점]

① $b\times(-1)\times a=-1ab$
② $(3-a)\times2+b\times0.1=2(3-a)+0.1b$
③ $(a-b)\div2+2\div c=a-\dfrac{b}{2}+\dfrac{2}{c}$
④ $b\times0.1\div a=\dfrac{b}{10a}$
⑤ $(-2)\div a-a\div(1\div b)=-\dfrac{2}{a}-\dfrac{a}{b}$

18
$a=-2,\ b=-\dfrac{2}{3}$일 때, 다음 중 식의 값이 가장 작은 것은? [4점]

① $a-b$ ② $a+9b^2$
③ $a-\dfrac{1}{b}$ ④ ab^2
⑤ $\dfrac{3a}{b^2}$

19
다음 중 다항식 $x^2+\dfrac{x}{2}-3$에 대한 설명으로 옳은 것을 모두 고르면? (정답 2개) [3점]

① 항은 3개이다.
② 다항식의 차수는 1이다.
③ x^2의 계수는 1이다.
④ x의 계수는 2이다.
⑤ 상수항은 3이다.

20 그림과 같이 한 변의 길이가 7 cm인 정사각형을 가로의 길이는 $(2a-1)$ cm만큼 줄이고, 세로는 $(a-2)$ cm만큼 늘려 직사각형을 만들었다. 이때 이 직사각형의 둘레의 길이를 식으로 나타내면? [4점]

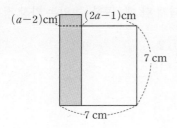

① $(13-a)$ cm   ② $(11-a)$ cm
③ $(22-2a)$ cm   ④ $(26-2a)$ cm
⑤ $(30+2a)$ cm

········· **서술형** ·········

21 다음 조건을 모두 만족시키는 자연수들의 합을 구하시오. [5점]

> (가) 소인수는 2, 3, 7뿐이다.
> (나) 약수는 12개이다.

22 학생 수가 350명 이상 400명 이하인 어느 중학교 학생들이 참가한 캠핑에서 텐트마다 학생 수가 같도록 모든 학생을 배정하려 한다. 텐트 한 개에 4명씩 배정하면 2명이 남고, 5명씩 배정하면 3명이 남고, 6명씩 배정하면 4명이 남는다. 이 캠핑에 참가한 학생 수를 구하시오. [5점]

23 두 정수 a, b에 대하여 $|a|=5$, $|b|=3$이고, $a-b$의 값 중 가장 큰 값을 M, 가장 작은 값을 m이라고 할 때, $M-m$의 값을 구하시오. [5점]

24 $A=2-\dfrac{2}{3}\times\left\{1-(-4)\div\left(-\dfrac{2}{3}\right)^2\right\}$일 때, A에 가장 가까운 정수를 구하시오. [5점]

25 어떤 다항식에서 $5x-1$을 빼야 할 것을 잘못하여 더하였더니 $3x-4$가 되었을 때, 바르게 계산한 식을 구하시오. [5점]

소수와 합성수

01 다음 중 소수가 <u>아닌</u> 것은?

① 13   ② 17   ③ 23

④ 29   ⑤ 33

소수와 합성수의 성질

02 다음 중 옳은 것은?

① 가장 작은 소수는 1이다.
② 소수는 모두 홀수이다.
③ 짝수는 모두 합성수이다.
④ 서로 다른 두 소수의 곱은 합성수이다.
⑤ 소수가 아닌 자연수는 모두 합성수이다.

소인수분해

03 다음 중 소인수분해를 바르게 한 것은?

① $8 = 2 \times 4$ ② $24 = 2 \times 3 \times 4$

③ $31 = 1 \times 31$ ④ $44 = 2^2 \times 11$

⑤ $64 = 8^2$

소인수

04 96의 모든 소인수의 합은?

① 5   ② 7   ③ 9

④ 11   ⑤ 13

제곱인 수 구하기

05 240에 자연수를 곱하여 어떤 자연수의 제곱이 되게 할 때, 곱할 수 있는 가장 작은 자연수는?

① 2   ② 3   ③ 5

④ 15   ⑤ 30

약수 구하기

06 다음 중 $2^2 \times 3^3 \times 7$의 약수가 <u>아닌</u> 것은?

① 2^2 ② $2^2 \times 3^2$

③ $2^3 \times 3^2$ ④ $3^3 \times 7$

⑤ $2 \times 3^2 \times 7$

약수의 개수

07 $2^3 \times \square$의 약수가 8개일 때, 다음 중 $\square$ 안에 들어갈 수 <u>없는</u> 수는?

① 5   ② 7   ③ 11

④ 16   ⑤ 20

약수의 개수

08 다음 조건을 모두 만족시키는 자연수의 개수는?

> (가) 100보다 작다.
> (나) 소인수의 합은 10이다.
> (다) 약수는 12개이다.

① 1   ② 2   ③ 3
④ 4   ⑤ 5

소인수분해

09 $1 \times 2 \times 3 \times \cdots \times 100$을 소인수분해했을 때, 5의 지수는?

① 21   ② 22   ③ 23
④ 24   ⑤ 25

최대공약수의 성질

10 어떤 두 자연수의 최대공약수가 30일 때, 다음 중 이 두 수의 공약수가 <u>아닌</u> 것을 모두 고르면? (정답 2개)

① 3   ② 6   ③ 9
④ 12   ⑤ 15

최대공약수 구하기

11 세 수 $2^3 \times 3^2 \times 5$, $2^2 \times 3^3 \times 5^2$, $2 \times 3^2 \times 7$의 최대공약수는?

① 2×3^2 ② $2^3 \times 3^2$
③ $2^3 \times 3^3$ ④ $2 \times 3^2 \times 5$
⑤ $2^3 \times 3^2 \times 5^2 \times 7$

서로소

12 28과 a가 서로소일 때, 다음 중 a의 값이 될 수 있는 것은?

① 2   ② 5   ③ 6
④ 10   ⑤ 21

최소공배수의 성질

13 300 이하의 자연수 중에서 2×7과 3×7의 공배수의 개수는?

① 6   ② 7   ③ 8
④ 9   ⑤ 10

최소공배수 구하기

14 두 수 $3^2 \times 5^a \times 11^2$, $3^b \times 5^2$의 최소공배수가 $3^4 \times 5^3 \times 11^2$일 때, 두 자연수 a, b에 대하여 $a+b$의 값은?

① 3   ② 4   ③ 5
④ 6   ⑤ 7

최대공약수와 최소공배수

15 세 자연수 $2^a \times 3^3$, $2^5 \times 3^b \times 7$, $2^4 \times 3^3 \times 7^c$의 최대공약수가 $2^3 \times 3$, 최소공배수가 $2^5 \times 3^3 \times 7^2$일 때, 자연수 a, b, c에 대하여 $a+b+c$의 값은?

① 4   ② 5   ③ 6
④ 7   ⑤ 8

최대공약수

16 $\dfrac{108}{n}$, $\dfrac{120}{n}$을 자연수가 되도록 하는 자연수 n의 값 중 가장 큰 값은?

① 4   ② 6   ③ 8
④ 10   ⑤ 12

최대공약수

17 어떤 수로 58을 나누면 4가 남고, 97을 나누면 7이 남을 때, 어떤 수를 모두 고르면? (정답 2개)

① 9   ② 12   ③ 15
④ 18   ⑤ 21

최소공배수

18 세 자연수 4, 5, 6의 어느 것으로 나누어도 3이 남는 세 자리 자연수의 개수는?

① 15   ② 16   ③ 17
④ 18   ⑤ 19

최대공약수의 활용

19 공책 60개, 볼펜 48개, 지우개 90개를 가능한 한 많은 학생들에게 남김없이 똑같이 나누어 주려고 할 때, 몇 명의 학생에게 줄 수 있는가?

① 5명   ② 6명   ③ 7명
④ 8명   ⑤ 9명

최소공배수의 활용

20 가로의 길이가 20 cm, 세로의 길이가 12 cm, 높이가 18 cm인 직육면체 모양의 상자를 빈틈없이 쌓아서 가능한 한 작은 정육면체를 만들려고 한다. 필요한 상자는 몇 개인가?

① 540개   ② 675개   ③ 1080개
④ 1350개   ⑤ 1620개

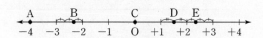
양의 부호 ＋와 음의 부호 ―를 사용하여 나타내기

21 밑줄 친 부분을 양의 부호 ＋ 또는 음의 부호 ―를 사용하여 나타낼 때, 다음 중 부호가 나머지 넷과 <u>다른</u> 것은?

① 작년보다 매출이 <u>15 % 증가</u>하였다.
② 오늘 낮 최고기온은 <u>영상 35℃</u>이다.
③ 에베레스트의 높이는 <u>해발 8848.86 m</u>이다.
④ 5개 묶음으로 구매하니 <u>2000원 할인</u>받았다.
⑤ 폭설로 인해 기차가 도착 예정 시각보다 <u>10분 지연</u>되었다.

유리수의 분류

22 다음과 같이 유리수를 분류할 때, 〈보기〉에서 □에 해당하는 수로 옳은 것을 모두 고른 것은?

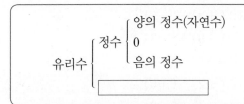

◀ 보기 ▶

ㄱ. -3　　ㄴ. $\dfrac{21}{3}$　　ㄷ. 3.14

ㄹ. 0　　ㅁ. $-\dfrac{8}{3}$

① ㄱ, ㄷ　　② ㄱ, ㄹ　　③ ㄴ, ㄹ
④ ㄷ, ㅁ　　⑤ ㄹ, ㅁ

유리수의 분류

23 다음 설명 중 옳지 <u>않은</u> 것은?

① 모든 정수는 유리수이다.
② 가장 큰 음의 정수는 -1이다.
③ 0은 양수도 아니고 음수도 아니다.
④ 분자와 분모가 자연수인 분수는 정수가 아니다.
⑤ 서로 다른 두 유리수 사이에는 또 다른 유리수가 있다.

수를 수직선 위에 나타내기

24 다음 수직선 위의 다섯 개의 점 A, B, C, D, E에 대한 설명으로 옳은 것은?

```
  A       B        C      D   E
┌─●───┼───●┼───┼───●┼───┼●──┼●─┼───┼→
 -4  -3  -2  -1   O  +1  +2  +3  +4
```

① 음수에 대응하는 점은 3개이다.
② 정수에 대응하는 점은 1개이다.
③ 점 C에 대응하는 수는 유리수가 아니다.
④ 절댓값이 가장 작은 수에 대응하는 점은 D이다.
⑤ 점 B에 대응하는 수와 점 E에 대응하는 수의 절댓값은 같다.

절댓값

25 다음 수를 수직선 위에 나타내었을 때, 0에 대응하는 점으로부터 가장 멀리 떨어져 있는 점에 대응하는 수는?

① -7　　② -5　　③ -3
④ 2　　⑤ 6

절댓값

26 다음 조건을 모두 만족시키는 두 정수 a와 b에 대하여 $b-a$의 값은?

(가) a의 절댓값은 1이다.
(나) b의 절댓값은 a의 절댓값보다 작다.
(다) b는 a보다 크다.

① -2　　② -1　　③ 0
④ 1　　⑤ 2

수의 대소비교

27 다음 수를 작은 수부터 차례로 나열할 때, 두 번째에 오는 수는?

$$-\frac{21}{5}, \frac{5}{4}, -4, -\frac{9}{2}, 2$$

① $-\frac{21}{5}$ ② $\frac{5}{4}$ ③ -4

④ $-\frac{9}{2}$ ⑤ 2

부등호를 사용하여 나타내기

28 'x는 -8보다 작지 않고 2보다 크지 않다.'를 부등호를 사용하여 나타내면?

① $-8 < x < 2$

② $-8 \leq x < 2$

③ $-8 < x \leq 2$

④ $-8 \leq x \leq 2$

⑤ $x \leq -8$ 또는 $x \geq 2$

주어진 범위에 속하는 수

29 절댓값이 $\frac{8}{3}$ 이상 6 미만인 정수의 개수는?

① 4 ② 5 ③ 6

④ 7 ⑤ 8

주어진 범위에 속하는 수

30 두 수 $-\frac{5}{6}$와 $\frac{3}{8}$ 사이에 있는 정수가 아닌 유리수 중에서 기약분수로 나타낼 때 분모가 24인 것의 개수는?

① 6 ② 7 ③ 8

④ 9 ⑤ 10

정수와 유리수의 덧셈 / 정수와 유리수의 뺄셈

31 다음 중 계산 결과가 가장 큰 것은?

① $(+3) + (-5)$

② $(-9) + (-2)$

③ $0 - (-4)$

④ $(+2) - (+6)$

⑤ $(-1) - (-8)$

정수와 유리수의 덧셈 / 정수와 유리수의 뺄셈

32 5보다 $-\frac{3}{2}$ 큰 수를 a, $-\frac{3}{7}$보다 -1 작은 수를 b라고 할 때, $a \times b$의 값은?

① 1 ② 2 ③ 3

④ 4 ⑤ 5

정수와 유리수의 뺄셈

33 $+2$, -5, -7에서 가운데에 있는 -5는 $+2$와 -7의 합이다. 이와 같은 규칙으로 다음과 같이 계속해서 수를 적어 나갈 때, 50번째에 나오는 수는?

$$+2,\ -5,\ -7,\ -2,\ \cdots$$

① -7 ② -5 ③ -2

④ $+2$ ⑤ $+5$

정수와 유리수의 곱셈 / 정수와 유리수의 나눗셈

34 $a=\left(+\dfrac{4}{3}\right)\times\left(-\dfrac{3}{8}\right)$, $b=\left(-\dfrac{6}{5}\right)\div\left(-\dfrac{3}{2}\right)$일 때, $a+b$의 값은?

① $\dfrac{1}{10}$ ② $\dfrac{1}{5}$ ③ $\dfrac{3}{10}$

④ $\dfrac{2}{5}$ ⑤ $\dfrac{1}{2}$

정수와 유리수의 덧셈 / 정수와 유리수의 곱셈

35 수연이와 도훈이가 가위바위보를 10번 하여 계단 오르기 놀이를 하는데 이기면 3칸, 비기면 1칸을 올라가고, 지면 1칸을 내려가기로 하였다. 같은 위치에서 시작하여 6번은 수연이가 이기고, 2번은 도훈이가 이기고, 2번은 비겼을 때, 수연이와 도훈이의 계단의 위치의 차는? (단, 계단은 오르내리기에 충분하다.)

① 16   ② 17   ③ 18

④ 19   ⑤ 20

거듭제곱의 계산

36 다음 식을 계산하면?

$$(-1)+(-1)^2+(-1)^3+\cdots+(-1)^{100}$$

① -100 ② -1 ③ 0

④ 1 ⑤ 100

역수

37 그림과 같은 전개도를 접어 정육면체를 만들려고 한다. 마주 보는 면에 적힌 두 수가 서로 역수일 때, $a+b+c$의 값은?

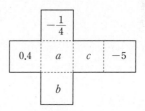

① $-\dfrac{19}{10}$ ② $-\dfrac{9}{5}$ ③ $-\dfrac{17}{10}$

④ $-\dfrac{6}{5}$ ⑤ $-\dfrac{3}{2}$

세 개 이상의 수의 계산

38 그림과 같은 숫자 카드가 한 장씩 있다.

$$\boxed{-4}\quad\boxed{-2}\quad\boxed{\dfrac{11}{2}}\quad\boxed{-\dfrac{7}{3}}\quad\boxed{3}\quad\boxed{-3}$$

카드를 세 장 뽑아 카드에 적힌 수를 모두 곱할 때, 그 결과가 가장 작은 값은?

① -84 ② -66 ③ $-\dfrac{154}{3}$

④ -44 ⑤ -28

덧셈, 뺄셈, 곱셈, 나눗셈의 혼합 계산

39 다음은 $-2-14\times\left(-\dfrac{7}{2}\right)\div\left(+\dfrac{4}{3}\right)$를 계산하는 과정이다. 처음으로 틀린 부분과 바르게 계산한 값을 옳게 짝지은 것은?

$$-2-14\times\left(-\dfrac{7}{2}\right)\div\left(+\dfrac{4}{3}\right) \quad\Big\}\,\bigcirc$$
$$=-16\times\left(-\dfrac{7}{2}\right)\div\left(+\dfrac{4}{3}\right) \quad\Big\}\,\bigcirc$$
$$=-16\times\left(-\dfrac{7}{2}\right)\times\left(-\dfrac{4}{3}\right) \quad\Big\}\,\bigcirc$$
$$=-\dfrac{224}{3}$$

	처음으로 틀린 부분	바르게 계산한 값
①	㉠	$-\dfrac{139}{4}$
②	㉠	$\dfrac{139}{4}$
③	㉡	-42
④	㉡	42
⑤	㉢	$\dfrac{224}{3}$

덧셈, 뺄셈, 곱셈, 나눗셈의 혼합 계산

40 다음 식을 계산하면?

$$-3^2-2\div\left[\dfrac{1}{2}+(-3)\div\{5\times(-4)-(-6)\}\right]$$

① $-\dfrac{59}{5}$ ② $-\dfrac{58}{5}$ ③ $-\dfrac{57}{5}$

④ $-\dfrac{56}{5}$ ⑤ -11

곱셈 기호와 나눗셈 기호의 생략

41 다음 중 곱셈 기호 $\times$와 나눗셈 기호 $\div$를 생략하여 나타낸 것으로 옳은 것은?

① $0.1\times x=0.x$

② $a\times(-2)=a-2$

③ $x\times(-1)\times y=x-y$

④ $a\times a\times a\times a=4a$

⑤ $(a+b)\div(-3)=-\dfrac{a+b}{3}$

문자를 사용한 식

42 다음을 곱셈 기호 $\times$와 나눗셈 기호 $\div$를 생략하여 나타낸 것으로 옳은 것은?

> 5개에 x원인 과자 한 개의 가격

① $(5+x)$원 ② $(5-x)$원

③ $5x$원 ④ $\dfrac{x}{5}$원

⑤ $\dfrac{5}{x}$원

곱셈 기호와 나눗셈 기호의 생략

43 〈보기〉에서 곱셈 기호 $\times$와 나눗셈 기호 $\div$를 생략하여 나타낼 때, $\dfrac{ab}{c}$와 같은 것을 모두 고른 것은?

┤보기├
ㄱ. $a\times b\div c$ ㄴ. $c\times(b\div a)$
ㄷ. $b\div c\times a$ ㄹ. $b\div(a\times c)$
ㅁ. $a\div b\div c$ ㅂ. $a\div(c\div b)$

① ㄱ, ㄴ, ㅁ ② ㄱ, ㄷ, ㄹ
③ ㄱ, ㄷ, ㅂ ④ ㄴ, ㄹ, ㅁ
⑤ ㄷ, ㅁ, ㅂ

식의 값

44 $x=-2$, $y=-5$일 때, 식 $-2x+y^2$의 값은?

① 21   ② 23   ③ 25

④ 27   ⑤ 29

다항식 용어

45 다항식 $4x^2+\dfrac{x}{3}-5$에 대한 설명으로 옳은 것은?

① 일차식이다.

② 상수항은 5이다.

③ x의 계수는 3이다.

④ 항은 $4x^2$, $\dfrac{x}{3}$, -5이다.

⑤ x에 관한 $4x^2$의 차수는 4이다.

단항식과 수의 곱셈, 나눗셈

46 다음 중 계산 결과가 옳은 것은?

① $5x\times(-6)=30-x$

② $2\times(6x-2)=8x$

③ $6x\div\left(-\dfrac{1}{2}\right)=-3x$

④ $-\dfrac{1}{3}\times(9x-2)=-3x+\dfrac{2}{3}$

⑤ $(-10x-5)\div(-5)=-2x-1$

동류항

47 다음 중 $-3a$와 동류항인 것은?

① $-3b$ ② $8a^2$ ③ $4a$

④ $\dfrac{5}{a}$ ⑤ $-3ab$

일차식의 덧셈과 뺄셈

48 $2(-7x+2)-3(4x+8)$을 간단히 하면?

① $-26x-20$ ② $-26x+20$

③ $-26x+28$ ④ $2x-20$

⑤ $2x+28$

일차식의 덧셈과 뺄셈

49 $\dfrac{-2x-1}{5}-\dfrac{4x+3}{3}=ax+b$일 때, 상수 a, b에 대하여 $a-b$의 값은?

① -46 ② -14 ③ -8

④ $-\dfrac{46}{15}$ ⑤ $-\dfrac{8}{15}$

일차식의 덧셈과 뺄셈

50 그림과 같은 도형에서 색칠한 부분의 넓이는?

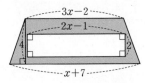

① $4x+8$ ② $4x+10$

③ $4x+12$ ④ $4x+14$

⑤ $4x+16$

+ **수학 전문가 100여 명의 노하우로 만든**
  수학 특화 시리즈

+ **연산 ε ▸ 개념 α ▸ 유형 β ▸ 고난도 Σ 의**
  단계별 영역 구성

+ **난이도별, 유형별 선택으로**
  사용자 맞춤형 학습

기본부터 심화까지 **단계별 수학**

연산 ε(6책) | 개념 α(6책) | 유형 β(6책) | 고난도 Σ(6책)

EBS No.1 과목 특화 브랜드

효과가 상상 이상입니다.

예전에는 아이들의 어휘 학습을 위해 학습지를 만들어 주기도 했는데,
이제는 이 교재가 있으니 어휘 학습 고민은 해결되었습니다.
아이들에게 아침 자율 활동으로 할 것을 제안하였는데,
"선생님, 더 풀어도 되나요?"라는 모습을 보면,
아이들의 기초 학습 습관 형성에도 큰 도움이 되고 있다고 생각합니다.

ㄷ초등학교 안00 선생님

어휘 공부의 힘을 느꼈습니다.

학습에 자신감이 없던 학생도 이미 배운 어휘가 수업에 나왔을 때 반가워합니다.
어휘를 먼저 학습하면서 흥미도가 높아지고
동기 부여가 되는 것을 보면서 어휘 공부의 힘을 느꼈습니다.

ㅂ학교 김00 선생님

학생들 스스로 뿌듯해해요.

처음에는 어휘 학습을 따로 한다는 것 자체가 부담스러워했지만,
공부하는 내용에 대해 이해도가 높아지는 경험을 하면서
스스로 뿌듯해하는 모습을 볼 수 있었습니다.

ㅅ초등학교 손00 선생님

앞으로도 활용할 계획입니다.

학생들에게 확인 문제의 수준이 너무 어렵지 않으면서도
교과서에 나오는 낱말의 뜻을 확실하게 배울 수 있었고,
주요 학습 내용과 관련 있는 낱말의 뜻과 용례를
정확하게 공부할 수 있어서 효과적이었습니다.

ㅅ초등학교 지00 선생님

학교 선생님들이 확인한 어휘가 문해력이다의 학습 효과! 직접 경험해 보세요

학기별 교과서 어휘 완전 학습
<어휘가 문해력이다>
—— 예비 초등 ~ 중학 3학년 ——

중학도 역시 **EBS**

정답과 풀이

전국 중학교
기출문제
완벽 분석

시험 대비
적중 문항
수록

중학 수학
내신 대비
기출문제집

1-1 중간고사

부록

실전 모의고사
+
최종 마무리 50제

중학 수학
내신 대비
기출문제집

1-1 중간고사

정답과 풀이

정답과 풀이

I. 소인수분해

1 소인수분해

본문 8~9쪽

✓ 개념 체크

01 3
02 (1) × (2) ○ (3) ○ (4) ×
03 (1) 7^3 (2) $2^2 \times 5^3$ (3) $3^4 \times 5 \times 7^2$
04 (1) $56 = 2^3 \times 7$, 소인수: 2, 7
　　(2) $100 = 2^2 \times 5^2$, 소인수: 2, 5
　　(3) $252 = 2^2 \times 3^2 \times 7$, 소인수: 2, 3, 7
05 10
06 15
07 ㄱ, ㄴ, ㄷ, ㅂ
08 1, 3, 7, 21, 49, 147
09 (1) 12 (2) 24 (3) 12 (4) 9

대표 유형

본문 10~13쪽

01 1
02 ④
03 ㅋ
04 ①, ④
05 ㄱ, ㄴ
06 4
07 ③
08 ③
09 ②
10 ②
11 ①
12 ⑤
13 12
14 ⑤
15 ①, ④
16 21
17 ④
18 ④
19 ③
20 $2^2 \times 5^2$ 또는 100
21 ②
22 ④
23 2
24 10

01 소수는 3, 13, 29, 47이므로 4개, 합성수는 9, 16, 25, 33, 51이므로 5개이다.
∴ $b - a = 5 - 4 = 1$

02 한 자리 자연수 중에서 소수인 것은 2, 3, 5, 7이므로 4개이다.

03 1은 소수도 합성수도 아니다.
소수는 1보다 큰 자연수 중에서 1과 그 자신만을 약수로 가지므로 17, 23, 2, 41, 37, 11은 소수이다.
따라서 합성수를 찾아 색칠하면 다음과 같다.

1	17	23
14	57	35
2	41	9
27	15	42
37	11	33

04 ② 가장 작은 합성수는 4이다.
③ 자연수는 1, 소수, 합성수로 이루어져 있다.
⑤ 1은 소수의 곱으로 나타낼 수 없다.
따라서 옳은 것은 ①, ④이다.

05 ㄱ. 2는 짝수인 소수이다.
ㄴ. 가장 작은 소수는 2이다.
ㄷ. 소수는 1과 그 자신만을 약수로 가지므로 소수의 약수의 개수는 2이다.
ㄹ. 10보다 작은 합성수는 4, 6, 8, 9이므로 모두 4개이다.
ㅁ. 5의 배수 중에서 소수인 것은 5뿐이다.
따라서 옳지 않은 것은 ㄱ, ㄴ이다.

06 (가) 약수의 개수가 2이므로 소수이다.
(나) 20 이상 40 이하의 수 중에서 소수인 것은 23, 29, 31, 37이므로 4개이다.

07 ① $2^3 = 2 \times 2 \times 2 = 8$
② $a^3 = a \times a \times a$
④ $3 \times 3 \times 5 + 5 \times 3 = 3^2 \times 5 + 3 \times 5$
⑤ $\frac{1}{5} \times \frac{1}{5} \times \frac{1}{5} \times \frac{1}{5} = \frac{1 \times 1 \times 1 \times 1}{5 \times 5 \times 5 \times 5} = \frac{1^4}{5^4} = \frac{1}{5^4}$
따라서 옳은 것은 ③이다.

08 $2 \times 2 \times 2 \times 2 \times 3 \times 3 \times 5 \times 5 \times 5 = 2^4 \times 3^2 \times 5^3$
이므로 $a = 4$, $b = 2$, $c = 3$
∴ $a - b + c = 4 - 2 + 3 = 5$

09 $32 = 2^5$, $81 = 3^4$이므로 $a = 5$, $b = 4$
∴ $a + b = 5 + 4 = 9$

10 소인수분해란 1보다 큰 자연수를 소인수만의 곱으로 나타내는 것이므로
① $24 = 3 \times 8 = 2^3 \times 3$
③ $144 = 12^2 = 2^4 \times 3^2$
④ $120 = 2^3 \times 3 \times 5$
⑤ $10000 = 10^4 = 2^4 \times 5^4$
따라서 옳은 것은 ②이다.

11 $90=2\times3^2\times5$이므로
소인수는 2, 3, 5이다.

$$
\begin{array}{r}
2\,)\,90 \\
3\,)\,45 \\
3\,)\,15 \\
\hline
5
\end{array}
$$

12 ① $12=2^2\times3$이므로 소인수는 2, 3이다.
② $24=2^3\times3$이므로 소인수는 2, 3이다.
③ $36=2^2\times3^2$이므로 소인수는 2, 3이다.
④ $48=2^4\times3$이므로 소인수는 2, 3이다.
⑤ $60=2^2\times3\times5$이므로 소인수는 2, 3, 5이다.
따라서 소인수가 나머지 넷과 다른 하나는 ⑤이다.

13 $252=2^2\times3^2\times7$이므로
$a=2$, $b=3$, $c=7$
$\therefore a+b+c=2+3+7=12$

14 $A=1\times2\times3\times4\times5\times6\times7\times8\times9\times10$
$\quad=1\times2\times3\times(2\times2)\times5\times(2\times3)\times7$
$\qquad\qquad\times(2\times2\times2)\times(3\times3)\times(2\times5)$
$\quad=2^8\times3^4\times5^2\times7$
① A의 소인수는 2, 3, 5, 7이므로 4개이다.
② 지수가 8로 가장 큰 소인수는 2이다.
③ A의 소인수 중에서 가장 큰 수는 7이다.
④ A의 약수의 개수는
$\quad(8+1)\times(4+1)\times(2+1)\times(1+1)=270$이다.
⑤ A가 어떤 자연수의 제곱이 되려면 소인수의 지수가 모두 짝수여야 하는데 7의 지수가 짝수가 아니므로 어떤 자연수의 제곱이 되지 않는다.
따라서 옳지 않은 것은 ⑤이다.

15 $588=2^2\times3\times7^2$이므로 $588\times a$가 어떤 자연수의 제곱이 되려면 $588\times a=2^2\times3\times7^2\times a$에서 모든 소인수의 지수가 짝수이어야 하므로 $a=3\times$(자연수)^{2}의 꼴이어야 한다.
① $3=3\times1^2$ \qquad ② $6=3\times2$
③ $9=3\times3$ \qquad ④ $12=3\times2^2$
⑤ $15=3\times5$
따라서 a의 값이 될 수 있는 것은 ①, ④이다.

16 $84=2^2\times3\times7$이므로 $2^2\times3\times7\times a=b^2$을 만족하는 가장 작은 자연수는
$a=3\times7=21$,

$b^2=2^2\times3^2\times7^2=42^2$이므로 $b=42$
$\therefore b-a=42-21=21$

17 $180=2^2\times3^2\times5$를 자연수 x로 나누어 어떤 자연수의 제곱이 되려면 x는 180의 약수 중에서 $x=5\times$(자연수)^{2}의 꼴이어야 한다.
① $10=5\times2$ \qquad ② $12=2^2\times3$
③ $15=5\times3$ \qquad ④ $45=5\times3^2$
⑤ $60=5\times2^2\times3$
따라서 x의 값이 될 수 있는 것은 ④이다.

18 $2^4\times3^2$의 약수는 (2^4의 약수)$\times$(3^2의 약수)이므로 (1, 2, 2^2, 2^3, 2^4 중 하나)$\times$(1, 3, 3^2 중 하나)로 나타낼 수 있다.
④ $2^2\times3^3$에서 3^3은 3^2의 약수가 될 수 없다.

19 200은 소인수분해하면 $2^3\times5^2$이므로 표를 완성하면 다음과 같다.

$\times$	1	5	(나) 5^2
(가) 1	1	5	5^2
2	2	2×5	2×5^2
2^2	2^2	(다) $2^2\times5=20$	$2^2\times5^2$
2^3	2^3	$2^3\times5$	$2^3\times5^2$

⑤ 200의 약수 중 5의 배수는 소인수 5를 가지는 수이므로 색칠한 부분의 8개이다.
따라서 옳지 않은 것은 ③이다.

20 $A=2^2\times3\times5^2$의 약수는
(1, 2, 2^2 중 하나)$\times$(1, 3 중 하나)$\times$(1, 5, 5^2 중 하나)로 나타낼 수 있다.
따라서 A의 약수 중 가장 큰 수는 $2^2\times3\times5^2$이고, 두 번째로 큰 수는 $2\times3\times5^2$, 세 번째로 큰 수는 $2^2\times5^2=100$이다.

21 $720=2^4\times3^2\times5$이므로
720의 약수는
(1, 2, 2^2, 2^3, 2^4 중 하나)$\times$(1, 3, 3^2 중 하나)
$\times$(1, 5 중 하나)로 나타낼 수 있다.
이때 약수가 어떤 자연수의 제곱이 되는 경우는 각 소인수의 지수가 짝수인 것을 곱한 것이므로
(1, 2^2, 2^4 중 하나)$\times$(1, 3^2 중 하나)$\times1$이다.

즉 1^2, 2^2, 3^2, 2^4, $2^2 \times 3^2$, $2^4 \times 3^2$이므로 6개이다.

22 약수의 개수는
① $2^2 \times 5 \Rightarrow (2+1) \times (1+1) = 6$
② $2 \times 3 \times 7 \Rightarrow (1+1) \times (1+1) \times (1+1) = 8$
③ $56 = 2^3 \times 7 \Rightarrow (3+1) \times (1+1) = 8$
④ $80 = 2^4 \times 5 \Rightarrow (4+1) \times (1+1) = 10$
⑤ $105 = 3 \times 5 \times 7$
　　$\Rightarrow (1+1) \times (1+1) \times (1+1) = 8$
따라서 약수의 개수가 가장 많은 것은 ④이다.

23 $2^3 \times 5^a$에서 약수의 개수는
$(3+1) \times (a+1) = 12$, $4 \times (a+1) = 4 \times 3$, $a+1 = 3$
$\therefore a = 2$

24 구슬 3개를 뽑는 방법은 다음과 같이 2가지이다.
① 구슬에 적힌 소인수가 2개는 같고 1개는 다른 경우
　$\Rightarrow$ A의 소인수가 2개이고 그 지수가 각각 2와 1이
　　므로 약수의 개수 B는 $(2+1) \times (1+1) = 6$
② 구슬에 적힌 소인수가 모두 다른 경우
　$\Rightarrow$ A의 소인수가 3개이고 그 지수가 각각 1이므로 약
　　수의 개수 B는 $(1+1) \times (1+1) \times (1+1) = 8$
따라서 B의 값이 가장 클 때, 세 구슬에 적힌 숫자는
2, 3, 5이므로 그 합은 $2+3+5 = 10$이다.

02 (가) 서로 다른 세 소수를 선택하는 경우는 2, 3, 5 또
　　는 2, 3, 7 또는 2, 5, 7 또는 3, 5, 7이고,
　　$a+b=c$를 만족하는 경우는 $2+3=5$, $2+5=7$
　　이다.
(나) $2+3+5 = 10$이고 각 자리 숫자의 합은 $1+0 = 1$
　　이므로 소수가 아니다.
　　$2+5+7 = 14$이고 각 자리 숫자의 합은 $1+4 = 5$
　　이므로 소수이다.
따라서 비밀번호는 2, 5, 7이다.

03 일의 자리의 숫자가 3인 두 자리 자연수 13, 23, 33,
43, 53, 63, 73, 83, 93 중에서 소수인 것은 13, 23,
43, 53, 73, 83이므로 6개이다.

04 ㄱ. 가장 작은 합성수는 4이다.
　ㄷ. 2를 제외한 모든 소수는 홀수이므로 10보다 큰 소
　　수는 모두 홀수이다.
　ㄹ. 2는 짝수이지만 소수이다.
따라서 옳지 않은 것은 ③ ㄱ, ㄹ이다.

05 ① 1은 소수도 합성수도 아니다.
② 2는 짝수인 소수이다.
③ 9는 홀수이지만 소수가 아니다.
④ 3의 배수 중 소수는 3뿐이다.
⑤ 약수가 3개인 자연수는 합성수이다.
따라서 옳은 것은 ④이다.

06 약수가 2개인 수는 소수이므로 5, 13, 47, 59의 4개이다.
약수가 3개 이상인 수는 합성수이므로 6, 25의 2개이다.
$\therefore a-b = 4-2 = 2$

07 체스판은 $8 \times 8 = 64$(칸)이고 다음 칸에 들어갈 수수알
의 개수는 앞의 칸의 2배이므로 표로 나타내면 다음과
같다.

	수수알의 개수(개)
첫 번째 칸	1
두 번째 칸	2
세 번째 칸	$2 \times 2 = 2^2$
네 번째 칸	$2^2 \times 2 = 2^3$
⋯	⋯
64번 째 칸	2^{63}

기출 예상 문제　　　　　　본문 14~17쪽

01 ①, ②	**02** 2, 5, 7	**03** ③	**04** ③	**05** ④
06 ③	**07** 2^{63}	**08** 7	**09** ⑤	**10** ④
11 ④	**12** ⑤	**13** ④	**14** 30	**15** ③
16 ②	**17** 40	**18** ②	**19** ④	**20** ④
21 70	**22** ②	**23** ②	**24** 290	

01 소수는 1보다 큰 자연수 중에서 1과 그 자신만을 약수
로 가지는 수이므로 ① 29, ② 31이 소수이다.

08 밑이 2이고 지수가 4인 자연수는 2^4이므로

$a=2^4=2\times2\times2\times2=16$

밑이 3이고 지수가 2인 자연수는 3^2이므로

$b=3^2=3\times3=9$

$\therefore a-b=16-9=7$

09 $2\times2\times2\times2\times3\times3=2^4\times3^2$이므로

$a=4$, $b=3$, $c=2$이다.

$\therefore a+b-c=4+3-2=5$

10 504를 소인수분해하면 $504=2^3\times3^2\times7$이 되므로

$a=3$, $b=2$, $c=1$

$\therefore a+b+c=3+2+1=6$

11 소인수인 2, 3, 5의 곱으로 나타내야 하므로 180을 소인수분해한 것은 $2^2\times3^2\times5$이다.

12 $126=2\times3^2\times7$이므로 소인수는 2, 3, 7이고 합은 $2+3+7=12$이다.

13 ㄱ. $45=3^2\times5$ ➡ 소인수: 3, 5

ㄴ. $84=2^2\times3\times7$ ➡ 소인수: 2, 3, 7

ㄷ. $108=2^2\times3^3$ ➡ 소인수: 2, 3

ㄹ. $140=2^2\times5\times7$ ➡ 소인수: 2, 5, 7

ㅁ. $192=2^6\times3$ ➡ 소인수: 2, 3

따라서 소인수가 같은 것은 ④ ㄷ, ㅁ이다.

14 가장 작은 소인수부터 3개를 선택하면 2, 3, 5가 되고 가장 작은 수가 되려면 소인수의 각 지수가 1이다.

$\therefore 2\times3\times5=30$

15 $150=2\times3\times5^2$이므로 $150\times x$가 어떤 자연수의 제곱이 되려면 $x=2\times3\times(\text{자연수})^2$의 꼴이다.

① $12=2^2\times3=2\times3\times2$

② $18=2\times3^2=2\times3\times3$

③ $24=2^3\times3=2\times3\times2^2$

④ $30=2\times3\times5$

⑤ $36=2^2\times3^2=2\times3\times6$

따라서 x의 값이 될 수 있는 것은 ③이다.

16 $60=2^2\times3\times5$이므로 어떤 자연수의 제곱이 되게 하는 $x=3\times5\times(\text{자연수})^2$이다.

따라서 x의 값이 될 수 없는 것은 ②이다.

17 $168=2^3\times3\times7$이므로

$168\div a=\dfrac{168}{a}=\dfrac{2^3\times3\times7}{a}$이 어떤 자연수의 제곱이 되려면 모든 소인수의 지수가 짝수이어야 한다.

따라서 가장 작은 자연수 $a=2\times3\times7=42$이고,

$168\div42=4=2^2$이므로 $b=2$이다.

$\therefore a-b=42-2=40$

18 $882=2\times3^2\times7^2$이므로

$\dfrac{882}{x}=\dfrac{2\times3^2\times7^2}{x}$이 어떤 자연수의 제곱이 되려면 모든 소인수의 지수가 짝수여야 한다.

따라서 x의 값이 될 수 있는 자연수는

2, $2\times3^2=18$, $2\times7^2=98$, $2\times3^2\times7^2=882$이므로

4개이다.

19 $1440=2^5\times3^2\times5$이므로

1440의 약수는

$(2^5$의 약수$)\times(3^2$의 약수$)\times(5$의 약수$)$이다.

④ $2\times3\times5^2$에서 5의 지수가 $2^5\times3^2\times5$에서 5의 지수보다 크므로 $2\times3\times5^2$은 1440의 약수가 아니다.

20 $2^5\times3\times5$를 x로 나누면 나누어떨어지므로

x는 $2^5\times3\times5$의 약수이다.

각 수를 소인수분해하면

① $6=2\times3$ ② $15=3\times5$

③ $20=2^2\times5$ ④ $25=5^2$

⑤ $48=2^4\times3$

④ $25=5^2$에서 5의 지수가 $2^5\times3\times5$에서 5의 지수보다 크므로 25는 $2^5\times3\times5$의 약수가 아니다.

21 $3^2\times5\times7$의 약수는

$(3^2$의 약수$)\times(5$의 약수$)\times(7$의 약수$)$이므로

$3^2\times5\times7$의 약수를 작은 순서대로 나열하면

1, 3, 5, 7, $3^2=9$, …이므로 $a=7$

$3^2\times5\times7$의 약수를 큰 순서대로 나열하면

$3^2\times5\times7$, $3\times5\times7$, $3^2\times7$, $3^2\times5$, …이므로

$b=3^2\times7=63$

$\therefore a+b=7+63=70$

22 $2^2\times3\times5^a$의 약수의 개수는

$(2+1)\times(1+1)\times(a+1)=24$

$6\times(a+1)=6\times4$

$a+1=4$

$\therefore a=3$

23 약수의 개수는

① $2^3 \times 3^2 \Rightarrow (3+1) \times (2+1) = 12$

② $3 \times 7 \times 11 \Rightarrow (1+1) \times (1+1) \times (1+1) = 8$

③ $60 = 2^2 \times 3 \times 5$

$\Rightarrow (2+1) \times (1+1) \times (1+1) = 12$

④ $200 = 2^3 \times 5^2 \Rightarrow (3+1) \times (2+1) = 12$

⑤ $675 = 3^3 \times 5^2 \Rightarrow (3+1) \times (2+1) = 12$

따라서 약수의 개수가 다른 하나는 ②이다.

24 (가) $n = 2^a \times 5^b$의 꼴이다.

(나) $8 = (1+1) \times (3+1)$이므로

소인수의 지수는 각각 1과 3이다.

따라서 n은 $2^3 \times 5 = 40$ 또는 $2 \times 5^3 = 250$이다.

$\therefore 40 + 250 = 290$

고난도 집중 연습

본문 18~19쪽

1 19, 37, 73	**1-1** 4	**2** 7	**2-1** 9
3 4	**3-1** 625	**4** 150	**4-1** 360

1 풀이 전략 십의 자리의 숫자와 일의 자리의 숫자의 합이 10인 자연수 중에서 소수인 것을 찾는다.

각 자리의 숫자의 합이 10인 두 자리 자연수는 19, 28, 37, 46, 55, 64, 73, 82, 91이고, 이 중에서 소수는 19, 37, 73이다.

1-1 풀이 전략 십의 자리의 숫자와 일의 자리의 숫자의 합이 8인 자연수 중에서 합성수인 것을 찾는다.

각 자리의 숫자의 합이 8인 두 자리 자연수는 17, 26, 35, 44, 53, 62, 71이고, 이 중에서 합성수는 26, 35, 44, 62이므로 4개이다.

2 풀이 전략 7의 거듭제곱의 일의 자리의 숫자를 구한 후 규칙을 찾는다.

7의 거듭제곱의 일의 자리의 숫자를 구하면 다음 표와 같이 7, 9, 3, 1의 순서로 반복된다.

	값	일의 자리의 숫자
7^1	7	7
7^2	49	9
7^3	343	3
7^4	2401	1
7^5	16807	7
7^6	117649	9
$\vdots$	$\vdots$	$\vdots$

이때 $2021 = 4 \times 505 + 1$이므로 7^{2021}의 일의 자리의 숫자는 7^1의 일의 자리의 숫자와 같은 7이다.

참고 7^3의 일의 자리의 숫자를 구할 때 7^3의 값을 구하지 않고 7^2의 일의 자리의 숫자인 9에 7을 곱해 구한 값 63의 일의 자리의 숫자로 구해도 된다.

2-1 풀이 전략 3의 거듭제곱의 일의 자리의 숫자를 구한 후 규칙을 찾는다.

3의 거듭제곱의 일의 자리의 숫자를 구하면

$3^1 = 3$, $3^2 = 9$, $3^3 = 27$, $3^4 = 81$, $3^5 = 243$, $3^6 = 729$, $\cdots$

와 같이 3, 9, 7, 1의 순서로 반복된다.

이때 $342 = 4 \times 85 + 2$이므로 3^{342}의 일의 자리의 숫자는 3^2의 일의 자리의 숫자와 같은 9이다.

3 풀이 전략 약수의 개수가 3인 자연수의 꼴을 찾는다.

$3 = 2+1$로만 나타낼 수 있으므로 약수가 3개인 자연수는 (소수)^{2}의 꼴이고, $10^2 = 100$이므로 그 소수는 10보다 작아야 한다.

따라서 구하는 수는 $2^2 = 4$, $3^2 = 9$, $5^2 = 25$, $7^2 = 49$의 4개이다.

3-1 풀이 전략 약수의 개수가 5인 자연수의 꼴을 찾는다.

$5 = 4+1$로만 나타낼 수 있으므로 약수가 5개인 자연수는 (소수)^{4}의 꼴이고, 세 자리 자연수가 되려면 100 이상 1000 미만의 자연수이므로 $5^4 = 625$뿐이다.

4 풀이 전략 주어진 수를 소인수분해한 후 소인수와 약수의 개수를 비교한다.

60을 소인수분해하면 $60 = 2^2 \times 3 \times 5$이므로 구하고자 하는 수는 2, 3, 5를 소인수로 갖는다.

약수의 개수가 같으므로 세 소인수의 지수는 각각 1, 1, 2 중 하나여야 하므로

$2 \times 3^2 \times 5 = 90$, $2 \times 3 \times 5^2 = 150$이다.

따라서 구하는 세 자리 자연수는 150뿐이다.

4-1 [풀이 전략] 주어진 수를 소인수분해한 후 소인수와 약수의 개수를 비교한다.

1350을 소인수분해하면 $1350 = 2 \times 3^3 \times 5^2$이므로 구하고자 하는 수는 2, 3, 5를 소인수로 갖는다.

약수의 개수는

$(1+1) \times (3+1) \times (2+1) = 24$

$= (1+1) \times (1+1) \times (5+1)$

이므로 세 소인수의 지수는 각각 1, 3, 2 또는 1, 1, 5 이다.

가장 작은 수가 되려면 작은 소인수의 지수가 큰 수가 되어야 하므로 $2^3 \times 3^2 \times 5 = 360$ 또는 $2^5 \times 3 \times 5 = 480$ 이다.

따라서 조건을 모두 만족하는 가장 작은 수는 360이다.

서술형 집중 연습

본문 20~21쪽

예제 1 풀이 참조	유제 1 27
예제 2 풀이 참조	유제 2 270
예제 3 풀이 참조	유제 3 4, 12, 36, 108, 324
예제 4 풀이 참조	유제 4 4

예제 1 120을 소인수분해하면

```
2 ) 120
2 )  60
2 )  30
3 )  15
       5
```

$\therefore 120 = 2^{\boxed{3}} \times 3 \times \boxed{5}$ ··· 2단계

따라서 120의 소인수는 2, 3, $\boxed{5}$이므로 모든 소인수의 합은 $2 + \boxed{3} + \boxed{5} = \boxed{10}$이다. ··· 3단계

채점 기준표

단계	채점 기준	비율
1단계	소인수분해를 한 경우	30 %
2단계	거듭제곱의 꼴로 나타낸 경우	40 %
3단계	소인수의 합을 구한 경우	30 %

유제 1

```
2 ) 52          2 ) 70
2 ) 26          5 ) 35
    13              7
```

$\therefore 52 = 2^2 \times 13$ $\therefore 70 = 2 \times 5 \times 7$ ··· 1단계

$\therefore 52 \times 70$

$= (2^2 \times 13) \times (2 \times 5 \times 7)$

$= 2^3 \times 5 \times 7 \times 13$ ··· 2단계

따라서 52×70의 소인수는 2, 5, 7, 13이므로 모든 소인수의 합은 $2 + 5 + 7 + 13 = 27$이다. ··· 3단계

채점 기준표

단계	채점 기준	비율
1단계	52와 70을 각각 소인수분해한 경우	40 %
2단계	52×70을 거듭제곱의 꼴로 나타낸 경우	30 %
3단계	소인수의 합을 구한 경우	30 %

예제 2 곱해야 하는 자연수를 x라고 하자.

980을 소인수분해하면

$980 = 2^{\boxed{2}} \times \boxed{5} \times \boxed{7}^2$이므로 ··· 1단계

$980 \times x$가 어떤 자연수의 제곱이 되려면

$980 \times x = 2^{\boxed{2}} \times \boxed{5} \times \boxed{7}^2 \times x$의 모든 소인수의 지수가 짝수이어야 한다.

$\therefore x = \boxed{5} \times (\text{자연수})^2$ ··· 2단계

따라서 두 번째로 작은 수는

$\boxed{5} \times \boxed{2}^2 = \boxed{20}$이다. ··· 3단계

채점 기준표

단계	채점 기준	비율
1단계	소인수분해를 한 경우	30 %
2단계	x가 될 수 있는 수의 꼴을 나타낸 경우	40 %
3단계	x를 구한 경우	30 %

유제 2 (가) $450 = 2 \times 3^2 \times 5^2$이므로 ··· 1단계

$450 \times n$이 어떤 자연수의 제곱이 되려면

$450 \times n = 2 \times 3^2 \times 5^2 \times n$의 모든 소인수의 지수가 짝수이어야 한다.

$\therefore n = 2 \times (\text{자연수})^2$ ··· 2단계

(나) n이 두 자리 자연수이므로 n이 될 수 있는 수는 $2 \times 3^2 = 18$, $2 \times 4^2 = 32$, $2 \times 5^2 = 50$, $2 \times 6^2 = 72$, $2 \times 7^2 = 98$이므로 ··· 3단계

조건을 만족하는 자연수 n의 합은

$18 + 32 + 50 + 72 + 98 = 270$이다. ··· 4단계

단계	채점 기준	비율
1단계	소인수분해를 한 경우	20 %
2단계	n이 될 수 있는 수의 꼴을 나타낸 경우	30 %
3단계	n을 모두 구한 경우	30 %
4단계	모든 n의 합을 구한 경우	20 %

예제 3 189를 소인수분해하면

$189=3^{\boxed{3}}\times\boxed{7}$이므로 ··· **1단계**

189의 약수는 $3^{\boxed{3}}$의 약수와 $\boxed{7}$의 약수의 곱이다.

이때 $3^{\boxed{3}}$의 약수는 1, 3, 3^2, $\boxed{3^3}$이고, $\boxed{7}$의 약수는

1, $\boxed{7}$이다. ··· **2단계**

×	1	3	3^2	3^3
1	1	3	9	27
7	7	21	63	189

따라서 189의 약수는 위의 표와 같이 1, 3, $\boxed{7}$, 9,

$\boxed{21}$, 27, $\boxed{63}$, 189이다. ··· **3단계**

단계	채점 기준	비율
1단계	소인수분해를 한 경우	20 %
2단계	3^3과 7의 약수를 구한 경우	30 %
3단계	189의 약수를 구한 경우	50 %

유제 3 324를 소인수분해하면

$324=2^2\times3^4$이므로 ··· **1단계**

324의 약수는 2^2의 약수와 3^4의 약수의 곱이다.

이때 2^2의 약수는 1, 2, 2^2이고, 3^4의 약수는 1, 3,

3^2, 3^3, 3^4이다. ··· **2단계**

×	1	2	2^2
1	1	2	4
3	3	6	12
3^2	9	18	36
3^3	27	54	108
3^4	81	162	324

위의 표에서 324의 약수 중 4의 배수인 것은 2^2과

3^4의 약수를 곱한 것이므로 4, 12, 36, 108, 324이

다. ··· **3단계**

단계	채점 기준	비율
1단계	소인수분해를 한 경우	20 %
2단계	2^2과 3^4의 약수를 구한 경우	30 %
3단계	324의 약수 중에서 4의 배수인 것을 구한 경우	50 %

예제 4 $4^2\times3^a\times5^2=4\times\boxed{4}\times3^a\times5^2$

$\qquad\qquad=2^{\boxed{4}}\times3^a\times5^2$이고 ··· **1단계**

약수의 개수는

$(\boxed{4}+1)\times(a+\boxed{1})\times(2+1)=\boxed{45}$ ··· **2단계**

$a+\boxed{1}=\boxed{3}$

따라서 $a=\boxed{2}$이다. ··· **3단계**

단계	채점 기준	비율
1단계	소인수분해를 한 경우	30 %
2단계	약수의 개수를 구한 경우	40 %
3단계	a의 값을 구한 경우	30 %

유제 4 $9^2\times a=9\times9\times a=3^4\times a$이고 ··· **1단계**

약수의 개수가 15가 되는 경우는

$15=14+1=(4+1)\times(2+1)$이다.

 i) $14+1=15$인 경우 3^{14}이 되어야 하므로 $a=3^{10}$

 ii) $(4+1)\times(2+1)=15$인 경우 a는 소인수의 지

　 수가 2이고 가장 작은 자연수가 되려면 소인수

　 가 가장 작아야 하므로 $a=2^2=4$

따라서 a의 값 중 가장 작은 자연수는 4이다.

  ··· **2단계**

단계	채점 기준	비율
1단계	소인수분해를 한 경우	30 %
2단계	a의 값 중 가장 작은 자연수를 구한 경우	70 %

중단원 실전 테스트 ①회 본문 22~24쪽

01 ④	**02** ③	**03** ③		
04 $30=7+23=11+19=13+17$				
05 ⑤	**06** ④	**07** ③	**08** ①	**09** ⑤
10 ③	**11** ②, ④	**12** ⑤	**13** 12	**14** 14
15 16	**16** 38			

01 20 이하의 자연수 중에서 소수인 것은 2, 3, 5, 7, 11,

13, 17, 19이므로 8개이다.

02 ① 1은 소수도 합성수도 아니다.

② 2는 소수이다.

④ 7, 17은 소수이다.

⑤ 11은 소수이다.

따라서 합성수로만 짝지어진 것은 ③이다.

03 ① 소수 중에서 2는 짝수이다.

② 1은 소수도 합성수도 아니다.

③ 7의 배수 중에서 소수는 7뿐이다.

④ 소수는 약수가 2개인 자연수이다.

⑤ 소수가 아닌 자연수는 1 또는 합성수이다.

따라서 옳은 것은 ③이다.

04 30을 두 짝수의 합으로 나타냈을 때, 2가 아닌 짝수는 소수가 아니므로 30을 두 소수의 합으로 나타낼 수 없다.

30을 두 홀수의 합으로 나타냈을 때, 두 홀수가 소수가 되는 경우는 다음과 같다.

$30=7+23=11+19=13+17$

05 ⑤ $2^3=2\times2\times2=8$

06 $1\,\mathrm{Tm}=1{,}000{,}000{,}000{,}000\,\mathrm{m}=10^{12}\,\mathrm{m}$이고,

$1\,\mathrm{Pm}$는 $1000\,\mathrm{Tm}$이므로

$1\,\mathrm{Pm}=1000\,\mathrm{Tm}=10^{15}\,\mathrm{m}$이다.

$\therefore a+b=12+15=27$

07 ① $6=2\times3$ ➡ 소인수: 2개

② $15=3\times5$ ➡ 소인수: 2개

③ $27=3^3$ ➡ 소인수: 1개

④ $30=2\times3\times5$ ➡ 소인수: 3개

⑤ $48=2^4\times3$ ➡ 소인수: 2개

따라서 소인수가 한 개인 것은 ③이다.

08 $2\times2\times5\times3\times2\times3\times2\times5$

$=2\times2\times2\times2\times3\times3\times5\times5$

$=2^4\times3^2\times5^2$이므로

$a=4$, $b=3$, $c=2$이다.

$\therefore a+b-c=4+3-2=5$

09 $1\times2\times3\times\cdots\times19\times20$

$=1\times2\times3\times2^2\times5\times(2\times3)$

$\quad\times7\times2^3\times3^2\times(2\times5)\times11\times(2^2\times3)$

$\quad\times13\times(2\times7)\times(3\times5)\times2^4\times17$

$\quad\times(2\times3^2)\times19\times(2^2\times5)$

$=1\times2^{18}\times3^8\times5^4\times7^2\times11\times13\times17\times19$

이므로 주어진 수를 3^n으로 나누었을 때 나누어떨어지

려면 n의 값은 3의 지수인 8보다 작거나 같아야 한다.

따라서 n의 값 중에서 가장 큰 것은 8이다.

참고 1에서 20까지의 자연수 중에서 3의 배수는 3, $6=2\times3$, $9=3^2$, $12=2^2\times3$, $15=3\times5$, $18=2\times3^2$ 이므로 주어진 수는 3이 8번 곱해져 있다.

10 ① $24=2^{\boxed{3}}\times3$ ② $60=2^{\boxed{2}}\times3\times5$

③ $176=2^{\boxed{4}}\times11$ ④ $252=2^{\boxed{2}}\times3^2\times7$

⑤ $392=2^{\boxed{3}}\times7^2$

따라서 □ 안에 들어갈 수가 가장 큰 것은 ③이다.

11 $2^3\times3^2\times7$의 약수는

$(2^3$의 약수$)\times(3^2$의 약수$)\times(7$의 약수$)$이므로

$(1, 2, 2^2, 2^3$ 중 하나$)\times(1, 3, 3^2$ 중 하나$)\times(1, 7$ 중 하나$)$로 나타낼 수 있다.

① $10=2\times5$, 5는 주어진 수의 소인수가 아니다.

② $24=2^3\times3$

③ $48=2^4\times3$, 2의 지수가 주어진 수의 2의 지수보다 크다.

④ $63=3^2\times7$

⑤ $98=2\times7^2$, 7의 지수가 주어진 수의 7의 지수보다 크다.

따라서 주어진 수의 약수인 것은 ②, ④이다.

12 $336=2^4\times3\times7$을 어떤 자연수 x로 나누어 자연수 y의 제곱이 되려면

$336\div x=\dfrac{2^4\times3\times7}{x}$의 모든 소인수의 지수가 짝수이어야 한다.

따라서 $x=3\times7=21$일 때, $y^2=2^4=16=4^2$이다.

13 525를 소인수분해하면

$525=3\times5^2\times7$이고   · · · 1단계

약수의 개수는

$(1+1)\times(2+1)\times(1+1)=12$이다.   · · · 2단계

채점 기준표

단계	채점 기준	비율
1단계	소인수분해를 한 경우	50 %
2단계	약수의 개수를 구한 경우	50 %

14 $2^6=64$,

$\dfrac{3}{7}\times\dfrac{3}{7}\times\dfrac{3}{7}\times\dfrac{3}{7}=\dfrac{3\times3\times3\times3}{7\times7\times7\times7}=\dfrac{3^4}{7^4}$ · · · 1단계

$\therefore a+b+c=6+4+4=14$ · · · 2단계

15 $\dfrac{270}{n}$이 자연수가 되려면 n은 270의 약수이어야 하므로 n의 개수는 270의 약수의 개수와 같다.

$270=2\times3^3\times5$이므로 ··· 1단계

270의 약수의 개수는

$(1+1)\times(3+1)\times(1+1)=16$ ··· 2단계

16 (가) 두 자연수를 곱한 수의 약수가 2개뿐이므로 두 자연수를 곱한 수는 소수이다.

따라서 두 자연수는 1과 소수인 n이 된다.

··· 1단계

(나) $n-1=36$이므로 $n=37$이다. ··· 2단계

따라서 두 자연수의 합은 $37+1=38$이다. ··· 3단계

중단원 실전 테스트 2회

본문 25~27쪽

01 ⑤	02 ②	03 ②	04 ⑤	05 ⑤
06 ⑤	07 ①, ③	08 ③	09 ⑤	
10 ③	11 ①	12 ③	13 4	14 9
15 7	16 12			

01 ① 3의 배수는 3, 6, 9, …이고 3은 소수이다.

② 12의 약수는 1, 2, 3, 4, 6, 12이고 2, 3은 소수이다.

③ 3은 홀수인 소수이다.

④ 2는 짝수인 소수이다.

약수가 3개 이상인 수는 합성수이므로 그 수가 모두 합성수인 것은 ⑤이다.

02 소수 중에서 짝수인 수는 2뿐이므로 $a=2$

소수 중에서 가장 작은 두 자리 수는 11이므로 $b=11$

$\therefore b-a=11-2=9$

03 ① 1은 소수도 합성수도 아니다.

③ $2+3=5$

④ $2\times3=6$

⑤ 자연수는 1과 소수, 합성수로 나누어진다.

따라서 옳은 것은 ②이다.

04 ① $3^4=81$

② $7^3=7\times7\times7$

③ $5\times5\times5\times5=5^4$

④ $\dfrac{3}{5}\times\dfrac{3}{5}\times\dfrac{3}{5}\times\dfrac{3}{5}=\dfrac{3^4}{5^4}$

⑤ $2\times3\times2\times2\times3=2\times2\times2\times3\times3=2^3\times3^2$

따라서 옳은 것은 ⑤이다.

05 $\dfrac{1}{16}=\dfrac{1}{2^4}$이므로 $a=4$

$3^4=3\times3\times3\times3=81$이므로 $b=81$

$\therefore a+b=4+81=85$

06 2, 3, 5의 지수를 a, b, c라고 하면

구하고자 하는 자연수는 $2^a\times3^b\times5^c$이다.

이때 두 자리 자연수가 되는 경우는

$2\times3\times5=30$, $2^2\times3\times5=60$, $2\times3^2\times5=90$뿐이다.

$\therefore 30+60+90=180$

07 ①

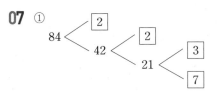

이고 2, 3, 7은 소수이다.

② $2+2+3+7=14$

④ 84는 1×84, 2×42, 3×28, 4×21, 6×14, 7×12와 같이 나타낼 수 있으므로 84의 인수는 12개이다.

⑤ 84를 소인수분해하면 $2^2\times3\times7$이다.

따라서 옳은 것은 ①, ③이다.

08 $45=3^2\times5$, $56=2^3\times7$이므로

$3^2\times5\times a=2^3\times7\times b$가 어떤 자연수 c의 제곱이 되려

면 모든 소인수의 지수가 짝수이어야 하고,
c가 가장 작은 수가 되려면
$c^2=2^4 \times 3^2 \times 5^2 \times 7^2=420^2$이므로
$c=420$이다.

09 $96=2^5 \times 3$이므로 96의 약수는
$(2^5$의 약수$)\times(3$의 약수$)$이다.
⑤ 2×3^2에서 3의 지수가 96에서 3의 지수보다 크므로
2×3^2은 96의 약수가 아니다.

10 세은: $2^2 \times 5$의 약수의 개수는
$(2+1)\times(1+1)=6$이다.
중헌: $50=2 \times 5^2$이므로 50의 약수의 개수는
$(1+1)\times(2+1)=6$이다.
지은: $2^2 \times 3^2$의 약수의 개수는
$(2+1)\times(2+1)=9$이다.
따라서 옳게 말한 학생은 ③ 지은이다.

11 $8 \times \square=2^3 \times \square$의 약수의 개수는 12이므로
$\square=2^8$ 또는 $(2$가 아닌 소수$)^2$ 꼴이다.
① $8 \times \boxed{2^2}=2^3 \times 2^2=2^5$이므로 약수의 개수는
$5+1=6$이다.

12 $2^3 \times 3 \times 5^2$의 약수는
$(2^3$의 약수$)\times(3$의 약수$)\times(5^2$의 약수$)$이므로
$(1, 2, 2^2, 2^3$ 중 하나$)\times(1, 3$ 중 하나$)\times(1, 5, 5^2$ 중 하나$)$로 나타낼 수 있다.
그런데 홀수가 되는 경우는
$1 \times (1, 3$ 중 하나$)\times(1, 5, 5^2$ 중 하나$)$이므로
홀수인 약수의 개수는 $1 \times 2 \times 3=6$이다.

13 30보다 작은 자연수 중에서 가장 큰 소수는 29이고 가장 작은 합성수는 4이므로
$a+b=29+4=33$ $\cdots$ 1단계
$33=3 \times 11$이므로 $\cdots$ 2단계
약수는 $(1+1)\times(1+1)=4$(개)이다. $\cdots$ 3단계

채점 기준표

단계	채점 기준	비율
1단계	$a+b$의 값을 구한 경우	60 %
2단계	소인수분해를 한 경우	20 %
3단계	약수의 개수를 구한 경우	20 %

14 2의 거듭제곱의 일의 자리의 숫자를 구하면
$2^1=2$, $2^2=4$, $2^3=8$, $2^4=16$, $2^5=32$, $2^6=64$, $\cdots$와

같이 2, 4, 8, 6의 순서로 반복되고, $102=4 \times 25+2$이므로 2^{102}의 일의 자리의 숫자는 2^2의 일의 자리의 숫자와 같으므로 4이다. $\cdots$ 1단계
같은 방법으로 5의 거듭제곱의 일의 자리의 숫자를 구하면 $5^1=5$, $5^2=25$, $5^3=125$, $\cdots$와 같이 모두 5이므로 5^{103}의 일의 자리의 숫자는 5이다. $\cdots$ 2단계
따라서 $2^{102}+5^{103}$의 일의 자리의 숫자는
$4+5=9$이다. $\cdots$ 3단계

채점 기준표

단계	채점 기준	비율
1단계	2^{102}의 일의 자리의 숫자를 구한 경우	40 %
2단계	5^{103}의 일의 자리의 숫자를 구한 경우	30 %
3단계	$2^{102}+5^{103}$의 일의 자리의 숫자를 구한 경우	30 %

15 $756=2^2 \times 3^3 \times 7$이므로 약수의 개수는
$(2+1)\times(3+1)\times(1+1)=24$이다. $\cdots$ 1단계
$2^a \times 3^2$의 약수의 개수는
$(a+1)\times(2+1)=24$ $\cdots$ 2단계
$a+1=8$
$\therefore a=7$ $\cdots$ 3단계

채점 기준표

단계	채점 기준	비율
1단계	756의 약수의 개수를 구한 경우	30 %
2단계	$2^a \times 3^2$의 약수의 개수를 구하는 식을 세운 경우	40 %
3단계	a의 값을 구한 경우	30 %

16 약수의 개수는
$6=5+1=(1+1)\times(2+1)$ $\cdots$ 1단계
① $6=5+1$인 경우
소인수가 1개이고 그 지수가 5이므로 가장 작은 수는 $2^5=32$
② $6=(1+1)\times(2+1)$인 경우
소인수가 2개이고 그 지수가 각각 1, 2이므로 가장 작은 수는 $2^2 \times 3=12$ $\cdots$ 2단계
따라서 약수가 6개인 자연수 중에서 가장 작은 수는 12이다. $\cdots$ 3단계

채점 기준표

단계	채점 기준	비율
1단계	약수의 개수가 6일때 소인수의 개수와 그 지수가 될 수 있는 경우를 구한 경우	40 %
2단계	각 경우를 만족하는 가장 작은 수를 구한 경우	40 %
3단계	가장 작은 수를 구한 경우	20 %

② 최대공약수와 최소공배수

본문 30~31쪽

개념 체크

01 (1) 1, 2, 4 (2) 1, 2, 3, 4, 6, 12
02 (1) 1, ○ (2) 7, × **03** (1) $2^2 \times 5$ (2) 2^2
04 (1) 8 (2) 6
05 (1) 12, 24, 36 (2) 30, 60, 90
06 (1) $2^3 \times 3^2 \times 7$ (2) $2^2 \times 3^2 \times 5^2 \times 7$
07 (1) 112 (2) 360 **08** 24
09 12명 **10** 오전 8시 24분

대표 유형

본문 32~35쪽

01 8	**02** ①, ③	**03** ②	**04** ⑤	**05** 6
06 ①, ③	**07** ②	**08** ⑤	**09** ③	**10** ⑤
11 304	**12** ④	**13** ③	**14** ②	
15 ②, ⑤	**16** 84	**17** 13	**18** ②	**19** ④
20 ③	**21** ①	**22** 4바퀴	**23** ③	**24** 59

01 두 자연수의 공약수의 개수는 두 수의 최대공약수인 30의 약수의 개수와 같다.
$30 = 2 \times 3 \times 5$이므로
약수의 개수는 $(1+1) \times (1+1) \times (1+1) = 8$이다.

02 A와 B의 공약수는 A와 B의 최대공약수인 24의 약수이므로 1, 2, 3, 4, 6, 8, 12, 24이다.
따라서 A와 B의 공약수인 것은 ①, ③이다.

03 두 자연수의 공약수는 두 수의 최대공약수의 약수와 같다.
$2 \times 3^2 \times 5$의 약수를 큰 것부터 차례로 세 번째까지 구하면 $2 \times 3^2 \times 5 = 90$, $3^2 \times 5 = 45$, $2 \times 3 \times 5 = 30$이다.

04 두 자연수의 최대공약수를 구하면 다음과 같다.
① 3   ② 7   ③ 19
④ 13   ⑤ 1
최대공약수가 1인 두 자연수는 서로소이므로
⑤ 28, 45가 서로소이다.

05 (가) $12 = 2^2 \times 3$이므로 12와 서로소인 수는 2의 배수도 아니고 3의 배수도 아니다.
(가)와 (나)를 만족하는 자연수는 23, 25, 29, 31, 35, 37의 6개이다.

06 ② 2와 9는 서로소이지만 9는 소수가 아니다.
④ 홀수인 3과 9는 서로소가 아니다.
⑤ 10 이하의 자연수 중에서 10과 서로소인 자연수는 1, 3, 7, 9이다.
따라서 옳은 것은 ①, ③이다.

07 공통인 소인수 중에서 지수가 같으면 그대로, 지수가 다르면 지수가 작은 것을 곱하여 최대공약수를 구한다.

$$2^3 \times 3^2 \times 5$$
$$2^3 \times 3 \quad \times 7^2$$
$$\text{(최대공약수)} = 2^3 \times 3$$

08
$$2^2 \times 3^3$$
$$2^3 \times 3^2 \times 5^2$$
$$\text{(최대공약수)} = 2^2 \times 3^2$$

두 자연수의 공약수는 두 수의 최대공약수의 약수와 같으므로 1, 2, 3, 2^2, 2×3, 3^2, $2^2 \times 3$, 2×3^2, $2^2 \times 3^2$이다.
⑤ $2^2 \times 3^3$에서 3의 지수는 최대공약수의 3의 지수보다 크므로 공약수가 아니다.

09 $N = 14 \times n$이고 n은 6과 서로소이다.
그런데 N은 100 이하의 자연수이므로
$n = 1, 5, 7$
따라서 N의 값은 14, 70, 98의 3개이다.

$$14) \begin{array}{cc} N & 84 \\ n & 6 \end{array}$$
최대공약수 / 서로소

10 두 자연수의 공배수는 두 수의 최소공배수인 24의 배수이고, 이 중에서 200 이하인 수는 24, 48, 72, 96, 120, 144, 168, 192의 8개이다.

11 두 자연수의 공배수는 두 수의 최소공배수인 38의 배수이고, $38 \times 7 = 266$, $38 \times 8 = 304$이므로 300에 가장 가까운 수는 304이다.

12 ㄱ. 2×5, ㄴ. $2 \times 3 \times 5$, ㅂ. $2 \times 5^2 \times 7$은 세 자연수의 최소공배수인 $2^2 \times 5$의 배수가 아니므로 세 자연수의

공배수가 아니다.

13 공통인 소인수 중에서 지수가 같으면 그대로, 지수가 다르면 지수가 큰 것을 곱하고 공통이 아닌 소인수도 곱하여 최소공배수를 구한다.

$$
\begin{array}{r}
2^3 \times 3 \times 5 \\
3^2 \times 5 \times 7^2 \\
2 \qquad\quad \times 5^3 \times 7 \\
\hline
(최소공배수) = 2^3 \times 3^2 \times 5^3 \times 7^2
\end{array}
$$

14

$$
\begin{array}{r}
2^3 \times 3^2 \times 5 \\
3^3 \times 5^2 \\
\hline
(최소공배수) = 2^3 \times 3^3 \times 5^2
\end{array}
$$

두 자연수의 공배수는 두 수의 최소공배수의 배수와 같다. 그런데 ② $2^4 \times 3^2 \times 5^2$에서 3의 지수는 최소공배수인 $2^3 \times 3^3 \times 5^2$의 3의 지수보다 작으므로 두 수의 공배수가 아니다.

15 N은 반드시 3^2을 인수로 가지고 최소공배수인 $2^3 \times 3^2 \times 5^2$의 약수이어야 한다.
② $2^3 \times 3 \times 5$는 3^2을 인수로 갖지 않는다.
⑤ $2^3 \times 3^3 \times 5$는 $2^3 \times 3^2 \times 5^2$의 약수가 아니다.
따라서 N의 값이 될 수 없는 것은 ②, ⑤이다.

16 N과 $2^3 \times 3^2 \times 5$의 최대공약수가 $2^2 \times 3$이므로
$N = 2^2 \times 3 \times n$이고
n은 2, 3, 5와 각각 서로소이다.

$$
2^2 \times 3 \overline{)\,N \quad\; 2^3 \times 3^2 \times 5\,}
$$
$$
\qquad\qquad\quad n \quad\; 2 \times 3 \times 5
$$

최대공약수   서로소

$$
\begin{array}{r}
N = 2^2 \times 3 \times \qquad n \\
2^3 \times 3^2 \times 5 \\
\hline
(최소공배수) = 2^3 \times 3^2 \times 5 \times 7
\end{array}
$$

$N = 2^2 \times 3 \times n$과 $2^3 \times 3^2 \times 5$의 최소공배수가
$2^3 \times 3^2 \times 5 \times 7$이므로 $n = 7$이다.
$\therefore N = 2^2 \times 3 \times 7 = 84$

17 두 수 $2^a \times 3^2 \times 5^3$, $2^3 \times 3^b \times c$의 최대공약수가 $2^2 \times 3^2$이므로 c는 2, 3, 5와 각각 서로소인 소수이다.

$$
\begin{array}{r}
2^a \times 3^2 \times 5^3 \\
2^3 \times 3^b \qquad\quad \times c \\
\hline
(최대공약수) = 2^2 \times 3^2
\end{array}
$$

소인수 2의 지수를 비교하면 $a = 2$
두 수 $2^a \times 3^2 \times 5^3$, $2^3 \times 3^b \times c$의 최소공배수가
$2^3 \times 3^4 \times 5^3 \times 7$이므로 $c = 7$

$$
\begin{array}{r}
2^2 \times 3^2 \times 5^3 \\
2^3 \times 3^b \qquad\quad \times 7 \\
\hline
(최소공배수) = 2^3 \times 3^4 \times 5^3 \times 7
\end{array}
$$

소인수 3의 지수를 비교하면 $b = 4$
$\therefore a + b + c = 2 + 4 + 7 = 13$

18 A, B의 최대공약수를 G라고 하면
$A = a \times G$, $B = b \times G$ (a, b는 서로소)이고
최소공배수 $L = a \times b \times G$이다.
$\therefore A \times B = L \times G$
$2^4 \times 3^2 \times 5 \times 7 = 2^2 \times 3 \times L$
$\therefore L = 2^2 \times 3 \times 5 \times 7$

19 가장 큰 정사각형 모양의 타일의 한 변의 길이는 360과 168의 최대공약수이므로 $2^3 \times 3 = 24 (cm)$이다.

$$
\begin{array}{r}
360 = 2^3 \times 3^2 \times 5 \\
168 = 2^3 \times 3 \qquad\quad \times 7 \\
\hline
(최대공약수) = 2^3 \times 3
\end{array}
$$

필요한 타일은
가로: $360 \div 24 = 15 (개)$
세로: $168 \div 24 = 7 (개)$
$\therefore 15 \times 7 = 105 (개)$

20 가능한 한 많은 학생들에게 똑같이 나누어주려면 학생수는 72, 54, 90의 최대공약수인 $2 \times 3^2 = 18 (명)$이다.

$$
\begin{array}{r}
72 = 2^3 \times 3^2 \\
54 = 2 \times 3^3 \\
90 = 2 \times 3^2 \times 5 \\
\hline
(최대공약수) = 2 \times 3^2
\end{array}
$$

한 학생이 받는 과일은
사과: $72 \div 18 = 4 (개)$
배: $54 \div 18 = 3 (개)$
귤: $90 \div 18 = 5 (개)$
$\therefore 4 + 3 + 5 = 12 (개)$

21 가능한 한 적은 수의 말뚝을 박으려면 말뚝 사이의 간격은 84, 96, 120의 최대공약수인 $2^2 \times 3 = 12 (m)$이다.

$$
\begin{array}{r}
84 = 2^2 \times 3 \qquad\quad \times 7 \\
96 = 2^5 \times 3 \\
120 = 2^3 \times 3 \times 5 \\
\hline
(최대공약수) = 2^2 \times 3
\end{array}
$$

필요한 말뚝은
$84 \div 12 = 7 (개)$, $96 \div 12 = 8 (개)$, $120 \div 12 = 10 (개)$
$\therefore 7 + 8 + 10 = 25 (개)$

22 두 톱니바퀴가 다시 처음의 위치로 돌아올 때까지 움직인 톱니의 수는 18과 24의 최소공배수인 $2^3 \times 3^2 = 72$이다.

$$18 = 2 \times 3^2$$
$$24 = 2^3 \times 3$$
$$\overline{(최소공배수) = 2^3 \times 3^2}$$

∴ 톱니바퀴 A: $72 \div 18 = 4$(바퀴)

23 지나와 정우가 처음으로 다시 만나는 것은 9와 15의 최소공배수 45일 후이다.

$$9 = 3^2$$
$$15 = 3 \times 5$$
$$\overline{(최소공배수) = 3^2 \times 5}$$

일주일 후 요일이 같아지고 $45 = 7 \times 6 + 3$이므로 일요일에 만난 후 처음으로 다시 만나는 요일은 일요일의 3일 후인 수요일이다.

24 4, 5, 6으로 나누었을 때 모두 1이 부족하므로 가장 작은 자연수는 4, 5, 6의 최소공배수인 60에서 1을 뺀 59이다.

기출 예상 문제
본문 36~39쪽

01 ②	02 ⑤	03 90	04 ④	05 ⑤
06 72	07 ②	08 ②	09 ③, ④	10 ①
11 ①	12 4	13 $2^3 \times 3^2 \times 5^2$ 또는 1800	14 ③	15 ③
16 ④	17 27	18 ②	19 195장	20 ④
21 ③	22 ③	23 ⑤	24 84	

01 A, B의 공약수는 두 수의 최대공약수인 36의 약수이므로 1, 2, 3, 4, 6, 9, 12, 18, 36이다.
따라서 A와 B의 공약수가 아닌 것은 ②이다.

02 $60 = 2^2 \times 3 \times 5$이고 A, B의 공약수는 두 수의 최대공약수의 약수이므로 두 수의 공약수의 개수는 최대공약수인 60의 약수의 개수와 같다.
∴ $(2+1) \times (1+1) \times (1+1) = 12$

03 두 자연수의 공약수는 두 수의 최대공약수인 $2^3 \times 5 = 40$의 약수이므로
1, 2, 4, 5, 8, 10, 20, 40
∴ $1 + 2 + 4 + 5 + 8 + 10 + 20 + 40 = 90$

04 $30 = 2 \times 3 \times 5$이므로 ④ 7과 서로소이다.

05 두 수의 최대공약수를 각각 구하면
① 1   ② 1   ③ 1
④ 1   ⑤ 13
이므로 ⑤ 39, 65는 서로소가 아니다.

06 (나) $25 = 5^2$이고, 최대공약수가 1인 두 자연수는 서로소이므로 N은 5의 배수가 아니다.
(가) 두 자리 자연수는 10 이상 99 이하이므로 $99 - 10 + 1 = 90$(개)이고, 10 이상 99 이하인 자연수 중에서 5의 배수는 5×2, 5×3, ⋯, 5×19의 18개이므로 자연수 N은
$90 - 18 = 72$(개)이다.

07 최대공약수를 구하면
① $2^2 = 4$
② $3 \times 5^2 = 75$
③ $2 \times 3 = 6$
④ $2^2 \times 3^2 = 36$
⑤ $5 \times 7 = 35$
이므로 가장 큰 것은 ② $3 \times 5^2 = 75$이다.

08 공통인 소인수 중에서 지수가 같으면 그대로, 지수가 다르면 지수가 작은 것을 곱하여 최대공약수를 구한다.

$$2^4 \times 3^2 \times 5^2$$
$$2^2 \times 3^3 \times 5$$
$$2^3 \times 3^4 \times 5$$
$$\overline{(최대공약수) = 2^2 \times 3^2 \times 5}$$

09 ① A, B의 최대공약수는 $2^2 \times 3^2 = 36$이다.
② $B = 2^2 \times 3^3 \times 5^2$은 2^3을 인수로 갖지 않으므로 8의 배수가 아니다.
③ A와 B의 공약수는 모두 최대공약수인 36의 약수이다.
④ A, B의 공약수의 개수는 최대공약수인 $2^2 \times 3^2$의 약수의 개수와 같으므로 $(2+1) \times (2+1) = 9$이다.
⑤ A, B의 최대공약수가 1이 아니므로 서로소가 아니다.

10 두 자연수 A, B의 공배수는 두 수의 최소공배수인 18의 배수이므로 18, 36, 54, 72의 4개이다.

11 두 자연수 A, B의 공배수는 두 수의 최소공배수의 배수이므로 $3^2 \times 5 \times$ (자연수)의 꼴이다.

② $3^2 \times 5 \times 2$

③ $3^2 \times 5 \times 5$

④ $3^2 \times 5 \times 7$

⑤ $3^2 \times 5 \times 2^2 \times 5$

① 3×5^2의 3의 지수가 최소공배수인 $3^2 \times 5$의 3의 지수보다 작으므로 두 수의 공배수가 아니다.

12 두 자연수의 공배수는 두 수의 최소공배수인 24의 배수이고, 이 중 두 자리 자연수는 24, 48, 72, 96의 4개이다.

13
$$72 = 2^3 \times 3^2$$
$$2^2 \times 3 \times 5$$
$$2 \times 3 \times 5^2$$
$$\overline{\text{(최소공배수)} = 2^3 \times 3^2 \times 5^2 = 1800}$$

14
$$2^4 \times 3^a$$
$$2^b \times 3^2 \times 5^2$$
$$\overline{\text{(최소공배수)} = 2^5 \times 3^3 \times 5^c}$$

소인수가 2인 경우 지수 4와 b 중 큰 수를 택했을 때 5이므로 $b=5$

소인수가 3인 경우 지수 a와 2 중 큰 수를 택했을 때 3이므로 $a=3$

소인수가 5인 경우 $c=2$

$\therefore a+b+c = 3+5+2 = 10$

15 24와 28의 공배수는 최소공배수인
$$24 = 2^3 \times 3$$
$$28 = 2^2 \times 7$$
$$\overline{\text{(최소공배수)} = 2^3 \times 3 \times 7}$$

$2^3 \times 3 \times 7 = 168$의 배수이다.

따라서 24와 28의 공배수 중 1000 이하인 수는 168, 336, 504, 672, 840의 5개이다.

16
$$2^4 \times 3^2 \times 7$$
$$2^3 \times 3^3$$
$$\overline{\text{(최대공약수)} = 2^3 \times 3^2}$$

$$2^4 \times 3^2 \times 7$$
$$2^3 \times 3^3$$
$$\overline{\text{(최소공배수)} = 2^4 \times 3^3 \times 7}$$

17 최대공약수가 9이므로 $N = 9 \times n$이고 n은 2와 서로소인 자연수이다.

$$\begin{array}{r} 9\,)\,\underline{N \quad 18} \\ n \quad 2 \end{array}$$

최소공배수가 54이므로

$9 \times n \times 2 = 54$, $18 \times n = 18 \times 3$이므로 $n=3$

$\therefore N = 9 \times 3 = 27$

18 (두 수의 곱) = (최대공약수) × (최소공배수)이므로

$960 = 8 \times$ (최소공배수)

$\therefore$ (최소공배수) $= 120$

19 가장 큰 정사각형의 한 변의 길이는 120과 104의 최대공약수이므로 $2^3 = 8$(cm)이다.
$$120 = 2^3 \times 3 \times 5$$
$$104 = 2^3 \times 13$$
$$\overline{\text{(최대공약수)} = 2^3}$$

한 변의 길이가 8 cm인 정사각형 모양의 메모지로 직사각형 모양의 게시판을 채우려면 필요한 메모지는

가로는 $120 \div 8 = 15$(장),

세로는 $104 \div 8 = 13$(장)이므로

모두 $15 \times 13 = 195$(장)이다.

20 가능한 한 많은 학생들에게 똑같이 나누어 주려면 학생 수는 54, 36, 60의 최대공약수인
$$54 = 2 \times 3^3$$
$$36 = 2^2 \times 3^2$$
$$60 = 2^2 \times 3 \times 5$$
$$\overline{\text{(최대공약수)} = 2 \times 3}$$

$2 \times 3 = 6$(명)이다.

이때 한 학생이 가지는 노란색 색종이는

$60 \div 6 = 10$(장)이다.

21 어떤 자연수로 38을 나누면 2가 남으므로

$38 - 2 = 36$을 나누면 나누어떨어진다.

또, 이 자연수로 65를 나누면 1이 부족하므로

$65 + 1 = 66$을 나누면 나누어떨어진다.

따라서 구하는 가장 큰 수는 36과 66의 최대공약수인 6이다.
$$36 = 2^2 \times 3^2$$
$$66 = 2 \times 3 \times 11$$
$$\overline{\text{(최대공약수)} = 2 \times 3}$$

22 가능하면 적은 수의 깔개를 사용하여 높이가 같게 하려면 깔개의 높이는 12와 18의 최소공배수인
$$12 = 2^2 \times 3$$
$$18 = 2 \times 3^2$$
$$\overline{\text{(최소공배수)} = 2^2 \times 3^2}$$

$2^2 \times 3^2 = 36$(mm)이다.

깔개 A는 $36 \div 12 = 3$(개),

깔개 B는 36÷18=2(개)이므로
필요한 깔개 A, B의 개수의 합은 3+2=5이다.

23 세 열차가 처음으로 다
시 동시에 출발할 때까
지 걸리는 시간은 45,
60, 80의 최소공배수이
므로 $2^4 \times 3^2 \times 5 = 720$(분)이다.
따라서 구하는 시각은 오전 6시에서 720분(=12시간)
후인 오후 6시이다.

$$
\begin{array}{r}
45 = \quad\ 3^2 \times 5 \\
60 = 2^2 \times 3 \times 5 \\
80 = 2^4 \quad\ \times 5 \\
\hline
(최소공배수) = 2^4 \times 3^2 \times 5
\end{array}
$$

24 $\dfrac{1}{12}$과 $\dfrac{1}{21}$의 어느 것에
곱하여도 그 결과가 자
연수가 되는 자연수는
12와 21의 공배수이다.
이때 12와 21의 최소공배수는
$2^2 \times 3 \times 7 = 84$이므로 구하는 수는 84이다.

$$
\begin{array}{r}
12 = 2^2 \times 3 \\
21 = \quad\ 3 \times 7 \\
\hline
(최소공배수) = 2^2 \times 3 \times 7
\end{array}
$$

고난도 집중 연습

본문 40~41쪽

1 $2^3 \times 3^2 \times 5 \times 7$ 또는 2520
1-1 $2^4 \times 3^2 \times 5 \times 7$ 또는 5040
2 6   **2-1** 4800   **3** 4   **3-1** 6
4 14   **4-1** 12

1 풀이 전략 각 숫자를 소인수분해한 후 소인수의 지수를 비
교한다.

1, 2, 3, $4 = 2^2$, 5, $6 = 2 \times 3$, 7, $8 = 2^3$, $9 = 3^2$,
$10 = 2 \times 5$이므로 최소공배수는 각 소인수 2, 3, 5, 7
의 지수 중에서 가장 큰 수를 택하면 된다.
따라서 최소공배수는 $2^3 \times 3^2 \times 5 \times 7 = 2520$이다.

1-1 풀이 전략 각 숫자를 소인수분해한 후 소인수의 지수를 비
교한다.

1, 2, 3, $4 = 2^2$, 5, $6 = 2 \times 3$, 7, $8 = 2^3$, $9 = 3^2$,
$10 = 2 \times 5$이고 짝수는 각 수에 2를 곱한 값이 되므로
$1 \times 2 = 2$, $2 \times 2 = 2^2$, 3×2, $4 \times 2 = 2^3$, 5×2,
$6 \times 2 = 2^2 \times 3$, 7×2, $8 \times 2 = 2^4$, $9 \times 2 = 3^2 \times 2$,
$10 \times 2 = 2^2 \times 5$

최소공배수는 각 소인수 2, 3, 5, 7의 지수 중에서 가
장 큰 수를 택하면 된다.
따라서 최소공배수는 $2^4 \times 3^2 \times 5 \times 7 = 5040$이다.

2 풀이 전략 최대공약수와 최소공배수의 관계를 이용하여 자
연수 N의 조건을 구한다.

$$
\begin{array}{r}
12\ )\ \underline{48 \quad 84 \quad N} \\
4 \quad\ 7 \quad\ n
\end{array}
$$

$1008 = 2^4 \times 3^2 \times 7 = 12 \times 2^2 \times 3 \times 7$
$\qquad = 12 \times 2^2 \times 7 \times n$이므로
n은 3을 인수로 가지는 $2^2 \times 3 \times 7$의 약수이다.
따라서 $n = 3$, 3×2, 3×2^2, 3×7, $3 \times 2 \times 7$,
$3 \times 2^2 \times 7$이고, $N = 12 \times n$이므로 N의 개수와 n의
개수가 같아져서 6이다.

2-1 풀이 전략 최대공약수와 최소공배수의 관계를 이용하여 자
연수 N의 조건을 구한다.

$$
\begin{array}{r}
15\ )\ \underline{45 \quad 105 \quad N} \\
3 \quad\ 7 \quad\ n
\end{array}
$$

$3150 = 2 \times 3^2 \times 5^2 \times 7 = 15 \times 2 \times 3 \times 5 \times 7$
$\qquad = 15 \times 3 \times 7 \times n$이므로
n은 2×5를 인수로 가지는 $2 \times 3 \times 5 \times 7$의 약수이다.
따라서 $n = 2 \times 5$, $2 \times 5 \times 3$, $2 \times 5 \times 7$,
$2 \times 5 \times 3 \times 7$이고
$N = 15 \times n$이므로
$N = 15 \times 2 \times 5 = 150$, $15 \times 2 \times 5 \times 3 = 450$,
$15 \times 2 \times 5 \times 7 = 1050$, $15 \times 2 \times 5 \times 3 \times 7 = 3150$이므
로 그 합은 4800이다.

3 풀이 전략 세 수를 비를 이용하여 나타낸 후 최대공약수와
최소공배수를 구한다.

비가 $2 : 3 : 8$인 세 수를
$2 \times x$, $3 \times x$, $8 \times x$(x는 자연수)라고 하면

$$
\begin{array}{r}
x\ )\ \underline{2 \times x \quad 3 \times x \quad 8 \times x} \\
2\ )\ \underline{\quad 2 \quad\quad 3 \quad\quad 8 \quad} \\
1 \quad\quad 3 \quad\quad 4
\end{array}
$$

세 수의 최대공약수는 x이고 최소공배수는
$x \times 2 \times 1 \times 3 \times 4 = 336 = 2^4 \times 3 \times 7$
$\therefore x = 2 \times 7$
따라서 세 수의 공약수의 개수는
최대공약수인 $x = 2 \times 7$의 약수의 개수와 같으므로
$(1+1) \times (1+1) = 4$이다.

3-1 풀이 전략 세 수를 비를 이용하여 나타낸 후 최대공약수와 최소공배수를 구한다.

비가 $12 : 7 : 9$인 세 수를
$12 \times x$, $7 \times x$, $9 \times x$(x는 자연수)라고 하면

$$
\begin{array}{r|ccc}
x\,) & 12 \times x & 7 \times x & 9 \times x \\
3\,) & 12 & 7 & 9 \\
\hline
& 4 & 7 & 3
\end{array}
$$

세 수의 최대공약수는 x이고 최소공배수는
$x \times 3 \times 4 \times 7 \times 3 = 3024 = 2^4 \times 3^3 \times 7$
$\therefore x = 2^2 \times 3$

따라서 세 수의 공약수의 개수는
최대공약수인 $x = 2^2 \times 3$의 약수의 개수와 같으므로
$(2+1) \times (1+1) = 6$이다.

4 풀이 전략 최소공배수를 구한 후 필요한 블록의 개수를 구한다.

가장 작은 정육면체의 한 모서리의 길이는 a, b, c의 최소공배수이다.

그런데 a, b, c 중 어느 두 수를 택하여도 서로소이므로 a, b, c 중 어느 두 수를 택하여도 두 수의 최대공약수는 1이다.

$$
\begin{array}{r|ccc}
1\,) & a & b & c \\
\hline
& a & b & c
\end{array}
$$

따라서 세 수 a, b, c의 최소공배수는 $a \times b \times c$이므로 가장 작은 정육면체 모양을 만들 때 필요한 블록의 개수는

가로는 $a \times b \times c \div a = b \times c$,
세로는 $a \times b \times c \div b = a \times c$,
높이는 $a \times b \times c \div c = a \times b$이므로
$(b \times c) \times (a \times c) \times (a \times b) = a^2 \times b^2 \times c^2$이다.
따라서 $7056 = 2^4 \times 3^2 \times 7^2 = a^2 \times b^2 \times c^2$

그런데 a, b, c는 1보다 큰 자연수이고, 어느 두 수를 택하여도 서로소이므로 a, b, c 중에서 짝수는 1개뿐이다.

따라서 세 자연수는 3, 4, 7이므로 $3+4+7=14$이다.

4-1 풀이 전략 최소공배수를 구한 후 필요한 블록의 개수를 구한다.

a, b, c 중 어느 두 수를 택하여도 두 수의 최대공약수는 1이므로 세 수 a, b, c의 최소공배수는 $a \times b \times c$이다.
따라서 가장 작은 정육면체를 만드는데 필요한 쌓기나무의 개수는

가로는 $a \times b \times c \div a = b \times c$,
세로는 $a \times b \times c \div b = a \times c$,
높이는 $a \times b \times c \div c = a \times b$이므로
$(b \times c) \times (a \times c) \times (a \times b) = a^2 \times b^2 \times c^2$이다.
따라서 $1764 = 2^2 \times 3^2 \times 7^2 = a^2 \times b^2 \times c^2$
그런데 $1 < a < b < c$이므로 $a=2$, $b=3$, $c=7$
따라서 $a+b+c = 2+3+7 = 12$이다.

서술형 집중 연습

본문 42~43쪽

예제 1 풀이 참조	유제 1 1008
예제 2 풀이 참조	유제 2 남학생 7명, 여학생 8명
예제 3 풀이 참조	유제 3 2700
예제 4 풀이 참조	유제 4 $\dfrac{45}{4}$

예제 1 세 자연수 72, 90, 108을 각각 소인수분해하여 최소공배수를 구하면

$$
\begin{array}{rl}
72 = 2^3 & \times \boxed{3}^2 \\
90 = 2 & \times \boxed{3}^2 \times \boxed{5} \\
108 = 2^2 & \times \boxed{3}^3 \quad \cdots \text{1단계}
\end{array}
$$

(최소공배수) $= 2^{\boxed{3}} \times \boxed{3}^3 \times \boxed{5} = \boxed{1080}$ $\cdots$ 2단계

세 자연수 72, 90, 108의 공배수는 세 자연수의 최소공배수인 $\boxed{1080}$의 $\boxed{\text{배수}}$이므로 $\boxed{1080}$, $\boxed{2160}$, $\boxed{3240}$, $\cdots$이다.

따라서 공배수 중에서 세 번째로 작은 수는 $\boxed{3240}$이다.

$\cdots$ 3단계

채점 기준표

단계	채점 기준	비율
1단계	소인수분해를 한 경우	30 %
2단계	최소공배수를 구한 경우	40 %
3단계	세 번째로 작은 공배수를 구한 경우	30 %

유제 1 세 자연수 56, 63, 84를 각각 소인수분해하여 최소공배수를 구하면

$$
\begin{array}{rl}
56 = 2^3 & \times 7 \\
63 = & 3^2 \times 7 \\
84 = 2^2 \times 3 & \times 7 \quad \cdots \text{1단계}
\end{array}
$$

(최소공배수) $= 2^3 \times 3^2 \times 7 = 504$ $\cdots$ 2단계

세 자연수 56, 63, 84의 공배수는 세 자연수의 최소공배수인 504의 배수이므로 504, 1008, 1512, $\cdots$이다.

따라서 공배수 중에서 가장 작은 네 자리 자연수는
1008이다.　　　　　　　　　　　　　　　　　• • • 3단계

채점 기준표

단계	채점 기준	비율
1단계	소인수분해를 한 경우	30 %
2단계	최소공배수를 구한 경우	40 %
3단계	공배수 중에서 가장 작은 네 자리 자연수를 구한 경우	30 %

예제 2 가능한 한 많은 모둠으로 나누어야 하므로 모둠의 수는 216과 180의 $\boxed{최대공약수}$이다.

$$216=2^3 \ \times 3^3$$
$$180=2^2 \ \times 3^2 \times 5$$
$$\overline{}$$
$$(최대공약수)=2^{\boxed{2}} \times 3^2$$

따라서 모둠은 $2^{\boxed{2}} \times 3^2 = \boxed{36}$(개)이다.　• • • 1단계

$\boxed{36}$개의 모둠에 속하는 남학생의 수와 여학생의 수가 각각 같아야 하므로 한 모둠에 속한

남학생은 $216 \div \boxed{36} = \boxed{6}$(명),　　　　• • • 2단계

여학생은 $180 \div \boxed{36} = \boxed{5}$(명)이다.　　• • • 3단계

채점 기준표

단계	채점 기준	비율
1단계	모둠의 수를 구한 경우	60 %
2단계	각 모둠의 남학생의 수를 구한 경우	20 %
3단계	각 모둠의 여학생의 수를 구한 경우	20 %

유제 2 가능한 한 탑승 인원을 적게 하려면 가능한 한 많은 수의 보트에 나누어 태워야 하므로 필요한 보트의 수는 126과 144의 최대공약수이다.

$$126=2 \ \times 3^2 \times 7$$
$$144=2^4 \times 3^2$$
$$\overline{}$$
$$(최대공약수)=2 \ \times 3^2$$

따라서 보트는 $2 \times 3^2 = 18$(대)이다.　• • • 1단계

18대의 보트에 태운 남학생의 수와 여학생의 수가 각각 같아야 하므로 보트 한 대에 태울 수 있는

남학생은 $126 \div 18 = 7$(명),　　　　　• • • 2단계

여학생은 $144 \div 18 = 8$(명)이다.　　　• • • 3단계

채점 기준표

단계	채점 기준	비율
1단계	보트의 수를 구한 경우	60 %
2단계	보트 한 대에 태울 수 있는 남학생의 수를 구한 경우	20 %
3단계	보트 한 대에 태울 수 있는 여학생의 수를 구한 경우	20 %

예제 3 가능한 한 작은 정육면체를 만들어야 하므로 정육면체의 한 모서리의 길이는 $\boxed{8}$, $\boxed{6}$, $\boxed{5}$의 최소공배수이다.

따라서 정육면체의 한 모서리의
길이는
$2 \times 4 \times \boxed{3} \times \boxed{5} = \boxed{120}$(cm)이다.　• • • 1단계

```
2 ) 8  6  5
    4  3  5
```

정육면체의 한 모서리의 길이인 $\boxed{120}$ cm가 되려면 필요한 벽돌의 개수는

가로는 $\boxed{120} \div 8 = \boxed{15}$,

세로는 $\boxed{120} \div 6 = \boxed{20}$,

높이는 $\boxed{120} \div 5 = \boxed{24}$이므로

모두 $\boxed{15} \times \boxed{20} \times \boxed{24} = \boxed{7200}$이다.　• • • 2단계

채점 기준표

단계	채점 기준	비율
1단계	정육면체의 한 모서리의 길이를 구한 경우	40 %
2단계	필요한 벽돌의 개수를 구한 경우	60 %

유제 3 가능한 한 작은 정육면체를 만들어야 하므로 정육면체의 한 모서리의 길이는 27, 18, 15의 최소공배수이다.

$$27= \quad \ \ 3^3$$
$$18=2 \times 3^2$$
$$15= \quad \ \ 3 \times 5$$
$$\overline{}$$
$$(최소공배수)=2 \times 3^3 \times 5$$

따라서 정육면체의 한 모서리의 길이는
$2 \times 3^3 \times 5 = 270$(cm)이다.　　　• • • 1단계

정육면체의 한 모서리의 길이인 270 cm가 되려면 필요한 상자의 개수는

가로는 $270 \div 27 = 10$,

세로는 $270 \div 18 = 15$,

높이는 $270 \div 15 = 18$이므로

모두 $10 \times 15 \times 18 = 2700$이다.　　• • • 2단계

채점 기준표

단계	채점 기준	비율
1단계	정육면체의 한 모서리의 길이를 구한 경우	40 %
2단계	필요한 상자의 개수를 구한 경우	60 %

예제 4 a는 분모인 7과 9의 배수이어야 하므로 두 수의 $\boxed{공배수}$이고, b는 분자인 15와 5의 약수이어야 하므로 두 수의 $\boxed{공약수}$이다.

$\dfrac{a}{b}$가 가장 작은 기약분수가 되려면 a는 7과 9의

$\boxed{공배수}$ 중 가장 작은 수이므로 두 수의

$\boxed{최소공배수}$인 $\boxed{63}$이고,　　　　　• • • 1단계

b는 15와 5의 공약수 중 가장 큰 수이므로 두 수의 최대공약수인 5 이다. ··· 2단계
따라서 $a-b=$ 58 이다. ··· 3단계

채점 기준표

단계	채점 기준	비율
1단계	a의 값을 구한 경우	40 %
2단계	b의 값을 구한 경우	40 %
3단계	$a-b$의 값을 구한 경우	20 %

유제 4 가장 작은 기약분수를 $\dfrac{a}{b}$라고 하면

a는 분모인 15, 9, 5의 최소공배
수이므로
$3\times5\times1\times3\times1=45$이다.

$$
\begin{array}{r|lll}
3 & 15 & 9 & 5 \\
\hline
5 & 5 & 3 & 5 \\
\hline
 & 1 & 3 & 1
\end{array}
$$

··· 1단계

b는 분자인 28, 16, 24의 최대
공약수이므로 $2\times2=4$이다.

$$
\begin{array}{r|lll}
2 & 28 & 16 & 24 \\
\hline
2 & 14 & 8 & 12 \\
\hline
 & 7 & 4 & 6
\end{array}
$$

··· 2단계

$\therefore \dfrac{a}{b}=\dfrac{45}{4}$ ··· 3단계

채점 기준표

단계	채점 기준	비율
1단계	a의 값을 구한 경우	40 %
2단계	b의 값을 구한 경우	40 %
3단계	$\dfrac{a}{b}$의 값을 구한 경우	20 %

중단원 실전 테스트 1회 본문 44~46쪽

01 ④	02 ①	03 ③	04 ②	05 ②
06 ④	07 ③	08 ④	09 ②	10 ⑤
11 ④	12 ④	13 54	14 10	15 91
16 43				

01 두 수의 공약수의 개수는 두 수의 최대공약수인 36의
약수의 개수와 같다.
$\therefore 36=2^2\times3^2$
$(2+1)\times(2+1)=9$

02 두 수의 최대공약수를 각각 구하면
① 1　　　② 2　　　③ 3
④ 3　　　⑤ 3
이므로 ① 5가 24와 서로소이다.

03
$$
\begin{array}{l}
2^4\times3^2\times5 \\
\phantom{2^4\times{}}3^2\times5^3 \\
\hline
(\text{최대공약수})=3^2\times5
\end{array}
$$

04
$$
\begin{array}{l}
12\times x=2^2\times3\times x \\
18\times x=2\times3^2\times x \\
\hline
(\text{최대공약수})=60=2\times3\times x
\end{array}
$$
$6\times10=6\times x$
$\therefore x=10$

05 두 수 $3^2\times5^2$, $3^3\times5$의 공배수는 최소공배수인 $3^3\times5^2$
의 배수이다.
그런데 ② $3^2\times5^3$에서 3의 지수가 $3^3\times5^2$에서 3의 지수
보다 작으므로 최소공배수의 배수가 아니다.

06
$$
\begin{array}{l}
\phantom{108={}}2^3\times3^2\times5 \\
108=2^2\times3^3 \\
126=2\times3^2\times7 \\
\hline
(\text{최소공배수})=2^3\times3^3\times5\times7
\end{array}
$$

07 구하려는 수는 24와 36의 어느 수로 나누어도 나누어
떨어져야 하므로 24와 36의 공배수이다.
24와 36의 공배수는
두 수의 최소공배수인
$2^3\times3^2=72$의 배수이므로
500보다 작은 두 수의 공배수는
72, 144, 216, 288, 360, 432의 6개이다.
$$
\begin{array}{l}
24=2^3\times3 \\
36=2^2\times3^2 \\
\hline
(\text{최소공배수})=2^3\times3^2
\end{array}
$$

08 50과 35의 최소공배수는
$50\bigcirc35=2\times5^2\times7=350$
이다.
$84\triangle(50\bigcirc35)$
$=84\triangle350$
84와 350의 최대공
약수는 $2\times7=14$이다.
$$
\begin{array}{l}
50=2\times5^2 \\
35=5\times7 \\
\hline
(\text{최소공배수})=2\times5^2\times7
\end{array}
$$
$$
\begin{array}{l}
84=2^2\times3\times7 \\
350=2\times5^2\times7 \\
\hline
(\text{최대공약수})=2\times7
\end{array}
$$

09 두 수의 최대공약수를 G라고 하면
두 자연수의 곱은 두 수의 최대공약수와 최소공배수의
곱과 같으므로
$2^5\times3^4\times7^3=G\times2^2\times3^2\times7$
$\therefore G=2^3\times3^2\times7^2$

10 최대공약수가 6이므로

$N=6 \times n$ (n은 자연수)라고 하면

$$
\begin{aligned}
30 &= 2 \times 3 \times 5 \\
54 &= 2 \times 3^3 \\
N &= 2 \times 3 \qquad \times n \\
\hline
(\text{최소공배수}) = 540 &= 2^2 \times 3^3 \times 5
\end{aligned}
$$

n은 2를 인수로 가지는 $2 \times 3^2 \times 5$의 약수이므로

n은 2, 2×3, 2×5, 2×3^2, $2 \times 3 \times 5$, $2 \times 3^2 \times 5$이다.

따라서 N은 $2^2 \times 3 = 12$, $2^2 \times 3^2 = 36$, $2^2 \times 3 \times 5 = 60$, $2^2 \times 3^3 = 108$, $2^2 \times 3^2 \times 5 = 180$, $2^2 \times 3^3 \times 5 = 540$이므로 N이 될 수 없는 것은 ⑤이다.

11 가능한 한 적은 수의 나무를 심으려면 나무 사이의 간격이 최대가 되어야 하므로 나무 사이의 간격은 96과 120의 최대공약수인 $2^3 \times 3 = 24(\text{m})$이다.

$$
\begin{aligned}
96 &= 2^5 \times 3 \\
120 &= 2^3 \times 3 \times 5 \\
\hline
(\text{최대공약수}) &= 2^3 \times 3
\end{aligned}
$$

가로는 $96 \div 24 = 4(\text{그루})$

세로는 $120 \div 24 = 5(\text{그루})$이므로

필요한 나무는 $2 \times (4+5) = 18(\text{그루})$이다.

12 가능한 한 적은 수의 타일을 사용하려면 가장 큰 정사각형 모양의 타일을 붙여야 하고 정사각형의 한 변의 길이는 240과 252의 최대공약수이므로 $2^2 \times 3 = 12(\text{cm})$이다.

$$
\begin{aligned}
240 &= 2^4 \times 3 \times 5 \\
252 &= 2^2 \times 3^2 \qquad \times 7 \\
\hline
(\text{최대공약수}) &= 2^2 \times 3
\end{aligned}
$$

가로는 $240 \div 12 = 20(\text{개})$,

세로는 $252 \div 12 = 21(\text{개})$이므로

필요한 타일은 $20 \times 21 = 420(\text{개})$이다.

13 세 수 216, 270, 378을 각각 소인수분해하여 최대공약수를 구하면

$$
\begin{aligned}
216 &= 2^3 \times 3^3 \\
270 &= 2 \times 3^3 \times 5 \\
378 &= 2 \times 3^3 \qquad \times 7 \qquad \cdots \text{1단계} \\
\hline
(\text{최대공약수}) &= 2 \times 3^3 \qquad = 54 \qquad \cdots \text{2단계}
\end{aligned}
$$

채점 기준표

단계	채점 기준	비율
1단계	세 수를 소인수분해한 경우	60%
2단계	최대공약수를 구한 경우	40%

14 $18 = 2 \times 3^2$이므로 18과 서로소인 자연수는 2 또는 3을 소인수로 갖지 않아야 하므로 2의 배수와 3의 배수가 아니다. $\cdots$ **1단계**

따라서 18과 서로소인 자연수는 1, 5, 7, 11, 13, 17, 19, 23, 25, 29이므로 10개이다. $\cdots$ **2단계**

1	2	3	4	5	6	7	8	9	10
11	12	13	14	15	16	17	18	19	20
21	22	23	24	25	26	27	28	29	30

채점 기준표

단계	채점 기준	비율
1단계	18과 서로소인 자연수의 조건을 구한 경우	40%
2단계	서로소인 자연수의 개수를 구한 경우	60%

15 6, 9, 15로 나누면 1이 남으므로 어떤 자연수는 6, 9, 15의 공배수보다 1 큰 수이다.

따라서 6, 9, 15의 최소공배수인 $2 \times 3^2 \times 5 = 90$의 $\cdots$ **1단계** 배수에서 1을 더한 수 중 가장 작은 수이므로 $90 + 1 = 91$이다. $\cdots$ **2단계**

$$
\begin{aligned}
6 &= 2 \times 3 \\
9 &= \qquad 3^2 \\
15 &= \qquad 3 \times 5 \\
\hline
(\text{최소공배수}) &= 2 \times 3^2 \times 5
\end{aligned}
$$

채점 기준표

단계	채점 기준	비율
1단계	최소공배수를 구한 경우	50%
2단계	가장 작은 자연수를 구한 경우	50%

16 $\dfrac{b}{a}$가 가장 작은 분수가 되려면 a는 21, 70, 49의 최대공약수이고, b는 4, 9, 12의 최소공배수이다.

$$
\begin{aligned}
21 &= \qquad 3 \qquad \times 7 \\
70 &= 2 \qquad \times 5 \times 7 \\
49 &= \qquad 7^2 \\
\hline
(\text{최대공약수}) &= \qquad 7
\end{aligned}
$$

$\therefore a = 7$ $\cdots$ **1단계**

$$
\begin{aligned}
4 &= 2^2 \\
9 &= \qquad 3^2 \\
12 &= 2^2 \times 3 \\
\hline
(\text{최소공배수}) &= 2^2 \times 3^2 = 36
\end{aligned}
$$

$\therefore b = 36$ $\cdots$ **2단계**

$\therefore a + b = 7 + 36 = 43$ $\cdots$ **3단계**

중단원 실전 테스트 2회   본문 47~49쪽

01 ①   02 ④   03 ④, ⑤   04 ③   05 ⑤
06 ④   07 ②   08 108   09 ③   10 ⑤
11 ④   12 ③   13 10   14 36
15 16300원 16 13

01 각 수를 소인수분해하면

ㄱ. $35=5 \times 7$

ㄴ. $63=3^2 \times 7$

ㄷ. $81=3^4$

ㄹ. $105=3 \times 5 \times 7$

ㅁ. $147=3 \times 7^2$

ㅂ. $219=3 \times 73$

이고 ㄷ, ㅂ은 최대공약수인 $3^3 \times 5^2 \times 7^2$의 약수가 아니다.

02 두 수의 최대공약수를 각각 구하면

① 2   ② 3   ③ 5

④ 1   ⑤ 17

이므로 ④ 18, 25가 서로소이다.

03 ④ 두 홀수 3과 9는 서로소가 아니다.

⑤ 최대공약수가 1일 때 서로소이다.

04
$$A=3^2 \times \square$$
$$\underline{B=3^4 \times 5 \times 7^2}$$
$$(최대공약수)=3^2 \times 5$$

$\square$는 5를 소인수로 가지고, 3과 7을 소인수로 갖지 않아야 하므로 ③ $25=5^2$이다.

05
$$96=2^5 \times 3$$
$$2^3 \times 3 \times 7$$
$$\underline{216=2^3 \times 3^3}$$
$$(최대공약수)=2^3 \times 3=24$$

06 (가) $54=2 \times 3^3=18 \times 3$이므로

$\qquad N=2 \times 3^2 \times a$ (단, a는 3과 서로소)

(나) $84=2^2 \times 3 \times 7=6 \times 2 \times 7$이므로

$\qquad N=2 \times 3 \times b$ (단, b는 2, 7과 서로소)

$\qquad \therefore N=2 \times 3^2 \times n$ (단, n은 2, 3, 7과 서로소)

$N=2 \times 3^2 \times 1=18$, $2 \times 3^2 \times 5=90$,

$2 \times 3^2 \times 11=198$, …이므로 가장 작은 세 자리 자연수는 198이다.

07
$$2^2 \times 3$$
$$3^2 \times 5$$
$$\underline{30=2 \times 3 \times 5}$$
$$(최소공배수)=2^2 \times 3^2 \times 5=180$$

세 수의 공배수는 세 수의 최소공배수인 180의 배수이므로 180, 360, 540, …이고 이 중 500 이하의 자연수는 2개이다.

08 세 자연수를 $3 \times x$, $7 \times x$, $9 \times x$ (x는 자연수)라고 하면

$$3 \quad \times x$$
$$7 \times x$$
$$\underline{9 \times x=3^2 \quad \times x}$$
$$(최소공배수)=3^2 \times 7 \times x=756$$

$63 \times x=63 \times 12$

$\therefore x=12$

따라서 가장 큰 자연수는 $9 \times 12=108$이다.

09 두 수의 곱이 최소공배수와 같으면 두 수는 서로소이고, 서로소인 두 수의 최대공약수는 1이므로 ③ 16, 35이다.

10 가장 큰 정육면체의 한 모서리의 길이는

270, 315, 180의 최대공약수인 $3^2 \times 5=45$(mm)이다.

$$270=2 \times 3^3 \times 5$$
$$315= \quad 3^2 \times 5 \times 7$$
$$\underline{180=2^2 \times 3^2 \times 5}$$
$$(최대공약수)= \quad 3^2 \times 5$$

11 신호등 A, B의 신호등이 다시 불이 켜지는데 걸리는 시간은 각각 $60+12=72$(초), $75+15=90$(초)이므로 동시에 켜질 때까지 걸리는 시간은 72와 90의 최소공배수인

$$72=2^3 \times 3^2$$
$$\underline{90=2 \times 3^2 \times 5}$$
$$(최소공배수)=2^3 \times 3^2 \times 5$$

$2^3 \times 3^2 \times 5 = 360$(초)이다.

360초는 6분이므로 처음으로 다시 동시에 켜지는 시각은 10시 6분이다.

12 모두 3명이 부족한 상황
이므로 전체 학생 수는
6, 8, 9로 나누었을 때 3
이 부족한 수이다.

$$6 = 2 \times 3$$
$$8 = 2^3$$
$$9 = 3^2$$
$$\overline{\text{(최소공배수)} = 2^3 \times 3^2}$$

따라서 전체 학생 수는 6, 8, 9의 최소공배수인
$2^3 \times 3^2 = 72$의 배수에서 3을 뺀 수 중 350명 이상 400명 이하인 수이다.

$\therefore 72 \times 5 - 3 = 360 - 3 = 357$(명)

$357 \div 13 = 27 \cdots 6$이므로 6명이 남는다.

13
$$2^3 \times 3^a \times 7^2$$
$$2^b \times 3^2 \times c$$
$$\overline{\text{(최대공약수)} = 84 = 2^2 \times 3 \times 7} \qquad \cdots \text{1단계}$$
$\therefore a = 1, b = 2, c = 7$
$\therefore a + b + c = 1 + 2 + 7 = 10 \qquad \cdots \text{2단계}$

채점 기준표

단계	채점 기준	비율
1단계	소인수분해를 한 경우	20 %
2단계	a, b, c의 값과 그 합을 구한 경우	80 %

14 (두 수의 곱) = (최대공약수) × (최소공배수)이므로

$252 = 6 \times$ (최소공배수)

$\therefore$ (최소공배수) $= 42 \qquad \cdots \text{1단계}$

최대공약수가 6이므로

$A = 6 \times a$, $B = 6 \times b$ (단, a, b는 서로소, $a < b$)라고 하면

(최소공배수) $= 6 \times a \times b = 42$

$a \times b = 7 = 1 \times 7$

$\therefore a = 1, b = 7$

$A = 6 \times 1 = 6$, $B = 6 \times 7 = 42 \qquad \cdots \text{2단계}$

따라서 두 수의 차는 $42 - 6 = 36$이다. $\qquad \cdots \text{3단계}$

채점 기준표

단계	채점 기준	비율
1단계	최소공배수를 구한 경우	30 %
2단계	두 자연수 A, B를 구한 경우	50 %
3단계	두 수의 차를 구한 경우	20 %

15 최대한 많은 과일 바구니
에 담아야 하므로 바구니
의 수는 56, 84, 42의 최
대공약수인

$$56 = 2^3 \times 7$$
$$84 = 2^2 \times 3 \times 7$$
$$42 = 2 \times 3 \times 7$$
$$\overline{\text{(최대공약수)} = 2 \times 7}$$

$2 \times 7 = 14$이다. $\qquad \cdots \text{1단계}$

한 바구니에 들어가는 과일의 수는

사과: $56 \div 14 = 4$,

귤: $84 \div 14 = 6$,

배: $42 \div 14 = 3$ $\qquad \cdots \text{2단계}$

따라서 과일 바구니 한 개의 원가는

$1000 \times 4 + 800 \times 6 + 1500 \times 3 + 3000 = 16300$(원)
$\qquad \cdots \text{3단계}$

채점 기준표

단계	채점 기준	비율
1단계	바구니의 개수를 구한 경우	40 %
2단계	각 과일의 개수를 구한 경우	40 %
3단계	과일 바구니 한 개의 원가를 구한 경우	20 %

16 처음으로 다시 같은 톱니
에서 맞물리는 것은 맞물
린 톱니의 수가 54와 63
의 최소공배수인

$$54 = 2 \times 3^3$$
$$63 = 3^2 \times 7$$
$$\overline{\text{(최소공배수)} = 2 \times 3^3 \times 7}$$

$2 \times 3^3 \times 7 = 378$가 될 때이다. $\qquad \cdots \text{1단계}$

이때 각 톱니바퀴가 회전한 수는

톱니바퀴 A: $378 \div 54 = 7$,

톱니바퀴 B: $378 \div 63 = 6$이므로

$a = 7, b = 6$이다.

$\therefore a + b = 13 \qquad \cdots \text{2단계}$

채점 기준표

단계	채점 기준	비율
1단계	최소공배수를 구한 경우	50 %
2단계	각 톱니바퀴가 회전한 수와 그 합을 구한 경우	50 %

Ⅱ. 정수와 유리수

1 정수와 유리수

01 (1) +5000원   (2) −20분   (3) −40 m

02 (1) +3, 10   (2) −6, −2

03 (1) +2.8, +3, $+\dfrac{7}{4}$ (2) $-\dfrac{5}{2}$

04 $\dfrac{13}{7}$, +1.6

05

06 (1) 3   (2) 4.9   (3) $\dfrac{3}{2}$ (4) 0

07 (1) <   (2) <   (3) <   (4) >

08 (1) $a \geq -7$ (2) $b \leq -2$ (3) $3 \leq c < 9$

01 ⑤   02 ③   03 ⑤   04 ③   05 ④
06 ③   07 풀이 참조   08 ④   09 ④
10 ④   11 ②   12 $a=3, b=-1$ 13 ②
14 ③   15 ③   16 ⑤   17 ⑤   18 ④
19 ④   20 ③   21 ③   22 ①, ⑤   23 ③
24 ③   25 ④

01 ⑤ 서쪽과 북쪽은 기준을 중심으로 서로 반대되는 성
질을 가진다고 볼 수 없다.
따라서 서쪽으로 300 m 떨어진 지점을 +300 m로 나
타낼 때, 북쪽으로 500 m 떨어진 지점은 음의 부호
−를 붙여 나타낼 수 없다.

02 ③ 7 kg 증가 ➡ +7 kg

03 ④ $-\dfrac{10}{2}=-5$이므로 정수이다.

⑤ $+\dfrac{6}{4}=+\dfrac{3}{2}$이므로 정수가 아니다.

04 양의 정수는 +1의 1개이므로 $a=1$

음의 정수는 -9, $-\dfrac{8}{4}$, -1의 3개이므로 $b=3$

따라서 $b-a=3-1=2$

05 자연수가 아닌 정수는 0, −2, −9, $-\dfrac{5}{1}$이므로 4개이다.

06 정수가 아닌 유리수는 +5.2, $+\dfrac{7}{4}$이므로 2개이다.

07

	−6	$-\dfrac{15}{3}$	$-\dfrac{8}{6}$	−1.7
음의 정수	○			
정수	○	○		
유리수	○	○	○	○

08 ① 양의 정수는 $+\dfrac{8}{2}$의 1개이다.

② 양수는 $+\dfrac{8}{6}$, $\dfrac{11}{5}$, $+\dfrac{8}{2}$의 3개이다.

③ 정수는 −3, 0, $+\dfrac{8}{2}$의 3개이다.

④ 정수가 아닌 유리수는 $+\dfrac{8}{6}$, −2.5, $\dfrac{11}{5}$의 3개이다.

⑤ 유리수는 −3, $+\dfrac{8}{6}$, −2.5, $\dfrac{11}{5}$, 0, $+\dfrac{8}{2}$의 6개이
다.

09 ① 0은 유리수이다.
② 모든 자연수는 정수이다.
③ 음수가 아닌 수는 0 또는 양수이다.
⑤ $\dfrac{1}{2}$은 1보다 작은 양의 유리수이므로 1은 가장 작은
양의 유리수가 아니다.

10 $-3=-\dfrac{9}{3}$, $-2=-\dfrac{6}{3}$이므로

점 A가 나타내는 수는 $-\dfrac{8}{3}$이다.

$-2=-\dfrac{4}{2}$, $-1=-\dfrac{2}{2}$이므로

점 B가 나타내는 수는 $-\dfrac{3}{2}$이다.

$-1=-\dfrac{4}{4}$이므로

점 C가 나타내는 수는 $-\dfrac{2}{4}=-\dfrac{1}{2}$이다.

$2=+\dfrac{6}{3}$, $3=+\dfrac{9}{3}$이므로

점 D가 나타내는 수는 $+\dfrac{7}{3}$,

점 E가 나타내는 수는 $+\dfrac{8}{3}$이다.

11 ① $-3=-\dfrac{9}{3}$, $-2=-\dfrac{6}{3}$이므로

　　점 A가 나타내는 수는 $-\dfrac{7}{3}$이다.

　② $-1=-\dfrac{5}{5}$이므로

　　점 B가 나타내는 수는 $-\dfrac{3}{5}=-0.6$이다.

　③ 점 C가 나타내는 수는 $+1$이다.

　④ $1=+\dfrac{3}{3}$, $2=+\dfrac{6}{3}$이므로

　　점 D가 나타내는 수는 $+\dfrac{5}{3}$이다.

　⑤ $3=+\dfrac{6}{2}$, $4=+\dfrac{8}{2}$이므로

　　점 E가 나타내는 수는 $+\dfrac{7}{2}=+3.5$이다.

12 $\dfrac{8}{4}=2$, $\dfrac{12}{4}=3$이므로 $a=3$

　　$-\dfrac{7}{7}=-1$이므로 $b=-1$

13 $\left|\dfrac{1}{2}\right|<\left|-\dfrac{3}{5}\right|<|-1|<\left|\dfrac{5}{3}\right|<|-5|$이므로 절댓값이 가장 작은 수는 $\dfrac{1}{2}$이다.

14 원점으로부터 가장 멀리 떨어져 있는 수는 절댓값이 가장 큰 수이다.

　　$|3|<\left|-\dfrac{13}{4}\right|<\left|\dfrac{9}{2}\right|<|6|<|-7|$이므로 원점으로부터 가장 멀리 떨어져 있는 수는 -7이다.

15 $|+3|<|-4|<|-8|<|+10|$

16 절댓값이 8인 수는 $+8$, -8이므로 구하는 거리는 $8\times2=16$이다.

17 ① (양수)>(음수)이므로 $2>-7$

　② $0<$(양수)이므로 $0<\dfrac{5}{7}$

　③ 양수끼리는 절댓값이 클수록 크므로 $\dfrac{5}{3}<\dfrac{8}{3}$

④ 음수끼리는 절댓값이 클수록 작으므로 $-6<-3$

⑤ 음수끼리는 절댓값이 클수록 작으므로
　　$-\dfrac{11}{4}<-\dfrac{9}{4}$

18 ① 양수끼리는 절댓값이 클수록 크므로 $5.2<5.8$

　② 음수끼리는 절댓값이 클수록 작으므로
　　$-\dfrac{7}{2}<-\dfrac{5}{2}$

　③ $-\dfrac{1}{2}=-\dfrac{3}{6}$, $-\dfrac{1}{3}=-\dfrac{2}{6}$이고, 음수끼리는 절댓값이 클수록 작으므로 $-\dfrac{1}{2}<-\dfrac{1}{3}$

　④ $-\dfrac{2}{3}=-\dfrac{10}{15}$, $-0.8=-\dfrac{4}{5}=-\dfrac{12}{15}$이고, 음수끼리는 절댓값이 클수록 작으므로 $-\dfrac{2}{3}>-0.8$

　⑤ $1.5=\dfrac{3}{2}=\dfrac{6}{4}$이고, 양수끼리는 절댓값이 클수록 크므로 $1.5<\dfrac{7}{4}$

19 ① 양수끼리는 절댓값이 클수록 크므로 $+4<+7$

　② $0>$(음수)이므로 $0>-1$

　③ 음수끼리는 절댓값이 클수록 작으므로 $-3>-5$

　④ $|-5|=5$, $|-6|=6$이고, 양수끼리는 절댓값이 클수록 크므로 $|-5|<|-6|$

　⑤ $|-2|=2$, $|-4|=4$이고, 양수끼리는 절댓값이 클수록 크므로 $|-2|<|-4|$

20 'x는 -4보다 크다.'는 $x>-4$이고, 'x는 6 이하이다.'는 $x\leq6$이므로 $-4<x\leq6$

21 ① a는 -2 미만이다. ➡ $a<-2$

　② b는 8보다 크거나 같다. ➡ $b\geq8$

　④ d는 1 초과이고 7 이하이다. ➡ $1<d\leq7$

　⑤ '크지 않다.'는 '작거나 같다.'와 의미가 같으므로 e는 -3 이상이고 0보다 크지 않다. ➡ $-3\leq e\leq0$

22 ① x는 -8보다 크고 -5보다 작거나 같은 유리수를 뜻한다.

　②, ③, ④ $-8<x$는 'x는 -8보다 크다.', 'x는 -8 초과이다.'와 의미가 같다.

　　$x\leq-5$는 'x는 -5 이하이다.', 'x는 -5보다 작거나 같다.', 'x는 -5보다 크지 않다.'와 의미가 같다.

23 $-4<-\dfrac{10}{3}<-3$, $3<\dfrac{17}{5}<4$이므로 두 수 $-\dfrac{10}{3}$

과 $\dfrac{17}{5}$ 을 수직선 위에 나타내면 다음과 같다.

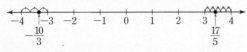

따라서 두 수 $-\dfrac{10}{3}$ 과 $\dfrac{17}{5}$ 사이에 있는 정수는

-3, -2, -1, 0, 1, 2, 3의 7개이다.

24 $-5<-\dfrac{17}{4}<-4$이므로 $-\dfrac{17}{4}<x\le3$을 만족하는

정수는 -4, -3, -2, -1, 0, 1, 2, 3의 8개이다.

25 ① $-2=-\dfrac{10}{5}$이므로 $-\dfrac{18}{5}<-2$

② $-\dfrac{10}{3}=-\dfrac{50}{15}$, $-\dfrac{18}{5}=-\dfrac{54}{15}$이므로

$-\dfrac{18}{5}<-\dfrac{10}{3}$

③ $\dfrac{3}{2}=\dfrac{6}{4}$이므로 $\dfrac{3}{2}<\dfrac{9}{4}$

④ $\dfrac{7}{3}=\dfrac{28}{12}$, $\dfrac{9}{4}=\dfrac{27}{12}$이므로 $\dfrac{9}{4}<\dfrac{7}{3}$

⑤ $\dfrac{9}{5}=\dfrac{36}{20}$, $\dfrac{9}{4}=\dfrac{45}{20}$이므로 $\dfrac{9}{5}<\dfrac{9}{4}$

따라서 $-\dfrac{18}{5}$ 과 $\dfrac{9}{4}$ 사이에 있는 수가 아닌 것은

④ $\dfrac{7}{3}$이다.

01 ㄱ. 출발 3시간 전 ➡ -3시간

ㄴ. 500 포인트 차감 ➡ -500 포인트

ㄷ. 1000원 입금 ➡ $+1000$원

ㄹ. 상점 1점 부여 ➡ $+1$점

02 ① 6 cm 자랐다. ➡ $+6$ cm

② 해발 1947 m ➡ $+1947$ m

③ 영상 33.5℃ ➡ $+33.5$℃

④ 10000원의 수입 ➡ $+10000$원

⑤ 30명 감소 ➡ -30명

03 정수는 -10, -1, $-\dfrac{6}{2}$, 0, $+8$의 5개이다.

04 1.5, $\dfrac{36}{3}$, -1, $-\dfrac{10}{2}$, 12 중에서 자연수가 아닌 정수

는 -1, $-\dfrac{10}{2}$의 2개이다.

따라서 □ 안에 들어갈 수는 자연수가 아닌 정수이므

로 ㄴ. 0, ㄷ. -5이다.

05

	음수	정수
① $+3$	×	○
② -2	○	○
③ 0	×	○
④ $+\dfrac{1}{5}$	×	×
⑤ $-\dfrac{3}{4}$	○	×

따라서 조건을 모두 만족시키는 수는 ⑤ $-\dfrac{3}{4}$이다.

06 ① 0은 정수이다.

② $-\dfrac{1}{3}$은 정수가 아닌 음의 유리수이다.

③ 4는 양의 유리수이다.

④ $-\dfrac{10}{2}=-5$이므로 $-\dfrac{10}{2}$은 정수이다.

07 □에 해당하는 수는 정수가 아닌 유리수이므로 ④

$-\dfrac{3}{2}$이다.

08 음의 정수는 $-\dfrac{12}{2}$, -3, -1의 3개이므로 $x=3$

양의 유리수는 $\dfrac{6}{5}$, $+4$의 2개이므로 $y=2$

정수가 아닌 유리수는 $-\dfrac{7}{11}$, $\dfrac{6}{5}$의 2개이므로 $z=2$

따라서 $x+y+z=3+2+2=7$

09 ① $-4=-\dfrac{8}{2}$, $-3=-\dfrac{6}{2}$이므로 점 A가 나타내는

수는 $-\dfrac{7}{2}=-3.5$이다.

② $-2=-\dfrac{6}{3}$, $-1=-\dfrac{3}{3}$이므로 점 B가 나타내는

수는 $-\dfrac{5}{3}$이다.

③ 점 C가 나타내는 수는 -1이다.

④ $+1=+\dfrac{2}{2}$이므로 점 D가 나타내는 수는 $+\dfrac{1}{2}$이다.

⑤ $+2=+\dfrac{10}{5}$, $+3=+\dfrac{15}{5}$이므로 점 E가 나타내

는 수는 $+\dfrac{13}{5}=+2.6$이다.

10 점 A, B, C, D, E에 대응하는 수는 다음과 같다.

A	B	C	D	E
-5	$-\dfrac{11}{3}$	0	$\dfrac{7}{4}$	$\dfrac{11}{3}$

① 정수에 대응하는 점은 A, C의 2개이다.

② 양수에 대응하는 점은 D, E의 2개이다.

③ $\left|-\dfrac{11}{3}\right|=\left|\dfrac{11}{3}\right|$이므로 점 B와 점 E는 원점으로

부터 같은 거리만큼 떨어져 있다.

④ $|0|<\left|\dfrac{7}{4}\right|<\left|-\dfrac{11}{3}\right|=\left|\dfrac{11}{3}\right|<|-5|$이므로 절

댓값이 가장 작은 수에 대응하는 점은 C이다.

11

12 $a=|+6|=6$, $b=|-3|=3$이므로

$a+b=6+3=9$

13 0에 대응하는 점으로부터 가장 가까운 수는 절댓값이

가장 작은 수이다.

$\left|\dfrac{1}{6}\right|<\left|-\dfrac{2}{5}\right|<\left|-\dfrac{4}{3}\right|<|-2|<|3.5|$이므로

구하는 수는 ② $\dfrac{1}{6}$이다.

14 ① 0의 절댓값은 0이고, 0이 아닌 수의 절댓값은 0보

다 크므로 절댓값은 0보다 크거나 같다.

② 절댓값이 0인 수는 0뿐이므로 1개이다.

③ 절댓값이 가장 작은 수는 0이다.

④ 수직선에서 원점으로부터 멀리 떨어져 있을수록 절

댓값이 크다.

⑤ 수직선에서 절댓값이 작을수록 원점에 가까이 있다.

15 두 점 사이의 거리가 $\dfrac{10}{3}$이므로 두 수의 절댓값은

$\dfrac{10}{3}\times\dfrac{1}{2}=\dfrac{5}{3}$이다.

절댓값이 $\dfrac{5}{3}$인 수는 $+\dfrac{5}{3}$, $-\dfrac{5}{3}$이므로 구하는 수는

$\dfrac{5}{3}$이다.

16 ① (음수)<0이므로 $-3<0$

② $|-5|=5$, $|+2|=2$이고, 양수끼리는 절댓값이

클수록 크므로 $|-5|>|+2|$

③ $\dfrac{6}{5}=\dfrac{18}{15}$, $\dfrac{5}{3}=\dfrac{25}{15}$이고, 양수끼리는 절댓값이 클수

록 크므로 $\dfrac{6}{5}<\dfrac{5}{3}$

④ $-\dfrac{1}{4}=-\dfrac{7}{28}$, $-\dfrac{1}{7}=-\dfrac{4}{28}$이고, 음수끼리는 절

댓값이 클수록 작으므로 $-\dfrac{1}{4}<-\dfrac{1}{7}$

⑤ 음수끼리는 절댓값이 클수록 작으므로 $-5.2<-5$

17 음수끼리는 절댓값이 클수록 작으므로

$-5.8<-\dfrac{9}{2}<-\dfrac{11}{3}<-2.4<-1$

따라서 구하는 수는 ③ -2.4이다.

18 $-\dfrac{15}{2}<-6<+7$이므로 가장 작은 수는 $-\dfrac{15}{2}$이다.

$|-6|<|+7|<\left|-\dfrac{15}{2}\right|$이므로 절댓값이 가장 큰 수

는 $-\dfrac{15}{2}$이다.

19 겉보기 등급 수치가 클수록 어둡게 보이므로 가장 밝

게 보이는 별은 겉보기 등급 수치가 가장 작다.

$-1.5<-0.7<0<0.2<2.1$이므로 구하는 것은 겉보

기 등급이 가장 작은 시리우스이다.

20 '크지 않다.'는 '작거나 같다.'와 의미가 같으므로

$-3<x\le5$

21 일 최고 체감온도 35℃ 이상이므로 $x\ge35$

2일 이상 지속되므로 $y\ge2$

22 $-5<-\dfrac{17}{4}<-4$, $1<\dfrac{6}{5}<2$이므로 두 수 $-\dfrac{17}{4}$과

$\dfrac{6}{5}$을 수직선 위에 나타내면 다음과 같다.

따라서 두 수 $-\dfrac{17}{4}$과 $\dfrac{6}{5}$ 사이에 있는 정수는

-4, -3, -2, -1, 0, 1의 6개이다.

23 $\dfrac{25}{4}=6.25$이므로 절댓값이 6 이하인 정수의 개수를

구하면 된다.

절댓값이 0인 수는 0

절댓값이 1인 수는 1, -1

절댓값이 2인 수는 2, -2

절댓값이 3인 수는 3, -3

절댓값이 4인 수는 4, -4

절댓값이 5인 수는 5, -5

절댓값이 6인 수는 6, -6

따라서 구하는 정수는 13개이다.

24 $4<\dfrac{13}{3}<5$이므로

-6 이상 $\dfrac{13}{3}$ 미만인 정수는 -6, -5, -4, -3,

-2, -1, 0, 1, 2, 3, 4의 11개이다.

고난도 집중 연습

본문 62~63쪽

| 1 ㉣ | 1-1 ② | 2 ②, ③ | 2-1 3 |
| 3 ② | 3-1 ④ | 4 ① | 4-1 ① |

---

1 풀이 전략 어떤 기준을 중심으로 서로 반대되는 성질의 두 수량을 나타낼 때, 양의 부호 +와 음의 부호 −를 붙여 나타낸다.

Ⓐ를 참고했을 때, 가장 먼저 50 m 지점에 도달한 대한민국의 황선우 선수는 올림픽 세계 기록보다 $\boxed{0.28}$초 $\boxed{빠른}$ 기록임을 알 수 있다.

Ⓑ를 참고했을 때, 50 m 지점을 3위로 통과한 선수는 황선우 선수의 기록보다 $\boxed{0.28}$초 $\boxed{느린}$ 기록임을 알 수 있다.

따라서 옳지 않은 것은 ㉣이다.

1-1 풀이 전략 어떤 기준을 중심으로 서로 반대되는 성질의 두 수량을 나타낼 때, 양의 부호 +와 음의 부호 −를 붙여 나타낸다.

그리니치 표준시보다 2시간 빠른 도시에 적힌 수는 +2이어야 하므로 케이프타운이다.

그리니치 표준시보다 8시간 느린 도시에 적힌 수는 −8이어야 하므로 로스앤젤레스이다.

2 풀이 전략 카드에 적힌 수 중 정수인 것과 양수인 것을 정리하여 나타낸다.

앞의 4장의 카드에 적힌 수 중 정수는 -5, $+\dfrac{8}{2}$의 2개이므로 마지막 카드에 적을 수는 정수이다.

또한 양수는 $+\dfrac{8}{2}$, $+\dfrac{1}{3}$의 2개이므로 마지막 카드에 적을 수는 양수가 아니다.

따라서 마지막 카드에 적을 수는 양수가 아닌 정수이어야 한다.

주어진 수 중 정수인 것과 양수인 것을 정리하면 다음과 같으므로

	+1	−1	0	$-\dfrac{5}{2}$	$+\dfrac{1}{2}$
정수	○	○	○		
양수	○				○

마지막 카드에 적을 수 있는 수는 ② -1, ③ 0이다.

2-1 풀이 전략 카드에 적힌 수 중 정수인 것과 음수인 것을 정리하여 나타낸다.

카드에 적힌 수 중 정수인 것과 음수인 것을 정리하면 다음과 같다.

	정수	음수	정수가 아닌 유리수
1	○		
-7	○	○	
$-\dfrac{16}{4}$	○	○	
0	○		
$+1.4$			○
$+3$	○		
8.7			○
$-\dfrac{3}{2}$		○	○

순서에 따라 카드를 뒤집었을 때, 분홍색 면이 보이려면 한 번도 뒤집지 않거나 두 번 뒤집어야 한다.

따라서 분홍색 면이 보이는 카드는 -7, $-\dfrac{16}{4}$, $-\dfrac{3}{2}$의 3개이다.

3 풀이 전략 두 수의 분모를 12로 통분하여 나타낸 후, 두 수 사이에 있는 분모가 12인 유리수를 살펴본다.

$-\dfrac{3}{4}=-\dfrac{9}{12}$, $\dfrac{2}{3}=\dfrac{8}{12}$이므로 두 수 사이에 있는 분모가 12인 유리수는 $-\dfrac{8}{12}$, $-\dfrac{7}{12}$, $-\dfrac{6}{12}$, $\cdots$, $\dfrac{7}{12}$이고, 이 중 기약분수로 나타내었을 때 분모가 12인 것은 $-\dfrac{7}{12}$, $-\dfrac{5}{12}$, $-\dfrac{1}{12}$, $\dfrac{1}{12}$, $\dfrac{5}{12}$, $\dfrac{7}{12}$의 6개이다.

3-1 풀이 전략 두 수의 분모를 10으로 통분하여 나타낸 후, 두 수 사이에 있는 분모가 10인 유리수를 살펴본다.

$-\dfrac{3}{2}=-\dfrac{15}{10}$, $\dfrac{4}{5}=\dfrac{8}{10}$이므로 두 수 사이에 있는 분모가 10인 유리수는 $-\dfrac{14}{10}$, $-\dfrac{13}{10}$, $-\dfrac{12}{10}$, $\cdots$, $\dfrac{7}{10}$이고, 이 중 기약분수로 나타내었을 때 분모가 10인 것은 $-\dfrac{13}{10}$, $-\dfrac{11}{10}$, $-\dfrac{9}{10}$, $-\dfrac{7}{10}$, $-\dfrac{3}{10}$, $-\dfrac{1}{10}$, $\dfrac{1}{10}$, $\dfrac{3}{10}$, $\dfrac{7}{10}$의 9개이다.

4 풀이 전략 주어진 조건을 모두 만족하도록 수직선 위에 세 수를 나타낸다.

(가)에 의해 $a<-5$

(가), (나)에 의해 b가 될 수 있는 범위는 다음과 같으므로 $a<b$이다.

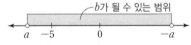

(다), (라)에 의해 b가 될 수 있는 범위는 다음과 같으므로 $b<c$이다.

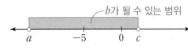

따라서 $a<b<c$

4-1 풀이 전략 주어진 조건을 모두 만족하도록 수직선 위에 세 수를 나타낸다.

(가)에 의해 수직선에서 원점으로부터 가장 멀리 떨어져 있는 점에 대응하는 수는 a이고, 원점으로부터 가장 가까이 있는 점에 대응하는 수는 c이다.

(나)에 의해 세 수 중 양수는 1개이다.

a, b, c 중 1개가 양수인 경우를 나누어 (가)를 만족하도록 수직선 위에 세 수를 나타내면 다음과 같다.

(ⅰ) a가 양수인 경우

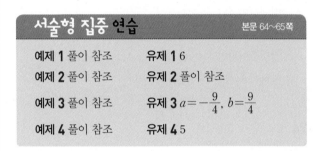

따라서 $b<c<a$

(ⅱ) b가 양수인 경우

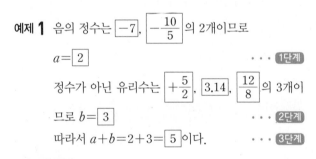

따라서 $a<c<b$

(ⅲ) c가 양수인 경우

따라서 $a<b<c$

서술형 집중 연습
본문 64~65쪽

예제 1 풀이 참조	유제 1 6
예제 2 풀이 참조	유제 2 풀이 참조
예제 3 풀이 참조	유제 3 $a=-\dfrac{9}{4}$, $b=\dfrac{9}{4}$
예제 4 풀이 참조	유제 4 5

예제 1 음의 정수는 $\boxed{-7}$, $\boxed{-\dfrac{10}{5}}$의 2개이므로

$a=\boxed{2}$ · · · 1단계

정수가 아닌 유리수는 $\boxed{+\dfrac{5}{2}}$, $\boxed{3.14}$, $\boxed{\dfrac{12}{8}}$의 3개이므로 $b=\boxed{3}$ · · · 2단계

따라서 $a+b=2+3=\boxed{5}$이다. · · · 3단계

채점 기준표

단계	채점 기준	비율
1단계	a의 값을 구한 경우	40 %
2단계	b의 값을 구한 경우	40 %
3단계	$a+b$의 값을 구한 경우	20 %

유제 1 자연수가 아닌 정수는 0, -11의 2개이므로

$a=2$ · · · 1단계

음의 유리수는 $-\dfrac{9}{5}$, $-\dfrac{6}{4}$, $-\dfrac{15}{6}$, -11의 4개이므로 $b=4$ · · · 2단계

따라서 $a+b=2+4=6$ · · · 3단계

채점 기준표

단계	채점 기준	비율
1단계	a의 값을 구한 경우	40 %
2단계	b의 값을 구한 경우	40 %
3단계	$a+b$의 값을 구한 경우	20 %

예제 2 옳지 않은 것은 $\boxed{\text{ㄴ, ㄷ}}$이다. ··· **1단계**

ㄴ. 양수가 아닌 유리수는 음수이거나 $\boxed{0}$이다.
··· **2단계**

ㄷ. -1은 음의 정수 중에서 가장 $\boxed{\text{큰}}$ 수이다.
··· **3단계**

채점 기준표

단계	채점 기준	비율
1단계	옳지 않은 것을 모두 찾은 경우	20 %
2단계	ㄴ이 옳지 않은 이유를 설명한 경우	40 %
3단계	ㄷ이 옳지 않은 이유를 설명한 경우	40 %

유제 2 옳지 않은 것은 $\boxed{\text{ㄱ, ㄷ}}$이다. ··· **1단계**

ㄱ. 0은 유리수이다. ··· **2단계**

ㄷ. 서로 다른 두 정수 0과 1 사이에는 정수가 존재하지 않는다. ··· **3단계**

채점 기준표

단계	채점 기준	비율
1단계	옳지 않은 것을 모두 찾은 경우	20 %
2단계	ㄱ이 옳지 않은 이유를 설명한 경우	40 %
3단계	ㄷ이 옳지 않은 이유를 설명한 경우	40 %

예제 3 a는 b보다 10만큼 작으므로 두 수에 대응하는 두 점 사이의 거리는 $\boxed{10}$이고, 두 수의 절댓값이 같으므로 원점으로부터 각각 $10 \div \boxed{2} = \boxed{5}$만큼 떨어져 있다. ··· **1단계**
절댓값이 $\boxed{5}$인 수는 $\boxed{5}$, $\boxed{-5}$이다. ··· **2단계**
이때 a가 b보다 작으므로
$a = \boxed{-5}$, $b = \boxed{5}$이다. ··· **3단계**

채점 기준표

단계	채점 기준	비율
1단계	a, b의 절댓값을 구한 경우	40 %
2단계	절댓값이 5인 두 수를 구한 경우	40 %
3단계	a, b의 값을 각각 구한 경우	20 %

유제 3 두 점 사이의 거리가 $\dfrac{9}{2}$이므로 두 수 a, b의 절댓값은 $\dfrac{9}{2} \times \dfrac{1}{2} = \dfrac{9}{4}$이다. ··· **1단계**

절댓값이 $\dfrac{9}{4}$인 두 수는 $\dfrac{9}{4}$, $-\dfrac{9}{4}$이다. ··· **2단계**

$a < b$이므로 $a = -\dfrac{9}{4}$, $b = \dfrac{9}{4}$이다. ··· **3단계**

채점 기준표

단계	채점 기준	비율
1단계	a, b의 절댓값을 구한 경우	40 %
2단계	절댓값이 $\dfrac{9}{4}$인 두 수를 구한 경우	40 %
3단계	a, b의 값을 각각 구한 경우	20 %

예제 4 $-\dfrac{4}{3}$와 3.2를 수직선 위에 나타내면 다음과 같다.

$-\dfrac{4}{3}$에 가장 가까운 정수는 $\boxed{-1}$이므로
$x = \boxed{-1}$ ··· **1단계**
3.2에 가장 가까운 정수는 $\boxed{3}$이므로
$y = \boxed{3}$ ··· **2단계**
따라서 두 수 x와 y 사이에 있는 정수는 $\boxed{0, 1, 2}$의 $\boxed{3}$개이다. ··· **3단계**

채점 기준표

단계	채점 기준	비율
1단계	x의 값을 구한 경우	40 %
2단계	y의 값을 구한 경우	40 %
3단계	두 수 x와 y 사이에 있는 정수의 개수를 구한 경우	20 %

유제 4 $-\dfrac{9}{4}$와 $\dfrac{10}{3}$을 수직선 위에 나타내면 다음과 같다.

$-\dfrac{9}{4}$에 가장 가까운 정수는 -2이므로
$x = -2$ ··· **1단계**

$\dfrac{10}{3}$에 가장 가까운 정수는 3이므로
$y = 3$ ··· **2단계**
$|x| = |-2| = 2$, $|y| = |3| = 3$이므로
$|x| + |y| = 2 + 3 = 5$이다. ··· **3단계**

채점 기준표

단계	채점 기준	비율
1단계	x의 값을 구한 경우	40 %
2단계	y의 값을 구한 경우	40 %
3단계	$|x| + |y|$의 값을 구한 경우	20 %

중단원 실전 테스트 1회

01 ⑤	**02** ④	**03** ④	**04** ④	**05** ③
06 ①	**07** ②	**08** ③	**09** ③	**10** ②
11 ②	**12** ③	**13** $+1$, $+2$, $+3$		
14 풀이 참조		**15** 풀이 참조		**16** 8

01 ⑤ 6000원 입금 ➡ $+6000$원

02

	유리수	정수	양수
ㄱ. $+1$	○	○	○
ㄴ. $-\dfrac{5}{4}$	○	×	×
ㄷ. $-\dfrac{6}{3}$	○	○	×
ㄹ. 0	○	○	×
ㅁ. $-\dfrac{7}{14}$	○	×	×

따라서 카드에 적힌 수가 될 수 있는 것은
ㄴ. $-\dfrac{5}{4}$, ㅁ. $-\dfrac{7}{14}$이다.

03 ① 정수는 -2, 0, $+\dfrac{8}{2}$, -5의 4개이다.

② 음수는 -2, $-\dfrac{4}{3}$, -5의 3개이다.

③ 0은 유리수이다.

④ $|0|<\left|-\dfrac{4}{3}\right|<|-2|<\left|+\dfrac{8}{2}\right|<|4.7|<|-5|$
이므로 절댓값이 가장 큰 수는 -5이다.

⑤ $-2=-\dfrac{6}{3}$이고, 음수끼리는 절댓값이 클수록 작으
므로 $-2<-\dfrac{4}{3}$이다.
수를 수직선 위에 나타냈을 때, 오른쪽에 있는 수가
왼쪽에 있는 수보다 크므로 -2는 $-\dfrac{4}{3}$보다 수직
선에서 왼쪽에 있다.

04 ④ 유리수는 양의 유리수, 음의 유리수, 0으로 이루어
져 있다.

05 $-3=-\dfrac{12}{4}$, $-2=-\dfrac{8}{4}$, $-1=-\dfrac{4}{4}$이므로
점 A가 나타내는 수는 $-\dfrac{11}{4}$,

점 B가 나타내는 수는 $-\dfrac{9}{4}$,

점 C가 나타내는 수는 $-\dfrac{7}{4}$,

점 D가 나타내는 수는 $-\dfrac{5}{4}$이다.

$-1=-\dfrac{7}{7}$이므로 점 E가 나타내는 수는 $-\dfrac{4}{7}$이다.

06 절댓값이 9인 음수는 -9이고, 절댓값이 2인 양수는 2
이므로 두 수 -9와 2 사이에 있는 정수는 -8, -7,
-6, -5, -4, -3, -2, -1, 0, 1의 10개이다.

07

따라서 구하는 수는 2이다.

08 조건을 모두 만족하도록 수직선 위에 두 정수 x, y를
개략적으로 나타내면 다음과 같다.

(나)에 의해 x와 y의 절댓값의 합은 24이고,
(다)에 의해 y의 절댓값이 x의 절댓값의 3배와 같으
므로 $|x|+3\times|x|=24$, $4\times|x|=24$
$|x|=6$, $|y|=18$이다.
(가)에 의해 x는 음수, y는 양수이므로
$x=-6$, $y=18$이다.

09 $-5=-\dfrac{30}{6}$, $-\dfrac{11}{2}=-\dfrac{33}{6}$, $-\dfrac{4}{3}=-\dfrac{8}{6}$이므로
$-\dfrac{11}{2}<-5<-\dfrac{4}{3}<+2<+4$
따라서 구하는 수는 -5이다.

10 'x는 -3보다 크거나 같다.'는 $x\geq-3$이고,
'x는 2 미만이다.'는 $x<2$이므로
$-3\leq x<2$

11 '크지 않다.'는 '작거나 같다.'와 의미가 같으므로 (가),
(나)에 의해 절댓값이 5보다 작거나 같은 정수를 구하
면 된다.
절댓값이 0인 수는 0
절댓값이 1인 수는 1, -1
절댓값이 2인 수는 2, -2
절댓값이 3인 수는 3, -3
절댓값이 4인 수는 4, -4

절댓값이 5인 수는 5, -5

(다)에 의해 -2보다 커야 하므로 조건을 모두 만족시키는 수는 -1, 0, 1, 2, 3, 4, 5의 7개이다.

12 $-\dfrac{1}{4}=-\dfrac{3}{12}$, $\dfrac{5}{3}=\dfrac{20}{12}$이므로 두 수 사이에 있는 분모가 12인 유리수는 $-\dfrac{2}{12}$, $-\dfrac{1}{12}$, $\cdots$, $\dfrac{19}{12}$이고, 이 중 기약분수로 나타내었을 때 분모가 12인 것은 $-\dfrac{1}{12}$, $\dfrac{1}{12}$, $\dfrac{5}{12}$, $\dfrac{7}{12}$, $\dfrac{11}{12}$, $\dfrac{13}{12}$, $\dfrac{17}{12}$, $\dfrac{19}{12}$의 8개이다.

13 앞의 4장의 카드에 적힌 수 중 양수가 적힌 수는 $+\dfrac{3}{6}$의 1개이므로 마지막 카드에 적을 수는 양수이다. $\cdots$ 1단계

또한 정수가 아닌 유리수는 $+\dfrac{3}{6}$의 1개이므로 마지막 카드에 적을 수는 정수이다. $\cdots$ 2단계

따라서 마지막 카드에 적을 수는 양의 정수, 즉 자연수이어야 한다.

자연수를 작은 것부터 3개 나열하면 $+1$, $+2$, $+3$이다. $\cdots$ 3단계

채점 기준표

단계	채점 기준	비율
1단계	마지막 카드에 적을 수가 양수임을 알아낸 경우	40 %
2단계	마지막 카드에 적을 수가 정수임을 알아낸 경우	40 %
3단계	마지막 카드에 적을 수 있는 수를 3개 나열한 경우	20 %

14 (1) $-3=-\dfrac{12}{4}$, $-2=-\dfrac{8}{4}$이고, $1=\dfrac{3}{3}$, $2=\dfrac{6}{3}$이므로 수직선 위에 $-\dfrac{9}{4}$와 $\dfrac{5}{3}$에 대응하는 점을 나타내면 다음과 같다.

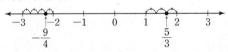

$\cdots$ 1단계

(2) $-\dfrac{9}{4}$에 가장 가까운 정수는 -2이므로 $x=-2$

$\dfrac{5}{3}$에 가장 가까운 정수는 2이므로 $y=2$ $\cdots$ 2단계

(3) 두 수 x와 y 사이에 있는 정수는 -1, 0, 1의 3개이다. $\cdots$ 3단계

채점 기준표

단계	채점 기준	비율
1단계	$-\dfrac{9}{4}$와 $\dfrac{5}{3}$를 수직선 위에 나타낸 경우	40 %
2단계	x와 y의 값을 각각 구한 경우	40 %
3단계	두 수 x와 y 사이에 있는 정수의 개수를 구한 경우	20 %

15 '크지 않다.'는 '작거나 같다.'와 의미가 같으므로 부등호를 사용하여 나타내면 $-6<x\leq7$이다. $\cdots$ 1단계

따라서 x의 값이 될 수 있는 정수는 -5, -4, -3, -2, -1, 0, 1, 2, 3, 4, 5, 6, 7이다. $\cdots$ 2단계

채점 기준표

단계	채점 기준	비율
1단계	부등호를 사용하여 나타낸 경우	50 %
2단계	정수 x의 값을 모두 구한 경우	50 %

16 $\dfrac{12}{5}=2.4$이므로 절댓값이 $\dfrac{12}{5}$ 이상 7 미만인 정수는 절댓값이 3 이상 7 미만인 정수와 같다. $\cdots$ 1단계

절댓값이 3인 수는 3, -3

절댓값이 4인 수는 4, -4

절댓값이 5인 수는 5, -5

절댓값이 6인 수는 6, -6 $\cdots$ 2단계

따라서 구하는 정수는 8개이다. $\cdots$ 3단계

채점 기준표

단계	채점 기준	비율
1단계	절댓값에 대한 조건을 구한 경우	40 %
2단계	해당하는 절댓값에 대한 수를 모두 구한 경우	40 %
3단계	정수의 개수를 구한 경우	20 %

중단원 실전 테스트 2회   본문 69~71쪽

01 ③	02 ⑤	03 ③	04 ⑤	05 ④
06 ④	07 ②	08 ②	09 ⑤	10 ④
11 ①	12 ②	13 5	14 풀이 참조	
15 $\dfrac{20}{3}$, $-\dfrac{20}{3}$		16 16		

01 ㄱ. 2℃ 상승 ➡ $+2$℃

ㄴ. 3 kg 감소 ➡ -3 kg

ㄷ. 10000원 출금 ➡ -10000원

ㄹ. 해발 500 m ➡ $+500$ m

02 ② $-\dfrac{9}{3}=-3$이므로 정수이다.

③ $+\dfrac{10}{5}=+2$이므로 정수이다.

⑤ $-\dfrac{2}{8}=-\dfrac{1}{4}$이므로 정수가 아니다.

03 □에 해당하는 수는 정수가 아닌 유리수이므로 ③ $+2.8$이다.

04 앞의 4장의 카드에 적힌 수 중 자연수가 아닌 정수가 적힌 수는 -1, 0의 2개이므로 마지막 카드에 적을 수는 음의 정수나 0이면 안 된다.

또한 양수가 적힌 수는 $+\dfrac{15}{6}$, $+3$의 2개이므로 마지막 카드에 적을 수는 양수가 아니다.

뿐만 아니라 절댓값이 같은 카드가 1쌍(2장) 존재하므로 마지막 카드에 적을 수의 절댓값은 $\dfrac{15}{6}$, 1, 3 중 하나이다.

주어진 수 중 음의 정수나 0인 것과 양수인 것, 절댓값을 정리하면 다음과 같으므로

	음의 정수나 0	양수	절댓값
① -3	○	×	3
② $+1$	×	○	1
③ $+\dfrac{6}{15}$	×	○	$\dfrac{6}{15}$
④ 5.1	×	○	5.1
⑤ $-\dfrac{15}{6}$	×	×	$\dfrac{15}{6}$

마지막 카드에 적을 수 있는 수는 ⑤ $-\dfrac{15}{6}$이다.

05 점 A, B, C, D에 대응하는 수는 다음과 같다.

A	B	C	D
$-\dfrac{7}{2}$	$-\dfrac{4}{3}$	$\dfrac{5}{3}$	3

① 정수에 대응하는 점은 D의 1개이다.

② 양수에 대응하는 점은 C, D의 2개이다.

③ $\left|-\dfrac{4}{3}\right|<\left|\dfrac{5}{3}\right|<|3|<\left|-\dfrac{7}{2}\right|$이므로 절댓값이 가장 큰 수에 대응하는 점은 A이다.

⑤ $\left|-\dfrac{4}{3}\right|<\left|\dfrac{5}{3}\right|$이므로 점 B에 대응하는 수의 절댓값이 점 C에 대응하는 수의 절댓값보다 작다.

06 $|0|<\left|-\dfrac{1}{3}\right|<|-2|<\left|+\dfrac{8}{2}\right|<|4.7|<|-5|$이므로 절댓값이 가장 큰 수는 -5이고, 절댓값이 가장 작은 수는 0이다.

07 ① (양수)>(음수)이므로 $1>-0.7$

② $-\dfrac{5}{3}=-\dfrac{20}{12}$, $-\dfrac{5}{4}=-\dfrac{15}{12}$이고, 음수끼리는 절댓값이 클수록 작으므로 $-\dfrac{5}{3}<-\dfrac{5}{4}$

③ $0>$(음수)이므로 $0>-3$

④ 음수끼리는 절댓값이 클수록 작으므로 $-8>-10$

⑤ $|-3.5|=3.5$, $|2|=2$이고, 양수끼리는 절댓값이 클수록 크므로 $|-3.5|>|2|$

08 $-215<-214<-176<-148<-80$
$<+17<+179<+467$이므로
구하는 행성은 목성이다.

09 ① a는 -5 이하이다. ➡ $a\leq-5$

② b는 -1보다 크다. ➡ $b>-1$

③ c는 0 이상이고 6 미만이다. ➡ $0\leq c<6$

④ d는 1보다 크지 않다. ➡ $d\leq1$

10 점 A가 나타낼 수 있는 수는 $+4$, -4

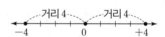

점 B가 나타낼 수 있는 수는 $+2$, $+8$

점 A와 점 B가 나타낼 수 있는 수의 경우를 나누어 두 점 A, B 사이의 거리를 구하면 다음과 같다.

(i) 두 점 A와 B가 나타내는 수가 각각 $+4$, $+2$인 경우

두 점 A, B 사이의 거리는 2이다.

(ii) 두 점 A와 B가 나타내는 수가 각각 $+4$, $+8$인 경우

두 점 A, B 사이의 거리는 4이다.

(iii) 두 점 A와 B가 나타내는 수가 각각 -4, $+2$인 경우

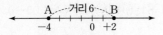

두 점 A, B 사이의 거리는 6이다.

(iv) 두 점 A와 B가 나타내는 수가 각각 -4, $+8$인 경우

두 점 A, B 사이의 거리는 12이다.

따라서 두 점 A, B 사이의 거리가 될 수 있는 값 중 가장 큰 값은 12이다.

11 '작지 않다.'는 '크거나 같다.'와 의미가 같으므로 -7보다 크거나 같고 $-\dfrac{5}{4}$보다 작은 정수는 -7, -6, -5, -4, -3, -2의 6개이다.

12 (가)에 의해 a와 b의 부호는 다르다.

(가), (나), (라)에 의해 b는 음수, a와 c는 양수임을 알 수 있다.

(다)에 의해 $|a|<|c|$이고, 양수끼리는 절댓값이 클수록 크므로 $a<c$

따라서 $b<a<c$

13 양의 정수는 $+1$, $+\dfrac{15}{3}$의 2개이므로

$a=2$ $\qquad\cdots$ **1단계**

정수가 아닌 유리수는 $-\dfrac{5}{2}$, $-\dfrac{9}{7}$, $+3.7$의 3개이므로

$b=3$ $\qquad\cdots$ **2단계**

따라서 $a+b=2+3=5$ $\qquad\cdots$ **3단계**

14 옳지 않은 것은 ㄱ, ㄷ이다. $\qquad\cdots$ **1단계**

ㄱ. 절댓값이 0인 수는 0뿐이므로 1개이다. $\cdots$ **2단계**

ㄷ. 서로 다른 두 수가 모두 양수인 경우에는 절댓값이 큰 수가 절댓값이 작은 수보다 더 크지만, 서로 다른 두 수가 모두 음수인 경우에는 절댓값이 큰 수가 절댓값이 작은 수보다 더 작다. $\qquad\cdots$ **3단계**

15 두 점 사이의 거리가 $\dfrac{40}{3}$이므로 두 수 a, b의 절댓값은 $\dfrac{40}{3}\times\dfrac{1}{2}=\dfrac{20}{3}$이다. $\qquad\cdots$ **1단계**

절댓값이 $\dfrac{20}{3}$인 두 수는 $\dfrac{20}{3}$, $-\dfrac{20}{3}$이다.

따라서 구하는 두 수는 $\dfrac{20}{3}$, $-\dfrac{20}{3}$이다. $\qquad\cdots$ **2단계**

16 $-\dfrac{4}{3}=-\dfrac{20}{15}$, $\dfrac{3}{5}=\dfrac{9}{15}$이므로 $\qquad\cdots$ **1단계**

두 수 사이에 있는 분모가 15인 유리수는

$-\dfrac{19}{15}$, $-\dfrac{18}{15}$, $-\dfrac{17}{15}$, $\cdots$, $\dfrac{8}{15}$이고, $\qquad\cdots$ **2단계**

이 중 기약분수로 나타내었을 때 분모가 15인 것은

$-\dfrac{19}{15}$, $-\dfrac{17}{15}$, $-\dfrac{16}{15}$, $-\dfrac{14}{15}$, $-\dfrac{13}{15}$, $-\dfrac{11}{15}$, $-\dfrac{8}{15}$,

$-\dfrac{7}{15}$, $-\dfrac{4}{15}$, $-\dfrac{2}{15}$, $-\dfrac{1}{15}$, $\dfrac{1}{15}$, $\dfrac{2}{15}$, $\dfrac{4}{15}$, $\dfrac{7}{15}$,

$\dfrac{8}{15}$의 16개이다. $\qquad\cdots$ **3단계**

② 정수와 유리수의 계산

01 (1) $+9$ (2) -4 (3) $+5$ (4) -5

02 ㉠: 교환법칙, ㉡: 결합법칙

03 (1) -3 (2) $+3$ (3) $+11$ (4) -5

04 (1) $+7$ (2) $-\dfrac{16}{3}$ (3) -1 (4) $-\dfrac{5}{6}$

05 (1) $+16$ (2) -12 (3) -27 (4) $+24$

06 ㉠: 교환법칙, ㉡: 결합법칙

07 (1) $+24$ (2) -30 (3) -48

08 (1) -3 (2) $+6$ (3) $-\dfrac{8}{7}$ (4) $+\dfrac{5}{8}$

09 $+\dfrac{3}{2}$ **10** $+\dfrac{5}{2}$

01 ③	**02** ⑤	**03** ④	**04** ⑤	**05** ②
06 ②	**07** ①	**08** ⑤		
09 ㉠: 교환법칙, ㉡: 결합법칙			**10** ①	**11** ③
12 ①	**13** ⑤	**14** ②	**15** -17.6	
16 (가): $-\dfrac{15}{4}$, (나): -194			**17** ③	**18** ①
19 ④	**20** ①	**21** ⑤	**22** ③	**23** ①
24 ④				

01 ① $(+10)+(-4)=+(10-4)=+6$

    ② $(-2)+(-5)=-(2+5)=-7$

    ③ $(-0.5)+(-1.2)=-(0.5+1.2)=-1.7$

    ④ $(-1)+\left(+\dfrac{3}{5}\right)=\left(-\dfrac{5}{5}\right)+\left(+\dfrac{3}{5}\right)$

              $=-\left(\dfrac{5}{5}-\dfrac{3}{5}\right)=-\dfrac{2}{5}$

    ⑤ $\left(+\dfrac{5}{2}\right)+\left(-\dfrac{2}{3}\right)=\left(+\dfrac{15}{6}\right)+\left(-\dfrac{4}{6}\right)$

                 $=+\left(\dfrac{15}{6}-\dfrac{4}{6}\right)=+\dfrac{11}{6}$

02 ① $(-5)+(+1)=-(5-1)=-4$

    ② $(-2)+0=-2$

    ③ $(+1.5)+(-0.2)=+(1.5-0.2)=+1.3$

    ④ $\left(-\dfrac{3}{4}\right)+\left(-\dfrac{4}{3}\right)=\left(-\dfrac{9}{12}\right)+\left(-\dfrac{16}{12}\right)$

           $=-\left(\dfrac{9}{12}+\dfrac{16}{12}\right)=-\dfrac{25}{12}$

    ⑤ $\left(+\dfrac{7}{2}\right)+\left(-\dfrac{1}{6}\right)=\left(+\dfrac{21}{6}\right)+\left(-\dfrac{1}{6}\right)$

           $=+\left(\dfrac{21}{6}-\dfrac{1}{6}\right)$

           $=+\dfrac{20}{6}=+\dfrac{10}{3}$

따라서 계산 결과가 가장 큰 것은 ⑤이다.

03 ① $(-4)-(+4)=(-4)+(-4)=-8$

    ② $(-5)-(-3)=(-5)+(+3)=-2$

    ③ $(+1)-(+4)=(+1)+(-4)=-3$

    ④ $(-7)-(+1)=(-7)+(-1)=-8$

    ⑤ $(+2)-(-6)=(+2)+(+6)=+8$

04 ① $0-(+2)=0+(-2)=-2$

    ② $(-5)-(-3)=(-5)+(+3)=-2$

    ③ $(-0.7)-(+1.3)=(-0.7)+(-1.3)=-2$

    ④ $\left(+\dfrac{2}{3}\right)-\left(+\dfrac{8}{3}\right)=\left(+\dfrac{2}{3}\right)+\left(-\dfrac{8}{3}\right)=-2$

    ⑤ $\left(+\dfrac{2}{7}\right)-\left(-\dfrac{12}{7}\right)=\left(+\dfrac{2}{7}\right)+\left(+\dfrac{12}{7}\right)=+2$

05 $\left(+\dfrac{4}{5}\right)+\left(-\dfrac{2}{3}\right)-\left(-\dfrac{1}{5}\right)-\left(+\dfrac{7}{15}\right)$

  $=\left(+\dfrac{4}{5}\right)+\left(-\dfrac{2}{3}\right)+\left(+\dfrac{1}{5}\right)+\left(-\dfrac{7}{15}\right)$

  $=\left(+\dfrac{4}{5}\right)+\left(+\dfrac{1}{5}\right)+\left(-\dfrac{2}{3}\right)+\left(-\dfrac{7}{15}\right)$

  $=(+1)+\left(-\dfrac{10}{15}\right)+\left(-\dfrac{7}{15}\right)$

  $=(+1)+\left(-\dfrac{17}{15}\right)$

  $=-\dfrac{2}{15}$

06 $-\dfrac{5}{3}+2-\dfrac{7}{6}-\dfrac{1}{3}$

  $=\left(-\dfrac{5}{3}\right)+(+2)-\left(+\dfrac{7}{6}\right)-\left(+\dfrac{1}{3}\right)$

  $=\left(-\dfrac{5}{3}\right)+(+2)+\left(-\dfrac{7}{6}\right)+\left(-\dfrac{1}{3}\right)$

  $=\left(-\dfrac{5}{3}\right)+\left(-\dfrac{1}{3}\right)+(+2)+\left(-\dfrac{7}{6}\right)$

$$=(-2)+(+2)+\left(-\frac{7}{6}\right)$$

$$=0+\left(-\frac{7}{6}\right)$$

$$=-\frac{7}{6}$$

07 ① $(-3)\times(-4)=+(3\times4)=+12$

② $(+4)\times(-1)=-(4\times1)=-4$

③ $(+4)\times(+1.5)=+(4\times1.5)=+6$

④ $(-15)\times\left(-\frac{2}{3}\right)=+\left(15\times\frac{2}{3}\right)=+10$

⑤ $\left(-\frac{2}{5}\right)\times\left(+\frac{5}{2}\right)=-\left(\frac{2}{5}\times\frac{5}{2}\right)=-1$

따라서 계산 결과가 가장 큰 것은 ①이다.

08 ① $(+3)\times(-8)=-(3\times8)=-24$

② $(-6)\times(+4)=-(6\times4)=-24$

③ $(+2)\times(+12)=+(2\times12)=+24$

④ $(-18)\times\left(-\frac{4}{3}\right)=+\left(18\times\frac{4}{3}\right)=+24$

⑤ $\left(+\frac{15}{2}\right)\times\left(-\frac{16}{5}\right)=-\left(\frac{15}{2}\times\frac{16}{5}\right)=-24$

09 두 수의 순서를 바꾸어 더해도 그 계산 결과는 같으므로 ㉠은 교환법칙이 이용되었다.

세 수의 덧셈에서 앞의 두 수를 먼저 더하여 계산한 결과와 뒤의 두 수를 먼저 더하여 계산한 결과는 같으므로 ㉡은 결합법칙이 이용되었다.

10 두 수의 순서를 바꾸어 곱해도 그 계산 결과는 같은 교환법칙이 이용된 곳은 ㉠이다.

세 수의 곱셈에서 앞의 두 수를 먼저 곱하여 계산한 결과와 뒤의 두 수를 먼저 곱하여 계산한 결과는 같은 결합법칙이 이용된 곳은 ㉡이다.

11 $\left(-\frac{12}{5}\right)\times\left(+\frac{2}{3}\right)\times\left(-\frac{7}{8}\right)\times\left(-\frac{9}{2}\right)$

$$=-\left(\frac{12}{5}\times\frac{2}{3}\times\frac{7}{8}\times\frac{9}{2}\right)$$

$$=-\frac{63}{10}$$

12 곱해진 분수의 개수는 35개이므로

$$\left(-\frac{1}{2}\right)\times\left(-\frac{2}{3}\right)\times\left(-\frac{3}{4}\right)\times\left(-\frac{4}{5}\right)\times\cdots\times\left(-\frac{35}{36}\right)$$

$$=-\left(\frac{1}{2}\times\frac{2}{3}\times\frac{3}{4}\times\frac{4}{5}\times\cdots\times\frac{35}{36}\right)$$

$$=-\frac{1}{36}$$

13 ① $(-1)^5=-1^5=-1$

② $\left(-\frac{1}{4}\right)^2=+\left(\frac{1}{4}\right)^2=+\frac{1}{16}$

③ $-(-2^3)=-(-8)=+8$

④ $\left(-\frac{3}{2}\right)^4=+\left(\frac{3}{2}\right)^4=+\frac{81}{16}$

⑤ $-\frac{(-3)^2}{5}=-\frac{+3^2}{5}=-\frac{9}{5}$

따라서 가장 작은 수는 ⑤이다.

14 ㄱ. $(-3)^3=-3^3=-27$

ㄴ. $-4^2=-16$

ㄷ. $-(-5)^2=-(+5^2)=-25$

ㄹ. $-(-2^5)=-(-32)=+32$

$-27<-25<-16<+32$이므로

작은 수부터 차례로 나열하면 ㄱ, ㄷ, ㄴ, ㄹ이다.

15 $-1.76\times3.62-1.76\times6.38$

$$=-1.76\times(3.62+6.38)$$

$$=-1.76\times10$$

$$=-17.6$$

16 $\frac{136}{3}\times\left(-\frac{9}{17}-\frac{15}{4}\right)$

$$=\frac{136}{3}\times\left(-\frac{9}{17}\right)+\frac{136}{3}\times\left(\boxed{-\frac{15}{4}}\right)$$

$$=-24+(-170)$$

$$=\boxed{-194}$$

17 -3의 역수는 $-\frac{1}{3}$이므로 $a=-\frac{1}{3}$

$-\frac{9}{5}$의 역수는 $-\frac{5}{9}$이므로 $b=-\frac{5}{9}$

따라서 $a\times b=\left(-\frac{1}{3}\right)\times\left(-\frac{5}{9}\right)=\frac{5}{27}$

18 -2의 역수는 $-\frac{1}{2}$이므로 $a=-\frac{1}{2}$

$-\frac{1}{2}$의 역수는 -2이므로 $b=-2$

따라서 $a+b=\left(-\frac{1}{2}\right)+(-2)=-\frac{5}{2}$

19 ① $(+30) \div (-6) = (+30) \times \left(-\dfrac{1}{6}\right) = -5$

② $(-2.4) \div (-0.4) = \left(-\dfrac{12}{5}\right) \div \left(-\dfrac{2}{5}\right)$

$\qquad = \left(-\dfrac{12}{5}\right) \times \left(-\dfrac{5}{2}\right) = +6$

③ $\left(-\dfrac{2}{3}\right) \div (-8) = \left(-\dfrac{2}{3}\right) \times \left(-\dfrac{1}{8}\right) = +\dfrac{1}{12}$

④ $\left(-\dfrac{5}{6}\right) \div \left(-\dfrac{3}{8}\right) = \left(-\dfrac{5}{6}\right) \times \left(-\dfrac{8}{3}\right) = +\dfrac{20}{9}$

⑤ $\left(-\dfrac{11}{5}\right) \div \left(+\dfrac{11}{10}\right) = \left(-\dfrac{11}{5}\right) \times \left(+\dfrac{10}{11}\right) = -2$

20 $a = (-9) \div \left(-\dfrac{6}{5}\right) = (-9) \times \left(-\dfrac{5}{6}\right) = +\dfrac{15}{2}$

$b = \left(+\dfrac{3}{8}\right) \div \left(-\dfrac{7}{4}\right) = \left(+\dfrac{3}{8}\right) \times \left(-\dfrac{4}{7}\right) = -\dfrac{3}{14}$

따라서 $a \div b = \left(+\dfrac{15}{2}\right) \div \left(-\dfrac{3}{14}\right)$

$\qquad = \left(+\dfrac{15}{2}\right) \times \left(-\dfrac{14}{3}\right)$

$\qquad = -35$

21 $\left(-\dfrac{8}{5}\right) \times \left(-\dfrac{4}{3}\right) \div \left(-\dfrac{2}{5}\right)^2$

$= \left(-\dfrac{8}{5}\right) \times \left(-\dfrac{4}{3}\right) \div \left(+\dfrac{4}{25}\right)$

$= \left(-\dfrac{8}{5}\right) \times \left(-\dfrac{4}{3}\right) \times \left(+\dfrac{25}{4}\right)$

$= +\left(\dfrac{8}{5} \times \dfrac{4}{3} \times \dfrac{25}{4}\right)$

$= \dfrac{40}{3}$

22 곱셈과 나눗셈의 경우, 앞에서부터 차례대로 계산해야 하므로 처음으로 틀린 부분은 ③이다.

$(-2)^3 \times \left(-\dfrac{2}{5}\right) \div \left(+\dfrac{3}{10}\right) \div (-12)$를 옳게 계산하면 다음과 같다.

$(-2)^3 \times \left(-\dfrac{2}{5}\right) \div \left(+\dfrac{3}{10}\right) \div (-12)$

$= (-8) \times \left(-\dfrac{2}{5}\right) \div \left(+\dfrac{3}{10}\right) \div (-12)$

$= (-8) \times \left(-\dfrac{2}{5}\right) \times \left(+\dfrac{10}{3}\right) \times \left(-\dfrac{1}{12}\right)$

$= -\left(8 \times \dfrac{2}{5} \times \dfrac{10}{3} \times \dfrac{1}{12}\right)$

$= -\dfrac{8}{9}$

23 $-2 - \left\{\left(-\dfrac{4}{3}\right)^2 + 6 \times \left(-\dfrac{5}{9}\right)\right\} \div \left(-\dfrac{7}{12}\right)$

$= -2 - \left\{\dfrac{16}{9} + 6 \times \left(-\dfrac{5}{9}\right)\right\} \div \left(-\dfrac{7}{12}\right)$

$= -2 - \left\{\dfrac{16}{9} + \left(-\dfrac{10}{3}\right)\right\} \div \left(-\dfrac{7}{12}\right)$

$= -2 - \left(-\dfrac{14}{9}\right) \div \left(-\dfrac{7}{12}\right)$

$= -2 - \left(-\dfrac{14}{9}\right) \times \left(-\dfrac{12}{7}\right)$

$= -2 - \left(+\dfrac{8}{3}\right)$

$= -\dfrac{6}{3} + \left(-\dfrac{8}{3}\right)$

$= -\dfrac{14}{3}$

24 $\left[-\dfrac{2}{5} \div \left\{\left(-\dfrac{3}{5}\right) + (-1)^7\right\} \times (-2^2)\right] - 6 \times \dfrac{3}{2}$

$= \left[-\dfrac{2}{5} \div \left\{\left(-\dfrac{3}{5}\right) + (-1)\right\} \times (-4)\right] - 6 \times \dfrac{3}{2}$

$= \left\{-\dfrac{2}{5} \div \left(-\dfrac{8}{5}\right) \times (-4)\right\} - 6 \times \dfrac{3}{2}$

$= \left\{-\dfrac{2}{5} \times \left(-\dfrac{5}{8}\right) \times (-4)\right\} - 6 \times \dfrac{3}{2}$

$= -\left(\dfrac{2}{5} \times \dfrac{5}{8} \times 4\right) - 6 \times \dfrac{3}{2}$

$= -1 - 6 \times \dfrac{3}{2}$

$= -1 - 9$

$= -1 - (+9)$

$= -1 + (-9)$

$= -10$

기출 예상 문제
본문 80~83쪽

01 ⑤	02 ②	03 ①	04 ④	05 ⑤
06 ⑤	07 ②	08 ④	09 ①	10 ①
11 ⑤	12 ③	13 ③	14 ①	15 ⑤
16 ⑤	17 ③	18 ④	19 ③	20 ⑤
21 ③	22 ④	23 ④	24 ④	

01 ① $(+2) + (-7) = -(7-2) = -5$

② $(-4) + (-1) = -(4+1) = -5$

③ $(-6) + (+1) = -(6-1) = -5$

④ $(-2) + (-3) = -(2+3) = -5$

⑤ $(+8) + (-3) = +(8-3) = +5$

02 0에서 왼쪽으로 4만큼 갔으므로 -4이고, -4에서 오른쪽으로 7만큼 갔으므로 이를 덧셈으로 나타내면 $(-4)+(+7)$이다.

그 결과는 0에서 오른쪽으로 3만큼 간 것과 같으므로 $(-4)+(+7)=+3$

03 $|+1.7|<|-2|<\left|+\dfrac{9}{2}\right|<|-5|$이므로

$a=-5,\ b=+1.7$

따라서 $a-b=(-5)-(+1.7)$
$\qquad\qquad =(-5)+(-1.7)=-6.7$

04 각 지역의 일교차를 계산하면 다음과 같다.

서울: $5.7-(-5.1)=5.7+(+5.1)=10.8(℃)$

부산: $10.2-(-2.5)=10.2+(+2.5)=12.7(℃)$

대전: $8.1-(-4.9)=8.1+(+4.9)=13(℃)$

춘천: $6-(-9.8)=6+(+9.8)=15.8(℃)$

제주: $11.7-3.2=8.5(℃)$

따라서 일교차가 가장 큰 지역은 $15.8℃$의 춘천이다.

05 $a=\left(-\dfrac{8}{3}\right)+\left(+\dfrac{5}{8}\right)=\left(-\dfrac{64}{24}\right)+\left(+\dfrac{15}{24}\right)=-\dfrac{49}{24}$

$b=\left(-\dfrac{3}{8}\right)-\left(+\dfrac{2}{3}\right)=\left(-\dfrac{3}{8}\right)+\left(-\dfrac{2}{3}\right)$

$\qquad\qquad\qquad\qquad =\left(-\dfrac{9}{24}\right)+\left(-\dfrac{16}{24}\right)$

$\qquad\qquad\qquad\qquad =-\dfrac{25}{24}$

따라서 $a-b=\left(-\dfrac{49}{24}\right)-\left(-\dfrac{25}{24}\right)$

$\qquad\qquad\quad =\left(-\dfrac{49}{24}\right)+\left(+\dfrac{25}{24}\right)$

$\qquad\qquad\quad =-1$

06 $4+(-3)+2=3$이므로 가로, 세로, 대각선에 놓인 세 수의 합은 3이다.

① $㉠+(-1)+4=3$이므로 $㉠+3=3$

　따라서 $㉠=0$

③ $0+㉢+2=3$이므로 $㉢+2=3$

　따라서 $㉢=1$

② $㉡+1+(-3)=3$이므로 $㉡+(-2)=3$

　따라서 $㉡=5$

④ $0+5+㉣=3$이므로 $5+㉣=3$

　따라서 $㉣=-2$

⑤ $-2+㉤+2=3$이므로 $㉤=3$

07 $1-2+3-4+5-6+\cdots+99-100$

$=(+1)-(+2)+(+3)-(+4)+\cdots$
$\qquad\qquad\qquad\qquad\qquad +(+99)-(+100)$

$=(+1)+(-2)+(+3)+(-4)+\cdots$
$\qquad\qquad\qquad\qquad\qquad +(+99)+(-100)$

$=\{(+1)+(-2)\}+\{(+3)+(-4)\}+\cdots$
$\qquad\qquad\qquad\qquad\quad +\{(+99)+(-100)\}$

$=\underbrace{(-1)+(-1)+\cdots+(-1)}_{50번}$

$=(-1)\times 50$

$=-50$

08 ① $(-5)\times 0=0$

② $(+5)\times(+4)=+(5\times 4)=+20$

③ $(-4)\times(-2)=+(4\times 2)=+8$

④ $(-10)\times(+2)=-(10\times 2)=-20$

⑤ $(+3)\times(-7)=-(3\times 7)=-21$

09 ㄱ. $(+3)\times(-2)=-(3\times 2)=-6$

ㄴ. $(-4)\times\left(-\dfrac{7}{2}\right)=+\left(4\times\dfrac{7}{2}\right)=+14$

ㄷ. $\left(-\dfrac{5}{3}\right)\times\left(+\dfrac{1}{4}\right)=-\left(\dfrac{5}{3}\times\dfrac{1}{4}\right)=-\dfrac{5}{12}$

ㄹ. $\left(-\dfrac{9}{4}\right)\times\left(-\dfrac{20}{3}\right)=+\left(\dfrac{9}{4}\times\dfrac{20}{3}\right)=+15$

$-6<-\dfrac{5}{12}<+14<+15$이므로

계산 결과가 작은 것부터 차례로 나열하면

ㄱ, ㄷ, ㄴ, ㄹ이다.

10 두 수의 순서를 바꾸어 더해도 그 계산 결과는 같은 교환법칙이 이용된 곳은 ㉠이다.

세 수의 덧셈에서 앞의 두 수를 먼저 더하여 계산한 결과와 뒤의 두 수를 먼저 더하여 계산한 결과는 같은 결합법칙이 이용된 곳은 ㉡이다.

11 $(-3)^2\times\left(-\dfrac{5}{6}\right)\times(-2)^3$

$=(+3^2)\times\left(-\dfrac{5}{6}\right)\times(-2^3)$

$=(+9)\times\left(-\dfrac{5}{6}\right)\times(-8)$

$=+\left(9\times\dfrac{5}{6}\times 8\right)$

$=60$

12 서로 다른 세 수를 뽑아 곱한 값이 가장 크려면 절댓값이 큰 음수 2개와 양수 1개를 선택해야 한다.

$|-2|<|-3|<|-4|$이므로 음수 중에서 -3과 -4를 선택하고,

$|+5|<|+8|$이므로 양수 중에서 $+8$을 선택하여 곱하면

$(-3)\times(-4)\times(+8)=+(3\times4\times8)=96$

13 ① $\left(-\dfrac{1}{2}\right)^4=+\left(\dfrac{1}{2}\right)^4=+\dfrac{1}{16}$

② $(-2)^3=-2^3=-8$

③ $-(-2)^2=-(+2^2)=-4$

④ $-(-2^4)=-(-16)=+16$

⑤ $-\left(\dfrac{1}{2}\right)^5=-\dfrac{1}{32}$

$-8<-4<-\dfrac{1}{32}<+\dfrac{1}{16}<+16$이므로

두 번째로 작은 수는 ③이다.

14 $(-1)^{2021}=-1,\ (-1)^{2022}=+1,\ 1^{2021}=+1$이므로

$(-1)^{2021}-(-1)^{2022}-1^{2021}$

$=(-1)-(+1)-(+1)$

$=(-1)+(-1)+(-1)$

$=-3$

15 $a\times(b+c)=a\times b+a\times c$

$\qquad\qquad\quad=\left(-\dfrac{16}{3}\right)+a\times c=+7$이므로

$a\times c$는 $+7$에서 $-\dfrac{16}{3}$을 뺀 것과 같다.

$a\times c=(+7)-\left(-\dfrac{16}{3}\right)$

$\qquad\quad=(+7)+\left(+\dfrac{16}{3}\right)$

$\qquad\quad=\left(+\dfrac{21}{3}\right)+\left(+\dfrac{16}{3}\right)$

$\qquad\quad=\dfrac{37}{3}$

16 두 수의 곱이 1이 될 때, 두 수는 서로 역수 관계이다.

ㄱ. $-1\times1=-1$

ㄴ. $2\times\left(-\dfrac{1}{2}\right)=-1$

ㄷ. $\dfrac{5}{6}\times\dfrac{6}{5}=1$

ㄹ. $-\dfrac{5}{3}\times\dfrac{5}{3}=-\dfrac{25}{9}$

ㅁ. $-0.4\times(-2.5)=1$

따라서 두 수가 서로 역수 관계인 것은 ㄷ, ㅁ이다.

17 -1과 마주 보는 면에 적힌 수는 -1,

$-\dfrac{7}{3}$과 마주 보는 면에 적힌 수는 $-\dfrac{3}{7}$이고

$0.5=\dfrac{1}{2}$이므로 0.5와 마주 보는 면에 적힌 수는 2이다.

따라서 구하는 수의 합은

$(-1)+\left(-\dfrac{3}{7}\right)+2=(-1)+2+\left(-\dfrac{3}{7}\right)$

$\qquad\qquad\qquad\qquad=1+\left(-\dfrac{3}{7}\right)$

$\qquad\qquad\qquad\qquad=\dfrac{7}{7}+\left(-\dfrac{3}{7}\right)$

$\qquad\qquad\qquad\qquad=\dfrac{4}{7}$

18 $\dfrac{12}{5}$의 역수는 $\dfrac{5}{12}$이므로

$a=\dfrac{5}{12}$

$-1.8=-\dfrac{18}{10}=-\dfrac{9}{5}$이고 $-\dfrac{9}{5}$의 역수는 $-\dfrac{5}{9}$이므로

$b=-\dfrac{5}{9}$

따라서 $a\div b=\dfrac{5}{12}\div\left(-\dfrac{5}{9}\right)$

$\qquad\qquad\quad=\dfrac{5}{12}\times\left(-\dfrac{9}{5}\right)$

$\qquad\qquad\quad=-\dfrac{3}{4}$

19 주어진 식의 분수는 19개이므로

$\left(-\dfrac{1}{2}\right)\div\left(-\dfrac{2}{3}\right)\div\left(-\dfrac{3}{4}\right)\div\cdots\div\left(-\dfrac{18}{19}\right)\div\left(-\dfrac{19}{20}\right)$

$=\left(-\dfrac{1}{2}\right)\times\left(-\dfrac{3}{2}\right)\times\left(-\dfrac{4}{3}\right)\times\cdots\times\left(-\dfrac{19}{18}\right)\times\left(-\dfrac{20}{19}\right)$

$=-\left(\dfrac{1}{2}\times\dfrac{3}{2}\times\dfrac{4}{3}\times\cdots\times\dfrac{19}{18}\times\dfrac{20}{19}\right)$

$=-\dfrac{20}{2\times2}$

$=-5$

20 $-\dfrac{12}{5}\times(-2)^3\div\dfrac{3}{10}$

$=-\dfrac{12}{5}\times(-8)\div\dfrac{3}{10}$

$=-\dfrac{12}{5}\times(-8)\times\dfrac{10}{3}$

$=+\left(\dfrac{12}{5}\times8\times\dfrac{10}{3}\right)$

$=64$

21
$$a=-\frac{3}{4}\div(-6)\times\frac{8}{5}$$
$$=-\frac{3}{4}\times\left(-\frac{1}{6}\right)\times\frac{8}{5}$$
$$=+\left(\frac{3}{4}\times\frac{1}{6}\times\frac{8}{5}\right)$$
$$=+\frac{1}{5}$$
$$b=3\div\frac{1}{2}\div(-4)$$
$$=3\times2\times\left(-\frac{1}{4}\right)$$
$$=-\left(3\times2\times\frac{1}{4}\right)$$
$$=-\frac{3}{2}$$
따라서 $a\times b=\left(+\frac{1}{5}\right)\times\left(-\frac{3}{2}\right)=-\frac{3}{10}$

22 괄호 안을 먼저 계산하므로 ㉢
곱셈과 나눗셈의 경우, 앞에서부터 차례대로 계산해야 하므로 ㉡ → ㉣
곱셈, 나눗셈을 먼저 계산하고, 덧셈, 뺄셈을 계산하므로 ㉠
따라서 계산 순서를 나열하면 ㉢, ㉡, ㉣, ㉠이다.

23
$$-1^2-\left[\left\{\frac{5}{2}-(-2)^3\right\}\div\left(-\frac{7}{6}\right)+2\right]$$
$$=-1-\left[\left\{\frac{5}{2}-(-8)\right\}\div\left(-\frac{7}{6}\right)+2\right]$$
$$=-1-\left[\left\{\frac{5}{2}+(+8)\right\}\div\left(-\frac{7}{6}\right)+2\right]$$
$$=-1-\left[\left\{\frac{5}{2}+\left(+\frac{16}{2}\right)\right\}\div\left(-\frac{7}{6}\right)+2\right]$$
$$=-1-\left\{\left(+\frac{21}{2}\right)\div\left(-\frac{7}{6}\right)+2\right\}$$
$$=-1-\left\{\left(+\frac{21}{2}\right)\times\left(-\frac{6}{7}\right)+2\right\}$$
$$=-1-\{(-9)+2\}$$
$$=-1-(-7)$$
$$=-1+(+7)$$
$$=6$$

24 ㄱ. $a+b$의 부호는 알 수 없다.
ㄴ. $b<0<a$이므로 $a-b>0$
ㄷ. $b<0<a$이므로 $b-a<0$

ㄹ. $a>0$, $b<0$이므로 $a\times b<0$
ㅁ. $a>0$, $b<0$이므로 $a\div b<0$
ㅂ. $a>0$, $b<0$이므로 $b\div a<0$
따라서 항상 음수인 것은 ㄷ, ㄹ, ㅁ, ㅂ의 4개이다.

고난도 집중 연습   본문 84~85쪽

1 ②	**1**-1 -2, $+2$	**2** ③	**2**-1 ②
3 ⑤	**3**-1 ①	**4** ④	**4**-1 -36

1 풀이 전략 -1의 거듭제곱은 지수가 홀수이면 -1, 지수가 짝수이면 $+1$로 나타내어지므로 지수가 홀수인지 짝수인지 판단한다.
n이 홀수일 때, $2\times n$은 짝수, $n+1$은 짝수이므로 $(-1)^n=-1$, $(-1)^{2\times n}=+1$, $(-1)^{n+1}=+1$이다.
따라서 $(-1)^n+(-1)^{2\times n}-(-1)^{n+1}$
$$=(-1)+(+1)-(+1)$$
$$=(-1)+(+1)+(-1)$$
$$=0+(-1)$$
$$=-1$$

1-1 풀이 전략 n이 홀수인 경우와 짝수인 경우로 나누어 -1의 거듭제곱을 계산한다.
(i) n이 홀수인 경우
$n+2$는 홀수이므로 $(-1)^{n+2}=-1$
$n-1$은 짝수이므로 $(-1)^{n-1}=+1$
$2\times n$은 짝수이므로 $(-1)^{2\times n}=+1$
따라서
$(-1)^{n+2}-(-1)^{n-1}+(-1)^{2\times n}-1^{n+1}$
$$=(-1)-(+1)+(+1)-(+1)$$
$$=(-1)+(-1)+(+1)+(-1)$$
$$=-2$$
(ii) n이 짝수인 경우
$n+2$는 짝수이므로 $(-1)^{n+2}=+1$
$n-1$은 홀수이므로 $(-1)^{n-1}=-1$
$2\times n$은 짝수이므로 $(-1)^{2\times n}=+1$
따라서
$(-1)^{n+2}-(-1)^{n-1}+(-1)^{2\times n}-1^{n+1}$
$$=(+1)-(-1)+(+1)-(+1)$$

$$=(+1)+(+1)+(+1)+(-1)$$
$$=+2$$
따라서 계산 결과가 될 수 있는 수는 -2, $+2$이다.

2 [풀이 전략] 뺄셈과 나눗셈이 혼합된 식의 계산 순서를 고려한다.

□ 안에 알맞은 수를 차례로 a, b, c라 하면
$a-b \div c$에서 $b \div c$를 먼저 계산한 후 a에서 그 값을 빼는 것이므로
a의 값은 클수록, $b \div c$의 값은 작을수록 계산 결과가 크다.
따라서 음수인 -6은 b나 c에 들어가야 한다.
그러면 $b \div c$는 음수이므로 $b \div c$의 값이 작으려면 $b \div c$의 절댓값이 커야 하므로 절댓값이 큰 수를 절댓값이 작은 수로 나누어야 한다.
a에 들어갈 수에 따라 경우를 나누어 계산하면 다음과 같다.

(i) $a = \dfrac{7}{3}$인 경우

$b = -6$, $c = 4$이므로
$$a-b \div c = \frac{7}{3} - (-6) \div 4$$
$$= \frac{7}{3} - (-6) \times \frac{1}{4}$$
$$= \frac{7}{3} - \left(-\frac{3}{2}\right)$$
$$= \frac{7}{3} + \left(+\frac{3}{2}\right)$$
$$= \frac{14}{6} + \left(+\frac{9}{6}\right)$$
$$= \frac{23}{6}$$

(ii) $a = 4$인 경우

$b = -6$, $c = \dfrac{7}{3}$이므로
$$a-b \div c = 4 - (-6) \div \frac{7}{3}$$
$$= 4 - (-6) \times \frac{3}{7}$$
$$= 4 - \left(-\frac{18}{7}\right)$$
$$= 4 + \left(+\frac{18}{7}\right)$$
$$= \frac{28}{7} + \left(+\frac{18}{7}\right)$$
$$= \frac{46}{7}$$

따라서 나올 수 있는 값 중에서 가장 큰 값은 $\dfrac{46}{7}$이다.

2-1 [풀이 전략] 덧셈과 나눗셈이 혼합된 식의 계산 순서를 고려한다.

□ 안에 알맞은 수를 차례로 a, b, c라 하면
$a \div b + c$에서 $a \div b$를 먼저 계산한 후 c를 더하는 것이므로 계산 결과가 가장 작으려면 우선 $a \div b$와 c 모두 음수여야 한다.
따라서 양수인 2는 a나 b에 들어가야 한다.
또한 두 음수의 덧셈이 작으려면 두 음수의 절댓값이 커야 하므로 $a \div b$의 절댓값이 크기 위해서는 절댓값이 큰 수를 절댓값이 작은 수로 나누어야 한다.
c에 들어갈 수에 따라 경우를 나누어 계산하면 다음과 같다.

(i) $c = -4$인 경우

$a = 2$, $b = -\dfrac{3}{5}$이므로
$$a \div b + c = 2 \div \left(-\frac{3}{5}\right) + (-4)$$
$$= 2 \times \left(-\frac{5}{3}\right) + (-4)$$
$$= \left(-\frac{10}{3}\right) + (-4)$$
$$= \left(-\frac{10}{3}\right) + \left(-\frac{12}{3}\right)$$
$$= -\frac{22}{3}$$

(ii) $c = -\dfrac{3}{5}$인 경우

$a = -4$, $b = 2$이므로
$$a \div b + c = (-4) \div 2 + \left(-\frac{3}{5}\right)$$
$$= (-4) \times \frac{1}{2} + \left(-\frac{3}{5}\right)$$
$$= (-2) + \left(-\frac{3}{5}\right)$$
$$= \left(-\frac{10}{5}\right) + \left(-\frac{3}{5}\right)$$
$$= -\frac{13}{5}$$

따라서 나올 수 있는 값 중에서 가장 작은 값은 $-\dfrac{22}{3}$이다.

3 [풀이 전략] 두 수의 곱이 양수이면 두 수의 부호가 같고, 부호가 같은 두 수의 덧셈이 음수이면 두 수 모두 음수이다.
$a \times b > 0$이므로 $a > 0$, $b > 0$이거나 $a < 0$, $b < 0$이다.
이때 $a + b < 0$이므로 $a < 0$, $b < 0$이다.
① $a - b$의 부호는 알 수 없다.
② $b - a$의 부호는 알 수 없다.

③ $|b|-|a|$의 부호는 알 수 없다.

④ $a<0$, $b<0$이므로 $a\div b>0$이다.

⑤ $a<0$, $b<0$이므로 $a^2>0$가 되어 $a^2\times b<0$이다.

따라서 항상 음수인 것은 ⑤이다.

3-1 풀이 전략 세 수의 곱이 음수이면 모두 음수이거나 하나만 음수이다.

(가)에 의해 서로 다른 세 수 a, b, c 중 음수의 개수는 홀수이다.

(다)에 의해 세 수가 모두 음수일 수 없으므로 세 수 중 음수인 것은 1개뿐이다.

또한 (나)에 의해 c가 음수일 수 없다.

음수인 것의 경우를 나누어 조건을 모두 만족시키는지 확인해 보면 다음과 같다.

(ⅰ) a가 음수인 경우(즉, $a<0$, $b>0$, $c>0$인 경우)

(나)에 의해 부호가 다른 두 수의 덧셈이 음수가 되려면 절댓값이 큰 수의 부호가 음수이어야 하므로
$$|a|>|b|$$
$b>0$, $c>0$이므로 (다)는 만족한다.

(라)에 의해 $b<a+c<c$

따라서 $a<b<c$

(ⅱ) b가 음수인 경우(즉, $a>0$, $b<0$, $c>0$인 경우)

(나)에 의해 부호가 다른 두 수의 덧셈이 음수가 되려면 절댓값이 큰 수의 부호가 음수이어야 하므로
$$|a|<|b|$$

(다)에 의해 부호가 다른 두 수의 덧셈이 양수가 되려면 절댓값이 큰 수의 부호가 양수이어야 하므로
$$|b|<|c|$$

$|a|<|b|<|c|$이고, 양수는 절댓값이 클수록 큰 수이므로 $a<c$

$a>0$, $b<0$, $c>0$이므로 (라)는 만족한다.

따라서 $b<a<c$

4 풀이 전략 두 수를 곱해서 가장 큰 값이 나오려면 두 수의 부호는 같아야 하고, 절댓값이 큰 수를 곱해야 한다.

두 수를 곱해서 나올 수 있는 값이 가장 크려면 그 값이 양수이어야 하므로 부호가 같은 두 수를 곱해야 한다.

(ⅰ) 두 수의 부호가 모두 양수인 경우

양수가 적힌 카드는 $+3$과 $+\dfrac{13}{6}$뿐이므로
$$(+3)\times\left(+\dfrac{13}{6}\right)=\dfrac{13}{2}$$

(ⅱ) 두 수의 부호가 모두 음수인 경우

음수가 적힌 카드는 $-\dfrac{5}{4}$, -6, $-\dfrac{3}{2}$이다.

이 중 두 장을 뽑아 곱한 값이 가장 크려면 절댓값이 큰 수를 뽑아 곱해야 한다.

$\left|-\dfrac{5}{4}\right|<\left|-\dfrac{3}{2}\right|<|-6|$이므로

절댓값이 큰 $-\dfrac{3}{2}$과 -6을 곱하면
$$\left(-\dfrac{3}{2}\right)\times(-6)=9$$

따라서 곱해서 나올 수 있는 값 중 가장 큰 값은 9이다.

4-1 풀이 전략 세 수를 곱해서 가장 작은 값이 나오려면 계산 결과가 음수이어야 하고, 절댓값이 큰 수를 곱해야 한다.

세 수를 곱해서 나올 수 있는 값이 가장 작으려면 절댓값이 큰 음수 1개와 양수 2개를 선택하여 곱해야 한다.

$\left|-\dfrac{1}{6}\right|<\left|-\dfrac{9}{2}\right|$이므로 세 수 $-\dfrac{9}{2}$, 3, $\dfrac{8}{3}$을 곱한 값이 가장 작다.

따라서 $-\dfrac{9}{2}\times3\times\dfrac{8}{3}=-36$

서술형 집중 연습

예제 **1** 풀이 참조	유제 **1** 6
예제 **2** 풀이 참조	유제 **2** $-\dfrac{50}{3}$
예제 **3** 풀이 참조	유제 **3** -13
예제 **4** 풀이 참조	유제 **4** 풀이 참조

예제 **1** $a=-\dfrac{3}{5}\boxed{+}2$

$\qquad =\left(-\dfrac{3}{5}\right)+\left(+\dfrac{10}{5}\right)$

$\qquad =\boxed{\dfrac{7}{5}}$ ⋯⋯ 1단계

$b=-1\boxed{-}\left(-\dfrac{2}{3}\right)$

$\qquad =(-1)+\left(+\dfrac{2}{3}\right)$

$\qquad =\left(-\dfrac{3}{3}\right)+\left(+\dfrac{2}{3}\right)$

$\qquad =\boxed{-\dfrac{1}{3}}$ ⋯⋯ 2단계

따라서 $a+b=\boxed{\dfrac{7}{5}}+\left(\boxed{-\dfrac{1}{3}}\right)$

$\qquad=\left(+\dfrac{21}{15}\right)+\left(-\dfrac{5}{15}\right)$

$\qquad=\boxed{\dfrac{16}{15}}$ $\cdots$ **3단계**

채점 기준표

단계	채점 기준	비율
1단계	a의 값을 구한 경우	40 %
2단계	b의 값을 구한 경우	40 %
3단계	$a+b$의 값을 구한 경우	20 %

유제 1 $a=7+(-3)=4$ $\cdots$ **1단계**

$b=1-\dfrac{7}{2}$

$\quad=(+1)-\left(+\dfrac{7}{2}\right)$

$\quad=(+1)+\left(-\dfrac{7}{2}\right)$

$\quad=\left(+\dfrac{2}{2}\right)+\left(-\dfrac{7}{2}\right)$

$\quad=-\dfrac{5}{2}$ $\cdots$ **2단계**

따라서 a와 b 사이에 있는 정수는 -2, -1, 0, 1, 2, 3의 6개이다. $\cdots$ **3단계**

채점 기준표

단계	채점 기준	비율
1단계	a의 값을 구한 경우	40 %
2단계	b의 값을 구한 경우	40 %
3단계	a와 b 사이에 있는 정수의 개수를 구한 경우	20 %

예제 2 어떤 수를 ■라고 하면

$■+\left(\boxed{-\dfrac{1}{2}}\right)=-\dfrac{7}{3}$이므로

■는 $-\dfrac{7}{3}$에서 $\boxed{-\dfrac{1}{2}}$을 뺀 것과 같다.

$■=-\dfrac{7}{3}-\left(\boxed{-\dfrac{1}{2}}\right)$

$\quad=\left(-\dfrac{7}{3}\right)+\left(+\dfrac{1}{2}\right)$

$\quad=\left(-\dfrac{14}{6}\right)+\left(+\dfrac{3}{6}\right)$

$\quad=\boxed{-\dfrac{11}{6}}$ $\cdots$ **1단계**

따라서 옳게 계산하면

$\boxed{-\dfrac{11}{6}}-\left(-\dfrac{1}{2}\right)=\left(-\dfrac{11}{6}\right)+\left(+\dfrac{1}{2}\right)$

$\qquad\qquad\qquad=\left(-\dfrac{11}{6}\right)+\left(+\dfrac{3}{6}\right)$

$\qquad=-\dfrac{8}{6}$

$\qquad=\boxed{-\dfrac{4}{3}}$ $\cdots$ **2단계**

채점 기준표

단계	채점 기준	비율
1단계	어떤 수를 구한 경우	50 %
2단계	옳게 계산한 값을 구한 경우	50 %

유제 2 어떤 수를 ■라고 하면

$■×\left(-\dfrac{3}{5}\right)=-6$이므로

■는 -6을 $-\dfrac{3}{5}$으로 나눈 것과 같다.

$■=-6÷\left(-\dfrac{3}{5}\right)$

$\quad=-6×\left(-\dfrac{5}{3}\right)$

$\quad=10$ $\cdots$ **1단계**

따라서 옳게 계산하면

$10÷\left(-\dfrac{3}{5}\right)=10×\left(-\dfrac{5}{3}\right)=-\dfrac{50}{3}$ $\cdots$ **2단계**

채점 기준표

단계	채점 기준	비율
1단계	어떤 수를 구한 경우	50 %
2단계	옳게 계산한 값을 구한 경우	50 %

예제 3 서로 다른 세 정수의 곱이 음수인 -8이 되려면 세 수 모두 $\boxed{\text{음수}}$이거나 두 수는 $\boxed{\text{양수}}$, 나머지 한 수는 $\boxed{\text{음수}}$이어야 한다.

그런데 세 수의 합이 양수이므로 두 수는 $\boxed{\text{양수}}$, 나머지 한 수는 $\boxed{\text{음수}}$이다. $\cdots$ **1단계**

곱해서 8이 되는 세 자연수는 $\boxed{1}$, $\boxed{1}$, $\boxed{8}$ 또는 $\boxed{1}$, $\boxed{2}$, $\boxed{4}$ 또는 $\boxed{2}$, $\boxed{2}$, $\boxed{2}$이다.

따라서 조건을 만족하는 서로 다른 세 정수는 $\boxed{-1}$, $\boxed{2}$, $\boxed{4}$이다. $\cdots$ **2단계**

채점 기준표

단계	채점 기준	비율
1단계	세 수의 부호를 결정한 경우	40 %
2단계	조건을 만족하는 세 정수를 각각 구한 경우	60 %

유제 3 서로 다른 세 정수의 곱이 음수인 -45가 되려면 세 수 모두 음수이거나 두 수는 양수, 나머지 한 수는 음수이어야 한다.

그런데 세 수 모두 음수라면 세 수의 합이 -3보다

작게 되므로 조건 (다)를 만족하지 못한다. 따라서 두 수는 양수, 나머지 한 수는 음수이다. $\cdots$ **1단계**

곱해서 45가 되는 세 자연수는 1, 1, 45 또는 1, 3, 15 또는 1, 5, 9 또는 3, 3, 5이다.

(나)와 (다)에 의해 곱해서 -45가 되고 더해서 -3이 되는 서로 다른 세 정수는 -9, 1, 5이다.

$\cdots$ **2단계**

(가)에 의해 $a=-9$, $b=5$, $c=1$이므로

$$
\begin{aligned}
a-b+c &= -9-5+1 \\
&= (-9)-(+5)+(+1) \\
&= (-9)+(-5)+(+1) \\
&= (-14)+(+1) \\
&= -13 \qquad \cdots \textbf{3단계}
\end{aligned}
$$

채점 기준표

단계	채점 기준	비율
1단계	세 수의 부호를 결정한 경우	40 %
2단계	조건을 만족하는 세 정수를 각각 구한 경우	40 %
3단계	$a-b+c$의 값을 구한 경우	20 %

예제 4 $-1^7+\left\{(-3)^2-10\times\left(-\dfrac{7}{2}\right)\right\}\div(-4)$

$$
\begin{aligned}
&= \boxed{-1}+\left\{\boxed{9}-10\times\left(-\dfrac{7}{2}\right)\right\}\div(-4) \cdots \textbf{1단계} \\
&= \boxed{-1}+\{\boxed{9}-(\boxed{-35})\}\div(-4) \\
&= -1+\{9+(+35)\}\div(-4) \\
&= \boxed{-1}+\boxed{44}\div(-4) \qquad\qquad \cdots \textbf{2단계} \\
&= \boxed{-1}+\boxed{44}\times\left(\boxed{-\dfrac{1}{4}}\right) \\
&= \boxed{-1}+(\boxed{-11}) \qquad\qquad \cdots \textbf{3단계} \\
&= \boxed{-12} \qquad\qquad\qquad\qquad \cdots \textbf{4단계}
\end{aligned}
$$

채점 기준표

단계	채점 기준	비율
1단계	거듭제곱을 계산한 경우	20 %
2단계	중괄호 안의 식을 계산한 경우	40 %
3단계	나눗셈을 계산한 경우	20 %
4단계	주어진 식을 계산한 경우	20 %

유제 4 (1) 거듭제곱을 먼저 계산하므로 ㉢

중괄호 안을 먼저 계산하므로 ㉡ → ㉣

곱셈, 나눗셈을 먼저 계산하고, 덧셈, 뺄셈을 계산하므로 ㉤ → ㉠

따라서 계산 순서를 나열하면 ㉢, ㉡, ㉣, ㉤, ㉠이다. $\cdots$ **1단계**

(2) $\dfrac{1}{3}-\left\{\left(-\dfrac{9}{5}\right)\div(-3)^2-(-2)\right\}\times\left(-\dfrac{1}{6}\right)$

$$
\begin{aligned}
&= \dfrac{1}{3}-\left\{\left(-\dfrac{9}{5}\right)\div 9-(-2)\right\}\times\left(-\dfrac{1}{6}\right) \cdots \textbf{2단계} \\
&= \dfrac{1}{3}-\left\{\left(-\dfrac{9}{5}\right)\times\dfrac{1}{9}-(-2)\right\}\times\left(-\dfrac{1}{6}\right) \\
&= \dfrac{1}{3}-\left\{\left(-\dfrac{1}{5}\right)-(-2)\right\}\times\left(-\dfrac{1}{6}\right) \\
&= \dfrac{1}{3}-\left\{\left(-\dfrac{1}{5}\right)+(+2)\right\}\times\left(-\dfrac{1}{6}\right) \\
&= \dfrac{1}{3}-\left\{\left(-\dfrac{1}{5}\right)+\left(+\dfrac{10}{5}\right)\right\}\times\left(-\dfrac{1}{6}\right) \\
&= \dfrac{1}{3}-\dfrac{9}{5}\times\left(-\dfrac{1}{6}\right) \qquad\qquad \cdots \textbf{3단계} \\
&= \dfrac{1}{3}-\left(-\dfrac{3}{10}\right) \qquad\qquad\qquad \cdots \textbf{4단계} \\
&= \dfrac{1}{3}+\left(+\dfrac{3}{10}\right) \\
&= \dfrac{10}{30}+\left(+\dfrac{9}{30}\right) \\
&= \dfrac{19}{30} \qquad\qquad\qquad\qquad \cdots \textbf{5단계}
\end{aligned}
$$

채점 기준표

단계	채점 기준	비율
1단계	주어진 식의 계산 순서를 차례로 나열한 경우	20 %
2단계	거듭제곱을 계산한 경우	20 %
3단계	중괄호 안의 식을 계산한 경우	20 %
4단계	곱셈을 계산한 경우	20 %
5단계	주어진 식을 계산한 경우	20 %

중단원 실전 테스트 1회 본문 88~90쪽

01 ⑤	02 ④	03 ①	04 ①	05 ③
06 ⑤	07 ③	08 ④	09 ③	10 ④
11 ①	12 ③	13 -13, -3, 3, 13		
14 -16	15 (1) -12 (2) -4	16 $-\dfrac{86}{11}$		

01 ① $(-2)+(-4)=-(2+4)=-6$

② $(-5)+(+1)=-(5-1)=-4$

③ $(-4)-(-4)=(-4)+(+4)=0$

④ $(+4)-(+8)=(+4)+(-8)$
$\qquad\qquad\qquad =-(8-4)=-4$

⑤ $(+6)-(-5)=(+6)+(+5)$
$\qquad\qquad\qquad =+(6+5)=+11$

따라서 계산 결과가 양수인 것은 ⑤이다.

02 ① $-3+2=(-3)+(+2)=-1$

② $6-7=(+6)-(+7)=(+6)+(-7)=-1$

③ $-5-(-1)=-5+(+1)=-4$

④ $2+(-8)=-6$

⑤ $0-(-4)=0+(+4)=+4$

따라서 가장 작은 수는 ④이다.

03 $3+(-1)+4+(-5)=1$이므로 한 변에 놓인 네 수의 합은 1이다.

$3+6+a+2=1$에서 $a+11=1$이므로

a는 1에서 11을 뺀 값과 같다.

$a=1-11=-10$

$2+0+b+(-5)=1$에서 $b+(-3)=1$이므로

b는 1에서 -3을 뺀 값과 같다.

$b=1-(-3)=1+(+3)=4$

따라서 $a+b=-10+4=-6$

04 '조삼모사(朝三暮四)'의 이야기에서 알 수 있는 수학적 사실은 '두 수의 순서를 바꾸어 더해도 그 계산 결과는 같다.'이다.

따라서 구하는 부분은 계산 과정 중 덧셈의 교환법칙이 이용된 곳인 ①이다.

05 $\left(-\dfrac{3}{4}\right)+\left(+\dfrac{1}{3}\right)-\left(-\dfrac{5}{2}\right)$

$=\left(-\dfrac{3}{4}\right)+\left(+\dfrac{1}{3}\right)+\left(+\dfrac{5}{2}\right)$

$=\left(-\dfrac{9}{12}\right)+\left(+\dfrac{4}{12}\right)+\left(+\dfrac{30}{12}\right)$

$=\left(-\dfrac{5}{12}\right)+\left(+\dfrac{30}{12}\right)$

$=\dfrac{25}{12}$

06 ① $(-4)\times(-8)=+(4\times8)=+32$

② $(-3)\times(+2)=-(3\times2)=-6$

③ $(+12)\div(-2)=(+12)\times\left(-\dfrac{1}{2}\right)$

$\qquad=-\left(12\times\dfrac{1}{2}\right)=-6$

④ $(-2)\div\left(+\dfrac{1}{3}\right)=(-2)\times(+3)$

$\qquad=-(2\times3)=-6$

⑤ $(-2)\times(-3)\times\left(-\dfrac{5}{6}\right)=-\left(2\times3\times\dfrac{5}{6}\right)$

$\qquad=-5$

07 ㄱ. $-3^2=-(3\times3)=-9$

ㄴ. $(-2)^4=(-2)\times(-2)\times(-2)\times(-2)$

$\qquad=+(2\times2\times2\times2)=+16$

따라서 계산 과정이 틀린 것은 ㄱ, ㄴ이다.

08 4와 마주 보는 면에 적힌 수는 $\dfrac{1}{4}$,

$-\dfrac{2}{5}$와 마주 보는 면에 적힌 수는 $-\dfrac{5}{2}$이다.

a와 마주 보는 면에 적힌 수를 b라고 하면

$\dfrac{1}{4}+\left(-\dfrac{5}{2}\right)+b=\dfrac{5}{4}$

$\dfrac{1}{4}+\left(-\dfrac{10}{4}\right)+b=\dfrac{5}{4}$에서 $\left(-\dfrac{9}{4}\right)+b=\dfrac{5}{4}$이므로

b는 $\dfrac{5}{4}$에서 $-\dfrac{9}{4}$를 뺀 값과 같다.

$b=\dfrac{5}{4}-\left(-\dfrac{9}{4}\right)$

$\quad=\dfrac{5}{4}+\left(+\dfrac{9}{4}\right)$

$\quad=\dfrac{14}{4}$

$\quad=\dfrac{7}{2}$

따라서 $a\times\dfrac{7}{2}=1$이므로 $a=\dfrac{2}{7}$

09 주어진 식의 분수 중 음수는 25개이므로

$\left(-\dfrac{1}{2}\right)\div\left(+\dfrac{2}{3}\right)\div\left(-\dfrac{3}{4}\right)\div\cdots\div\left(+\dfrac{48}{49}\right)\div\left(-\dfrac{49}{50}\right)$

$=\left(-\dfrac{1}{2}\right)\times\left(+\dfrac{3}{2}\right)\times\left(-\dfrac{4}{3}\right)\times\cdots\times\left(+\dfrac{49}{48}\right)\times\left(-\dfrac{50}{49}\right)$

$=-\left(\dfrac{1}{2}\times\dfrac{3}{2}\times\dfrac{4}{3}\times\cdots\times\dfrac{49}{48}\times\dfrac{50}{49}\right)$

$=-\dfrac{50}{2\times2}$

$=-\dfrac{25}{2}$

10 거듭제곱을 먼저 계산하므로 ㉢

중괄호 안을 먼저 계산하므로 ㉣ → ㉤

대괄호 안을 계산하므로 ㉡

덧셈을 계산하므로 ㉠

따라서 계산 순서를 나열하면 ㉢, ㉣, ㉤, ㉡, ㉠이므로 두 번째로 계산해야 하는 곳은 ㉣이다.

11 세 수를 곱해서 나올 수 있는 값이 가장 작으려면 절댓값이 큰 음수 1개와 절댓값이 큰 양수 2개를 선택하여 곱해야 한다.

$\left|-\dfrac{5}{3}\right|<|-2|$이므로 음수 중에서는 -2를 선택해

야 하며, $\left|\dfrac{2}{9}\right|<\left|\dfrac{12}{5}\right|<|3|$이므로 양수 중에서는 $\dfrac{12}{5}$와 3을 선택해야 한다.

따라서 $-2\times\dfrac{12}{5}\times3=-\left(2\times\dfrac{12}{5}\times3\right)=-\dfrac{72}{5}$

12 ① $a+b$의 부호는 알 수 없다.

② $b<0<a$이므로 $a-b>0$

③ $b<0<a$이므로 $b-a<0$

④ $a>0$, $b<0$이므로 $a\times b<0$

⑤ $a>0$, $b<0$이므로 $a\div b<0$

13 a의 절댓값이 5이므로 $a=5$ 또는 $a=-5$ ・・・ **1단계**

b의 절댓값이 8이므로 $b=8$ 또는 $b=-8$ ・・・ **2단계**

a, b가 될 수 있는 경우를 나누어 $a+b$의 값을 계산하면 다음과 같다.

(i) $a=5$, $b=8$인 경우

　$a+b=5+8=13$

(ii) $a=5$, $b=-8$인 경우

　$a+b=5+(-8)=-3$

(iii) $a=-5$, $b=8$인 경우

　$a+b=-5+8=3$

(iv) $a=-5$, $b=-8$인 경우

　$a+b=-5+(-8)=-13$

따라서 $a+b$의 값이 될 수 있는 값은 -13, -3, 3, 13이다. ・・・ **3단계**

채점 기준표

단계	채점 기준	비율
1단계	a의 값을 구한 경우	20 %
2단계	b의 값을 구한 경우	20 %
3단계	$a+b$의 값이 될 수 있는 값을 모두 구한 경우	60 %

14 어떤 수를 ■라고 하면

■$\div\left(-\dfrac{8}{3}\right)=-\dfrac{9}{4}$이므로

■는 $-\dfrac{9}{4}$에 $-\dfrac{8}{3}$을 곱한 것과 같다.

■$=-\dfrac{9}{4}\times\left(-\dfrac{8}{3}\right)$

　$=6$ ・・・ **1단계**

따라서 옳게 계산하면

$6\times\left(-\dfrac{8}{3}\right)=-16$ ・・・ **2단계**

채점 기준표

단계	채점 기준	비율
1단계	어떤 수를 구한 경우	50 %
2단계	옳게 계산한 값을 구한 경우	50 %

15 (1) 장치 A에 -6을 입력하면

　$\{(-6)-(-2)\}\times3$ ・・・ **1단계**

　$=\{(-6)+(+2)\}\times3$

　$=(-4)\times3$

　$=-12$ ・・・ **2단계**

(2) 장치 B에 -12를 입력하면

　$-12\div4+(-1)$ ・・・ **3단계**

　$=-3+(-1)$

　$=-4$ ・・・ **4단계**

채점 기준표

단계	채점 기준	비율
1단계	장치 A에 -6을 입력할 때의 식을 세운 경우	20 %
2단계	장치 A에 -6을 입력할 때의 계산을 한 경우	30 %
3단계	장치 B에 -12를 입력할 때의 식을 세운 경우	20 %
4단계	장치 B에 -12를 입력할 때의 계산을 한 경우	30 %

16 $(-2)^3-(+3)\div\dfrac{33}{5}\div\left\{-\dfrac{3}{2}+(-1)\right\}$

$=-8-(+3)\div\dfrac{33}{5}\div\left\{-\dfrac{3}{2}+(-1)\right\}$ ・・・ **1단계**

$=-8-(+3)\div\dfrac{33}{5}\div\left\{-\dfrac{3}{2}+\left(-\dfrac{2}{2}\right)\right\}$

$=-8-(+3)\div\dfrac{33}{5}\div\left(-\dfrac{5}{2}\right)$ ・・・ **2단계**

$=-8-(+3)\times\dfrac{5}{33}\times\left(-\dfrac{2}{5}\right)$

$=-8-\left(-\dfrac{2}{11}\right)$ ・・・ **3단계**

$=-8+\left(+\dfrac{2}{11}\right)$

$=-\dfrac{88}{11}+\left(+\dfrac{2}{11}\right)$

$=-\dfrac{86}{11}$ ・・・ **4단계**

채점 기준표

단계	채점 기준	비율
1단계	거듭제곱을 계산한 경우	20 %
2단계	중괄호 안의 식을 계산한 경우	20 %
3단계	나눗셈을 계산한 경우	40 %
4단계	주어진 식을 계산한 경우	20 %

01 ②	02 ①	03 ①	04 ①	05 ①
06 ②	07 ③	08 ②	09 ④	10 ③
11 ⑤	12 ②	13 $-\dfrac{7}{3}$, $\dfrac{3}{4}$		
14 풀이 참조		15 (1) 20℃ (2) -4℉	16 37	

01 ① $(-1)+(-5)=-(1+5)=-6$

② $(-3)-(-3)=(-3)+(+3)=0$

③ $(-3)\times(+2)=-(3\times2)=-6$

④ $(+24)\div(-4)=(+24)\times\left(-\dfrac{1}{4}\right)$
$=-\left(24\times\dfrac{1}{4}\right)=-6$

⑤ $(+3)\div\left(-\dfrac{1}{2}\right)=(+3)\times(-2)$
$=-(3\times2)=-6$

02 $(-2)-(-1)=(-2)+(+1)=-1$
$(-1)-(-2)=(-1)+(+2)=+1$이므로
뺄셈에서는 교환법칙이 성립하지 않는다.
따라서 처음으로 틀린 부분은 ①이다.
$(-2)-(-1)+(-2)$를 옳게 계산하면 다음과 같다.
$(-2)-(-1)+(-2)$
$=(-2)+(+1)+(-2)$
$=\{(-2)+(+1)\}+(-2)$
$=(-1)+(-2)$
$=-3$

03 $-5+7-2-4+9$
$=(-5)+(+7)-(+2)-(+4)+(+9)$
$=(-5)+(+7)+(-2)+(-4)+(+9)$
$=(-5)+(-2)+(-4)+(+7)+(+9)$
$=(-11)+(+16)$
$=5$

04 $a<0$, $b>0$이므로
$b-a>b>0$, $a-b<a<0$, $a<a+b<b$
따라서 $a-b<a<a+b<b<b-a$이므로
두 번째로 작은 수는 a이다.

05 서울의 $+9$는 서울의 표준시가 그리니치 표준시보다
9시간 빠른 것을 의미한다.

벤쿠버의 -8은 벤쿠버의 표준시가 그리니치 표준시
보다 8시간 느린 것을 의미한다.

따라서 벤쿠버의 표준시는 서울의 표준시보다 17시간
느리므로 서울의 현지 시각이 8월 22일 오후 11시일
때의 벤쿠버의 현지 시각은 17시간 느린 8월 22일 오
전 6시이다.

06 점 P가 나타내는 수는 -4에서 왼쪽으로 $\dfrac{8}{3}$만큼 간
후에 오른쪽으로 1만큼 이동한 것과 같으므로 식으로
나타내면 $-4-\dfrac{8}{3}+1$이다.

07 $a=\left(-\dfrac{4}{9}\right)\times\left(-\dfrac{3}{2}\right)=+\dfrac{2}{3}$
$b=\left(-\dfrac{5}{7}\right)\div\left(+\dfrac{1}{14}\right)=\left(-\dfrac{5}{7}\right)\times(+14)=-10$
따라서 $a\div b=\left(+\dfrac{2}{3}\right)\div(-10)$
$=\left(+\dfrac{2}{3}\right)\times\left(-\dfrac{1}{10}\right)$
$=-\dfrac{1}{15}$

08 $-3^3-(-2)^5+(-4)^2$
$=-27-(-32)+(+16)$
$=-27+(+32)+(+16)$
$=-27+(+48)$
$=21$

09 ㄱ. 2를 입력하고 $\boxed{1/x}$ 버튼을 한 번 누르면 $\dfrac{1}{2}$이 되
고 다시 한 번 누르면 2가 된다.

ㄴ. $\boxed{1/x}$ 버튼을 홀수 번 누르면 역수, 짝수 번 누르
면 자기 자신이 된다.
-5를 입력하고 $\boxed{1/x}$ 버튼을 홀수 번인 열한 번
눌렀을 때 나오는 수는 -5의 역수인 $-\dfrac{1}{5}$이다.

ㄷ. 10을 입력하고 $\boxed{1/x}$ 버튼을 한 번 눌렀을 때 나
오는 수는 $\dfrac{1}{10}$이고, $-\dfrac{1}{8}$을 입력하고 $\boxed{1/x}$ 버튼
을 한 번 눌렀을 때 나오는 수는 -8이므로
$\dfrac{1}{10}\times(-8)=-\dfrac{4}{5}$이다.

한편 $10\times\left(-\dfrac{1}{8}\right)=-\dfrac{5}{4}$이므로 10과 $-\dfrac{1}{8}$을 곱

한 $-\dfrac{5}{4}$를 입력하고 $\boxed{1/x}$ 버튼을 한 번 눌렀을 때 나오는 수는 $-\dfrac{4}{5}$이므로 앞의 과정에서 계산한 수와 같다.

10 두 수를 곱해서 나올 수 있는 값이 가장 작으려면 그 값이 음수이어야 하므로 부호가 다른 두 수를 곱해야 한다.
또한 부호가 다른 두 수를 곱한 음수가 가장 작으려면 절댓값이 큰 수를 뽑아 곱해야 한다.
$|-2|<|-3|$이므로 음수 중에서는 -3을 뽑고,
$\left|+\dfrac{5}{2}\right|<|+3|$이므로 양수 중에서는 $+3$을 뽑아 곱하면
$(-3)\times(+3)=-9$
따라서 가장 작은 값은 -9이다.

11 -5와 $\dfrac{2}{3}$를 더하므로 $-5+\dfrac{2}{3}$ $\cdots\cdots$ ㉠
㉠을 -2로 나누므로 $\left(-5+\dfrac{2}{3}\right)\div(-2)$ $\cdots\cdots$ ㉡
㉡에서 $-\dfrac{1}{4}$을 빼므로
$\left(-5+\dfrac{2}{3}\right)\div(-2)-\left(-\dfrac{1}{4}\right)$ $\cdots\cdots$ ㉢
㉢에 3을 곱하므로
$\left\{\left(-5+\dfrac{2}{3}\right)\div(-2)-\left(-\dfrac{1}{4}\right)\right\}\times 3$
따라서 계산 순서에 알맞은 식을 세우면
$\left\{\left(-5+\dfrac{2}{3}\right)\div(-2)-\left(-\dfrac{1}{4}\right)\right\}\times 3$

12 □ 안에 알맞은 수를 차례로 a, b, c라 하면
$a\times b\div c$에서 $a\times b$를 먼저 계산한 후 c로 나누는 것이므로 계산 결과가 가장 작으려면 a, b, c 모두 음수이거나 하나만 음수이어야 한다.
주어진 네 수 중 음수는 2개이므로 a, b, c는 $\dfrac{9}{4}$, 3은 반드시 포함되고, -2와 $-\dfrac{3}{2}$ 중 하나가 포함된다.
또한 계산 결과가 가장 작은 음수가 되려면 절댓값이 큰 $a\times b$를 절댓값 작은 c로 나누어야 한다.
포함되는 음수에 따라 경우를 나누어 계산하면 다음과 같다.
(i) -2가 포함되는 경우
$|-2|<\left|\dfrac{9}{4}\right|<|3|$이므로
c는 절댓값이 가장 작은 -2가 되어

$3\times\dfrac{9}{4}\div(-2)=3\times\dfrac{9}{4}\times\left(-\dfrac{1}{2}\right)=-\dfrac{27}{8}$
(ii) $-\dfrac{3}{2}$이 포함되는 경우
$\left|-\dfrac{3}{2}\right|<\left|\dfrac{9}{4}\right|<|3|$이므로
c는 절댓값이 가장 작은 $-\dfrac{3}{2}$이 되어
$3\times\dfrac{9}{4}\div\left(-\dfrac{3}{2}\right)=3\times\dfrac{9}{4}\times\left(-\dfrac{2}{3}\right)=-\dfrac{9}{2}$
따라서 나올 수 있는 수 중에서 가장 작은 값은 $\dfrac{9}{2}$이다.

13 절댓값이 $\dfrac{3}{4}$인 수는 $\dfrac{3}{4}$, $-\dfrac{3}{4}$
절댓값이 $\dfrac{7}{3}$인 수는 $\dfrac{7}{3}$, $-\dfrac{7}{3}$이다. $\cdots$ 1단계
이때 두 수의 곱이 음수이면 두 수의 부호가 다르고, 두 수의 합이 음수이면 절댓값이 큰 수가 음수이다. $\cdots$ 2단계
$\dfrac{3}{4}=\dfrac{9}{12}$, $\dfrac{7}{3}=\dfrac{28}{12}$이고 $\dfrac{3}{4}<\dfrac{7}{3}$이므로
두 수는 $-\dfrac{7}{3}$, $\dfrac{3}{4}$이다. $\cdots$ 3단계

채점 기준표

단계	채점 기준	비율
1단계	절댓값이 $\dfrac{3}{4}$, $\dfrac{7}{3}$인 수를 각각 구한 경우	40 %
2단계	조건을 만족하는 두 수의 특징을 찾은 경우	40 %
3단계	두 수를 구한 경우	20 %

14 $(+4)+(-5)$는 흰 바둑돌 4개와 검은 바둑돌 5개를 합한 것으로 바둑돌을 사용하여 나타내면 다음과 같다. $\cdots$ 1단계

이때 흰 바둑돌 4개와 검은 바둑돌 4개는 각각 1개씩 쌍을 이루어 0이 되고 검은 바둑돌 1개만 남는다. $\cdots$ 2단계

⊘⊘⊘⊘+●●●●●

따라서 $(+4)+(-5)=-1$이다. $\cdots$ 3단계

채점 기준표

단계	채점 기준	비율
1단계	$(+4)+(-5)$를 바둑돌을 이용하여 나타낸 경우	40 %
2단계	흰 바둑돌과 검은 바둑돌을 각각 같은 개수만큼 쌍을 이루어 0으로 나타낸 경우	40 %
3단계	남은 바둑돌을 이용하여 $(+4)+(-5)=-1$을 설명한 경우	20 %

15 (1) 화씨온도 $68°F$를 섭씨온도로 나타내려면 68에서 32를 뺀 값을 1.8로 나누어야 하므로

$(68-32) \div 1.8$ ··· 1단계

$=36 \div 1.8$

$=36 \div \dfrac{9}{5}$

$=36 \times \dfrac{5}{9}$

$=20(°C)$ ··· 2단계

(2) 섭씨온도 $-20°C$를 화씨온도로 나타내려면 -20에서 1.8을 곱한 값에 32를 더해야 하므로

$-20 \times 1.8 + 32$ ··· 3단계

$=-20 \times \dfrac{9}{5} + 32$

$=-36 + 32$

$=-4(°F)$ ··· 4단계

채점 기준표

단계	채점 기준	비율
1단계	화씨온도 $68°F$를 섭씨온도로 나타내기 위한 식을 세운 경우	20%
2단계	화씨온도 $68°F$를 섭씨온도로 나타낸 경우	30%
3단계	섭씨온도 $-20°C$를 화씨온도로 나타내기 위한 식을 세운 경우	20%
4단계	섭씨온도 $-20°C$를 화씨온도로 나타낸 경우	30%

16 $(-3)^2 + 2 \div \dfrac{8}{7} \times \{4 - 3 \times (-6+2)\}$

$= 9 + 2 \div \dfrac{8}{7} \times \{4 - 3 \times (-6+2)\}$ ··· 1단계

$= 9 + 2 \div \dfrac{8}{7} \times \{4 - 3 \times (-4)\}$

$= 9 + 2 \div \dfrac{8}{7} \times \{4 - (-12)\}$

$= 9 + 2 \div \dfrac{8}{7} \times \{4 + (+12)\}$

$= 9 + 2 \div \dfrac{8}{7} \times 16$ ··· 2단계

$= 9 + 2 \times \dfrac{7}{8} \times 16$

$= 9 + 28$ ··· 3단계

$= 37$ ··· 4단계

채점 기준표

단계	채점 기준	비율
1단계	거듭제곱을 계산한 경우	20%
2단계	중괄호 안의 식을 계산한 경우	40%
3단계	곱셈과 나눗셈을 계산한 경우	20%
4단계	주어진 식을 계산한 경우	20%

Ⅲ. 문자와 식

1 문자의 사용과 식의 계산

개념 체크 본문 96~97쪽

01 (1) $(8 \times a)$원 (2) $(30-n)$명 (3) $(4 \times x)$ cm

02 (1) $-2x$ (2) $4ab$ (3) $3a^3b$ (4) $-x+5y$
(5) $7(x-y)$

03 (1) $\dfrac{a}{4}$ (2) $x - \dfrac{y}{3}$ (3) $\dfrac{a+b}{2}$ (4) $-\dfrac{5}{ab}$

04 (1) 7 (2) -1 (3) 4 **05** (1) -6 (2) 22

06 (1) $5x$, $-2y$, 3 (2) 다항 (3) 3 (4) 5, -2

07 ㄱ, ㄷ, ㄹ

08 (1) $32a$ (2) $-4x$ (3) $8b+12$ (4) $-y-4$

09 (1) $7a$ (2) $2b$ (3) $-2x-7$ (4) $2y+3$

10 (1) $5a-3$ (2) $-x-9$

대표 유형 본문 98~101쪽

01 ②, ④ **02** ① **03** $x - \dfrac{5y}{z}$ **04** ④

05 ①, ④ **06** ④ **07** ⑤ **08** ㄷ, ㄹ **09** ②

10 $(120-80a)$ km **11** ③ **12** ① **13** ①

14 26 **15** ③ **16** ④ **17** ②, ⑤ **18** ⑤

19 -4 **20** ③ **21** ⑤ **22** ①

23 ㄱ, ㄹ **24** ② **25** ③ **26** ⑤ **27** ②

28 $(-8x+400)$ m

01 ② $0.1 \times b \times b = 0.1b^2$

④ $5 \times x \div y = 5 \times x \times \dfrac{1}{y} = \dfrac{5x}{y}$

따라서 옳지 않은 것은 ②, ④이다.

02 $(-4) \times a \times b \times a \times a \times b$
$= (-4) \times a \times a \times a \times b \times b = -4a^3b^2$

03 $x - y \div z \times 5 = x - y \times \dfrac{1}{z} \times 5$

$= x - \dfrac{y \times 5}{z} = x - \dfrac{5y}{z}$

04 ③ $x \div 3 \times y = x \times \dfrac{1}{3} \times y = \dfrac{xy}{3}$

④ $7 \times a - b \div 2 = 7 \times a - b \times \dfrac{1}{2} = 7a - \dfrac{b}{2}$

⑤ $l \div m \div n = l \times \dfrac{1}{m} \times \dfrac{1}{n} = \dfrac{l}{mn}$

따라서 옳지 않은 것은 ④이다.

05 ① $x \div y \div z = x \times \dfrac{1}{y} \times \dfrac{1}{z} = \dfrac{x}{yz}$

② $x \div y \times z = x \times \dfrac{1}{y} \times z = \dfrac{xz}{y}$

③ $x \times y \div z = x \times y \times \dfrac{1}{z} = \dfrac{xy}{z}$

④ $x \div (y \times z) = x \div yz = x \times \dfrac{1}{yz} = \dfrac{x}{yz}$

⑤ $x \times (y \div z) = x \times \left(y \times \dfrac{1}{z}\right) = \dfrac{xy}{z}$

따라서 $\dfrac{x}{yz}$ 와 같은 것은 ①, ④이다.

06 6명이 x원씩 내었으므로 $6x$원이고 y원인 물건을 샀으므로 남은 금액은 $(6x-y)$원이다.

07 ⑤ 정가가 2000원인 생수를 $a\,\%$ 할인하였을 때 판매

금액 ➡ $2000 - 2000 \times \dfrac{a}{100} = 2000 - 20a$(원)

08 ㄱ. 십의 자리의 숫자가 a, 일의 자리의 숫자가 b인 두 자리의 자연수 ➡ $10 \times a + 1 \times b = 10a + b$

ㄴ. 백의 자리, 십의 자리, 일의 자리의 숫자가 각각 a, b, c인 세 자리의 자연수

➡ $100 \times a + 10 \times b + 1 \times c = 100a + 10b + c$

ㄷ. 백의 자리의 숫자가 a, 십의 자리의 숫자가 b, 일의 자리의 숫자가 7인 세 자리의 자연수

➡ $100 \times a + 10 \times b + 1 \times 7 = 100a + 10b + 7$

ㄹ. 십의 자리의 숫자가 a, 일의 자리의 숫자가 b인 두 자리의 자연수보다 9만큼 작은수

➡ $10 \times a + 1 \times b - 9 = 10a + b - 9$

따라서 옳은 것은 ㄷ, ㄹ이다.

09 ② 한 변의 길이가 $x\,\mathrm{cm}$인 정사각형의 넓이

➡ $x \times x = x^2 (\mathrm{cm}^2)$

따라서 옳지 않은 것은 ②이다.

10 자동차가 시속 $80\,\mathrm{km}$로 a시간 동안 달린 거리는

$80 \times a = 80a (\mathrm{km})$이므로

남은 거리는 $(120 - 80a)\,\mathrm{km}$이다.

11 $a = -2$, $b = -3$을 $4a^2 - 3b$에 대입하면

$4a^2 - 3b = 4 \times (-2)^2 - 3 \times (-3) = 16 + 9 = 25$

12 $x = -3$을 각각에 대입하면

① $x + 6 = (-3) + 6 = 3$

② $x^2 = (-3)^2 = 9$

③ $-3x = -3 \times (-3) = 9$

④ $18 - x^2 = 18 - (-3)^2 = 18 - 9 = 9$

⑤ $(-x)^2 = \{-(-3)\}^2 = 3^2 = 9$

따라서 나머지 넷과 그 값이 다른 하나는 ①이다.

13 $x = 2$, $y = -\dfrac{1}{3}$을 $3xy - 9y^2$에 대입하면

$3xy - 9y^2 = 3 \times 2 \times \left(-\dfrac{1}{3}\right) - 9 \times \left(-\dfrac{1}{3}\right)^2$

$\qquad = -2 - 9 \times \dfrac{1}{9} = -2 - 1 = -3$

14 $x = \dfrac{1}{2}$, $y = -\dfrac{1}{3}$을 $\dfrac{4}{x} - \dfrac{6}{y}$에 대입하면

$\dfrac{4}{x} - \dfrac{6}{y} = 4 \div x - 6 \div y = 4 \div \dfrac{1}{2} - 6 \div \left(-\dfrac{1}{3}\right)$

$\qquad = 4 \times 2 - 6 \times (-3) = 8 + 18 = 26$

15 ① $x^2 + x$는 항이 2개이므로 단항식이 아니다.

② $x^2 - 3x + 2$에서 x의 계수는 -3이다.

③ $-6a$는 항이 1개인 다항식이다.

④ $2y^2 + y - 3$에서 상수항은 -3이다.

⑤ $x^3 + 2x$의 다항식의 차수는 3이다.

따라서 옳은 것은 ③이다.

16 다항식 $6x^2 - x + 2$에서 x의 계수는 -1이므로 옳지 않은 것은 ④이다.

17 ① 상수항은 일차식이 아니다.

② $\dfrac{1}{3}a - 1$은 a에 대한 일차식이다.

③ x^2의 차수가 2이므로 일차식이 아니다.

④ x가 분모에 있으므로 일차식이 아니다.

⑤ $-0.1x - 2$는 x에 대한 일차식이다.

따라서 일차식은 ②, ⑤이다.

18 ① $3 \times 2x = 6x$

② $(-12x) \div 6 = -2x$

③ $(x+6) \div 2 = (x+6) \times \dfrac{1}{2} = x \times \dfrac{1}{2} + 6 \times \dfrac{1}{2}$

$\qquad = \dfrac{1}{2}x + 3$

④ $-2(x-1)=-2 \times x-(-2) \times 1=-2x+2$

⑤ $\dfrac{1}{2}(6x-4)=\dfrac{1}{2} \times 6x-\dfrac{1}{2} \times 4=3x-2$

따라서 옳은 것은 ⑤이다.

19 $(3x-1) \times (-2)=3x \times (-2)-1 \times (-2)$
$$=-6x+2$$
x의 계수는 -6, 상수항은 2이므로 그 합은
$-6+2=-4$

20 $(2x-6) \div \left(-\dfrac{2}{3}\right)=(2x-6) \times \left(-\dfrac{3}{2}\right)$
$$=2x \times \left(-\dfrac{3}{2}\right)-6 \times \left(-\dfrac{3}{2}\right)$$
$$=-3x+9$$
따라서 $a=-3$, $b=9$이므로 $b-a=9-(-3)=12$

21 $-2(3x-1)=-6x+2$이고

① $(3x-6) \div (-2)=(3x-6) \times \left(-\dfrac{1}{2}\right)$
$$=-\dfrac{3}{2}x+3$$

② $2(2-3x)=4-6x$

③ $(3x-1) \times 2=6x-2$

④ $(-2x+1) \div \left(-\dfrac{1}{6}\right)=(-2x+1) \times (-6)$
$$=12x-6$$

⑤ $\left(-x+\dfrac{1}{3}\right) \div \dfrac{1}{6}=\left(-x+\dfrac{1}{3}\right) \times 6=-6x+2$

22 (주어진 식)$=4x-10-3x+6$
$$=4x-3x-10+6=x-4$$
x의 계수는 1이므로 $a=1$,
상수항은 -4이므로 $b=-4$
따라서 $ab=1 \times (-4)=-4$

23 동류항은 문자와 차수가 같은 항이므로
ㄱ. $-a$, $-5a$
ㄹ. 6, $-\dfrac{1}{6}$

24 $5a$와 동류항인 것은 $\dfrac{a}{5}$, $3a$이므로 2개이다.

25 ③ $6+4x$에서 6과 $4x$는 동류항이 아니므로 더 이상 간단히 할 수 없다.

26 ① $(2x+6)+(4x+3)=6x+9$

② $(5x-3)-(-2x+1)=5x-3+2x-1$
$$=7x-4$$

③ $(2-7x)+(-4x-3)=2-7x-4x-3$
$$=-11x-1$$

④ $(-4x+1)-(9x-5)=-4x+1-9x+5$
$$=-13x+6$$

⑤ $2(3x+2)-3(3-2x)=6x+4-9+6x$
$$=12x-5$$

따라서 옳은 것은 ⑤이다.

27 $6x-[4x-\{-2-(3x-2)\}-3]$
$=6x-\{4x-(-2-3x+2)-3\}$
$=6x-\{4x-(-3x)-3\}$
$=6x-(4x+3x-3)$
$=6x-(7x-3)$
$=6x-7x+3$
$=-x+3$

28 $4(40-x)+4(60-x)=160-4x+240-4x$
$$=-8x+400$$
따라서 둘레의 길이는 $(-8x+400)$ m이다.

본문 102~103쪽

기출 예상 문제

01 ②	**02** ①	**03** $\dfrac{7}{10}a$원	
04 ①	**05** 45 kg	**06** ③	**07** ⑤	**08** ⑤
09 ①, ④	**10** ⑤	**11** $\dfrac{13x-14}{6}$	**12** ④

01 ② $6 \div a+b=6 \times \dfrac{1}{a}+b=\dfrac{6}{a}+b$

02 ① $a \times b \div c=a \times b \times \dfrac{1}{c}=\dfrac{ab}{c}$

② $a \div (b \div c)=a \div \dfrac{b}{c}=a \times \dfrac{c}{b}=\dfrac{ac}{b}$

③ $a \times \left(\dfrac{1}{b} \div \dfrac{1}{c}\right)=a \times \left(\dfrac{1}{b} \times c\right)=\dfrac{ac}{b}$

④ $a \div b \div \dfrac{1}{c}=a \times \dfrac{1}{b} \times c=\dfrac{ac}{b}$

⑤ $a \div \left(b \times \dfrac{1}{c} \right) = a \div \dfrac{b}{c} = a \times \dfrac{c}{b} = \dfrac{ac}{b}$

따라서 기호 $\times$, $\div$를 생략했을 때, 나머지 넷과 다른 것은 ①이다.

03 정가 a원의 30 %의 가격은 $a \times \dfrac{30}{100} = \dfrac{3}{10}a$(원)이므로 30 % 할인하여 샀을 때, 지불한 금액은

$a - \dfrac{3}{10}a = \dfrac{7}{10}a$(원)

04 ① 12개에 x원인 사탕 한 개의 값은 $\dfrac{x}{12}$ 원이다.

05 $x = 150$을 $0.9(x-100)$에 대입하면
$0.9(x-100) = 0.9 \times (150-100) = 0.9 \times 50$
$\qquad\qquad\qquad = 45(\text{kg})$
따라서 윤희의 표준 체중은 45 kg이다.

06 $a = 2$, $b = -3$을 $\dfrac{ab}{a-b}$에 대입하면
$\dfrac{ab}{a-b} = \dfrac{2 \times (-3)}{2-(-3)} = -\dfrac{6}{5}$

07 다항식 $x^2 - 3x + 4$의 차수는 2, x의 계수는 -3, 상수항은 4이므로 $a = 2$, $b = -3$, $c = 4$이다.
따라서 $a + b + c = 2 + (-3) + 4 = 3$이다.

08 ⑤ $6x - 2x + 7 - 4x = 6x - 2x - 4x + 7 = 7$
이므로 x에 대한 일차식이 아니다.

09 ① $\dfrac{3}{2}a \times (-6) = -9a$
② $-2(a-1) = -2a + 2$
③ $\dfrac{1}{2}(2x-6) = x - 3$
④ $(15x-6) \div \dfrac{3}{2} = (15x-6) \times \dfrac{2}{3} = 10x - 4$
⑤ $(9x-6) \div (-3) = (9x-6) \times \left(-\dfrac{1}{3} \right) = -3x + 2$
따라서 옳은 것은 ①, ④이다.

10 $2(3x-2) - 4(5-x) = 6x - 4 - 20 + 4x$
$\qquad\qquad\qquad\qquad\quad = 10x - 24$
x의 계수 $a = 10$, 상수항 $b = -24$이므로
$a - b = 10 - (-24) = 34$

11 $\dfrac{3x-4}{2} - \dfrac{1-2x}{3} = \dfrac{3(3x-4)}{6} - \dfrac{2(1-2x)}{6}$
$\qquad\qquad\qquad\qquad = \dfrac{9x-12}{6} - \dfrac{2-4x}{6}$
$\qquad\qquad\qquad\qquad = \dfrac{9x-12-2+4x}{6}$
$\qquad\qquad\qquad\qquad = \dfrac{13x-14}{6}$

12 $4x - [3x + 4\{2x - (3x-2)\}]$
$= 4x - \{3x + 4(2x - 3x + 2)\}$
$= 4x - \{3x + 4(-x + 2)\}$
$= 4x - (3x - 4x + 8)$
$= 4x - (-x + 8)$
$= 4x + x - 8$
$= 5x - 8$

고난도 **집중** 연습   본문 104~105쪽

1 $2n+1$	**1-1** $3n+1$	**2** -49	**2-1** -18
3 $\dfrac{11x-1}{6}$	**3-1** $\dfrac{7x-1}{6}$	**4** 20	**4-1** -21

1 풀이 전략 정삼각형이 1개, 2개, 3개, … 늘어날 때, 늘어나는 성냥개비의 수를 관찰하여 규칙을 찾는다.
정삼각형이 1개, 2개, 3개, …일 때 사용한 성냥개비의 개수는 각각
$1 + 2$, $1 + 2 \times 2$, $1 + 2 \times 3$, …
따라서 정삼각형 n개가 만들어졌을 때 사용한 성냥개비의 개수는
$1 + 2 \times n = 2n + 1$

1-1 풀이 전략 정사각형이 1개, 2개, 3개, … 늘어날 때, 늘어나는 성냥개비의 수를 관찰하여 규칙을 찾는다.
정사각형이 1개, 2개, 3개, …일 때 사용한 성냥개비의 개수는 각각
$1 + 3$, $1 + 3 \times 2$, $1 + 3 \times 3$, …
따라서 정사각형 n개가 만들어졌을 때 사용한 성냥개비의 개수는
$1 + 3 \times n = 3n + 1$

2 풀이 전략 주어진 식을 나눗셈 기호가 있는 식으로 나타낸 후 대입을 이용해 식의 값을 구한다.

$a=-\dfrac{1}{2}$, $b=\dfrac{1}{3}$, $c=-\dfrac{1}{4}$ 을 $\dfrac{4}{a}-\dfrac{3}{b}+\dfrac{8}{c}$ 에 대입하면

$$\dfrac{4}{a}-\dfrac{3}{b}+\dfrac{8}{c}=4\div a-3\div b+8\div c$$
$$=4\div\left(-\dfrac{1}{2}\right)-3\div\dfrac{1}{3}+8\div\left(-\dfrac{1}{4}\right)$$
$$=4\times(-2)-3\times3+8\times(-4)$$
$$=-8-9-32$$
$$=-49$$

2-1 [풀이 전략] 주어진 식을 나눗셈 기호가 있는 식으로 나타낸 후 대입을 이용해 식의 값을 구한다.

$a=\dfrac{1}{3}$, $b=\dfrac{3}{2}$, $c=-\dfrac{3}{5}$ 을 $\dfrac{1}{a^2}-\dfrac{3}{b}-\dfrac{9}{c^2}$ 에 대입하면

$$\dfrac{1}{a^2}-\dfrac{3}{b}-\dfrac{9}{c^2}=1\div a^2-3\div b-9\div c^2$$
$$=1\div\left(\dfrac{1}{3}\right)^2-2\div\dfrac{3}{2}-9\div\left(-\dfrac{3}{5}\right)^2$$
$$=1\div\dfrac{1}{9}-3\div\dfrac{3}{2}-9\div\dfrac{9}{25}$$
$$=1\times9-3\times\dfrac{2}{3}-9\times\dfrac{25}{9}$$
$$=9-2-25$$
$$=-18$$

3 [풀이 전략] n이 자연수일 때, $2n$은 항상 짝수, $2n+1$은 항상 홀수임을 이용한다.

n이 자연수일 때, $2n$은 짝수, $2n+1$은 홀수이므로 $(-1)^{2n}=1$, $(-1)^{2n+1}=-1$이다.

$$(-1)^{2n}\times\dfrac{3x+1}{2}+(-1)^{2n+1}\times\dfrac{2-x}{3}$$
$$=1\times\dfrac{3x+1}{2}+(-1)\times\dfrac{2-x}{3}$$
$$=\dfrac{3x+1}{2}-\dfrac{2-x}{3}$$
$$=\dfrac{3(3x+1)-2(2-x)}{6}$$
$$=\dfrac{9x+3-4+2x}{6}$$
$$=\dfrac{11x-1}{6}$$

3-1 [풀이 전략] n이 자연수일 때, $2n$은 항상 짝수, $2n-1$은 항상 홀수임을 이용한다.

n이 자연수일 때, $2n-1$은 홀수, $2n$은 짝수이므로

$(-1)^{2n-1}=-1$, $(-1)^{2n}=1$이다.

$$(-1)^{2n-1}\times\dfrac{x-1}{3}+(-1)^{2n}\times\dfrac{3x-1}{2}$$
$$=(-1)\times\dfrac{x-1}{3}+1\times\dfrac{3x-1}{2}$$
$$=-\dfrac{x-1}{3}+\dfrac{3x-1}{2}$$
$$=\dfrac{-2(x-1)+3(3x-1)}{6}$$
$$=\dfrac{-2x+2+9x-3}{6}$$
$$=\dfrac{7x-1}{6}$$

4 [풀이 전략] x의 계수가 -5인 일차식을 $-5x+p$(p는 상수)라고 하고 식의 값을 구한다.

x의 계수가 -5인 일차식을 $-5x+p$(p는 상수)라고 하면

$x=1$일 때의 식의 값 $a=-5\times1+p=-5+p$

$x=-3$일 때의 식의 값 $b=-5\times(-3)+p=15+p$

$$b-a=(15+p)-(-5+p)$$
$$=15+p+5-p$$
$$=20$$

4-1 [풀이 전략] x의 계수가 3인 일차식을 $3x+p$(p는 상수)라고 하고 식의 값을 구한다.

x의 계수가 3인 일차식을 $3x+p$(p는 상수)라고 하면

$x=-2$일 때의 식의 값 $a=3\times(-2)+p=-6+p$

$x=5$일 때의 식의 값 $b=3\times5+p=15+p$

$$a-b=(-6+p)-(15+p)$$
$$=-6+p-15-p$$
$$=-21$$

서술형 집중 연습

본문 106~107쪽

예제 **1** 풀이 참조	유제 **1** $1.04a$원	
예제 **2** 풀이 참조	유제 **2** $150\ \mathrm{cm}^2$	
예제 **3** 풀이 참조	유제 **3** $\dfrac{11}{2}$	
예제 **4** 풀이 참조	유제 **4** $2x-13$	

예제 1 5개에 a원인 사탕의 한 개의 가격은 $\boxed{\dfrac{a}{5}}$원이다.

$\cdots$ 1단계

따라서 사탕 3개의 가격은 $3 \times \dfrac{a}{5} = \boxed{\dfrac{3a}{5}}$(원)이므로

$\cdots$ 2단계

사탕을 3개 사고 5000원을 냈을 때의 거스름돈은 $\left(\boxed{5000 - \dfrac{3a}{5}}\right)$원이다.

$\cdots$ 3단계

채점 기준표

단계	채점 기준	비율
1단계	사탕 한 개의 가격을 구한 경우	30 %
2단계	사탕 3개의 가격을 구한 경우	20 %
3단계	거스름돈을 문자를 사용한 식으로 나타낸 경우	50 %

유제 1 (정가)=(원가)$\times$(1+이익률)

$\quad = a \times (1+0.3) = 1.3a$(원) $\cdots$ 1단계

(판매 가격)=(정가)$\times$(1-할인율)

$\quad = 1.3a \times (1-0.2)$

$\quad = 1.3a \times 0.8 = 1.04a$(원) $\cdots$ 2단계

채점 기준표

단계	채점 기준	비율
1단계	정가를 구한 경우	50 %
2단계	판매 가격을 문자를 사용한 식으로 나타낸 경우	50 %

예제 2 직육면체의 겉넓이는

$2(\boxed{5} \times 3 + 2x \times 3 + 5 \times \boxed{2x})$

$= 2(15 + 6x + 10x)$

$= 2(\boxed{16x} + 15)$

$= \boxed{32x} + 30$ $\cdots$ 1단계

$x=2$를 $\boxed{32x} + 30$에 대입하면

$\boxed{32} \times 2 + 30 = 64 + 30 = \boxed{94}$

따라서 $x=2$일 때, 직육면체의 겉넓이는 $\boxed{94}$ cm²이다. $\cdots$ 2단계

채점 기준표

단계	채점 기준	비율
1단계	직육면체의 겉넓이를 문자를 사용해서 나타낸 경우	50 %
2단계	$x=2$일 때, 직육면체의 겉넓이를 구한 경우	50 %

유제 2 직육면체의 겉넓이는

$2(3 \times 4 + 3x \times 4 + 3 \times 3x)$

$= 2(12 + 12x + 9x)$

$= 2(21x + 12)$

$= 42x + 24$ $\cdots$ 1단계

$x=3$을 $42x+24$에 대입하면

$42 \times 3 + 24 = 126 + 24 = 150$

따라서 $x=3$일 때, 직육면체의 겉넓이는 150 cm²이다. $\cdots$ 2단계

채점 기준표

단계	채점 기준	비율
1단계	직육면체의 겉넓이를 문자를 사용해서 나타낸 경우	50 %
2단계	$x=3$일 때, 직육면체의 겉넓이를 구한 경우	50 %

예제 3 $\dfrac{6-2x}{3} - \dfrac{x+5}{4} = \dfrac{\boxed{4}(6-2x) - \boxed{3}(x+5)}{12}$

$= \dfrac{24 - 8x - 3x - 15}{12}$

$= \dfrac{\boxed{-11}x + \boxed{9}}{12}$ $\cdots$ 1단계

x의 계수 $a = \boxed{-\dfrac{11}{12}}$, 상수항 $b = \boxed{\dfrac{9}{12}}$이므로

$\cdots$ 2단계

$a + 2b = -\dfrac{11}{12} + \dfrac{18}{12} = \boxed{\dfrac{7}{12}}$ $\cdots$ 3단계

채점 기준표

단계	채점 기준	비율
1단계	주어진 다항식을 계산한 경우	50 %
2단계	x의 계수와 상수항을 구한 경우	20 %
3단계	$a+2b$의 값을 구한 경우	30 %

유제 3 $\dfrac{5x-8}{2} - \dfrac{3x-2}{5} = \dfrac{5(5x-8) - 2(3x-2)}{10}$

$= \dfrac{25x - 40 - 6x + 4}{10}$

$= \dfrac{19x - 36}{10}$ $\cdots$ 1단계

x의 계수 $a = \dfrac{19}{10}$, 상수항 $b = -\dfrac{36}{10}$이므로

$\cdots$ 2단계

$a - b = \dfrac{19}{10} - \left(-\dfrac{36}{10}\right) = \dfrac{55}{10} = \dfrac{11}{2}$ $\cdots$ 3단계

채점 기준표

단계	채점 기준	비율
1단계	주어진 다항식을 계산한 경우	50 %
2단계	x의 계수와 상수항을 구한 경우	20 %
3단계	$a-b$의 값을 구한 경우	30 %

예제 4 $-3x+5$에 어떤 식을 더하였더니 $2x+9$가 되었으므로

$(-3x+5) + (어떤 식) = \boxed{2x+9}$

$-3x+5+(어떤 식)=2x+9$

(어떤 식)$=\boxed{5x+4}$ $\quad\cdots$ 【1단계】

옳게 계산한 식은 $-3x+5$에서 어떤 식을 **빼야** 하므로

$(-3x+5)-(어떤 식)=(-3x+5)-(\boxed{5x+4})$

$\qquad\qquad\qquad\qquad\quad =-3x+5-5x-4$

$\qquad\qquad\qquad\qquad\quad =\boxed{-8x+1}$ $\quad\cdots$ 【2단계】

채점 기준표

단계	채점 기준	비율
1단계	어떤 식을 구한 경우	50 %
2단계	옳게 계산한 식을 구한 경우	50 %

유제 4 $\dfrac{1}{2}x-3$에서 어떤 식을 뺐더니 $-x+7$이 되었으므로

$\left(\dfrac{1}{2}x-3\right)-(어떤 식)=-x+7$

$\dfrac{1}{2}x-3-(어떤 식)=-x+7$

(어떤 식)$=\dfrac{3}{2}x-10$ $\quad\cdots$ 【1단계】

옳게 계산한 식은 $\dfrac{1}{2}x-3$에서 어떤 식을 더해야 하므로

$\left(\dfrac{1}{2}x-3\right)+(어떤 식)=\dfrac{1}{2}x-3+\dfrac{3}{2}x-10$

$\qquad\qquad\qquad\qquad\quad =2x-13$ $\quad\cdots$ 【2단계】

채점 기준표

단계	채점 기준	비율
1단계	어떤 식을 구한 경우	50 %
2단계	옳게 계산한 식을 구한 경우	50 %

중단원 실전 테스트 1회   본문 108~110쪽

01 ③	02 ④	03 ②	04 ①	05 ②
06 ②	07 ③	08 ③, ④	09 ③	10 ②
11 ④	12 ①	13 (1) $\dfrac{(a+b)h}{2}$ cm²		
(2) 25 cm²	14 -1	15 $6a+11$	16 80	

01 ① $4a\div\dfrac{1}{b}=4a\times b=4ab$

② $6\div a-b=6\times\dfrac{1}{a}-b=\dfrac{6}{a}-b$

③ $2\div(a+b)=2\times\dfrac{1}{a+b}=\dfrac{2}{a+b}$

④ $(x+y)\times(-5)=-5(x+y)=-5x-5y$

⑤ $x\times(-6)+y\div 2=-6\times x+y\times\dfrac{1}{2}=-6x+\dfrac{y}{2}$

따라서 옳은 것은 ③이다.

02 $\dfrac{3a^2b}{x+3y}=3a^2b\div(x+3y)$

$\qquad\qquad =3\times a\times a\times b\div(x+3\times y)$

따라서 곱셈 기호와 나눗셈 기호를 사용하여 바르게 나타낸 것은 ④이다.

03 ② 12개에 b원인 사탕 한 개의 가격 ➡ $\dfrac{b}{12}$ 원

04 (시간)$=\dfrac{(거리)}{(속력)}$이므로 집에서 학교까지 걸어가는 데 걸린 시간은 $\dfrac{x}{3}$시간이다.

그런데 서점에서 20분, 즉 $\dfrac{1}{3}$시간이 소요되었으므로 집에서 출발하여 학교에 도착할 때까지 걸린 총 시간은 $\dfrac{x}{3}+\dfrac{1}{3}=\dfrac{x+1}{3}$(시간)이다.

05 $a=-2$를 a^2에 대입하면 $a^2=(-2)^2=4$

$a=-2$를 각각의 식에 대입하면

① $2a=2\times(-2)=-4$

② $\dfrac{16}{a^2}=\dfrac{16}{(-2)^2}=\dfrac{16}{4}=4$

③ $-a^2=-(-2)^2=-4$

④ $-\dfrac{2}{a}=-\dfrac{2}{-2}=-(-1)=1$

⑤ $\left(-\dfrac{1}{a}\right)^2=\left(-\dfrac{1}{-2}\right)^2=\left(\dfrac{1}{2}\right)^2=\dfrac{1}{4}$

따라서 식의 값이 같은 것은 ②이다.

06 $a:b=1:3$이므로 $b=3a$를 주어진 식에 대입하면

$\dfrac{5a-2b}{a+b}=\dfrac{5a-2\times 3a}{a+3a}=\dfrac{-a}{4a}=-\dfrac{1}{4}$

07 ① 일차식은 $\dfrac{2}{5}a$, $-5+5x$, $0.7x-2$, $2x+1$이므로 4개이다.

② 단항식은 $\dfrac{2}{5}a$, $\dfrac{1}{2}a^2$이므로 2개이다.

③ ㄱ, ㄷ은 문자는 같지만 차수가 다르므로 동류항이 아니다.

④ ㄹ의 x의 계수는 5이다.

⑤ ㅁ의 항은 $0.7x$, -2이므로 2개이다.
따라서 옳지 않은 것은 ③이다.

08 ① $-5a \times 4 = -20a$

② $6a \div \dfrac{3}{2} = 6a \times \dfrac{2}{3} = 4a$

③ $-3(2x+7) = -3 \times 2x - 3 \times 7$
$\qquad\qquad = -6x - 21$

④ $(x-2) \div \left(-\dfrac{1}{4}\right) = (x-2) \times (-4) = -4x+8$

⑤ $(-8x-6) \div (-2) = (-8x-6) \times \left(-\dfrac{1}{2}\right)$
$\qquad\qquad\qquad\qquad = 4x+3$

따라서 옳은 것은 ③, ④이다.

09 $-a$와 동류항인 것은 $\dfrac{1}{4}a$, $-6a$, $5a$이므로 3개이다.

10 주어진 식을 각각 계산하면

① $(3a-2)+5(1-a) = 3a-2+5-5a = -2a+3$

② $(4-6a)+(2a+1) = 4-6a+2a+1 = -4a+5$

③ $(2a+1)-(3a+5) = 2a+1-3a-5 = -a-4$

④ $6(a+2)+2(3a-4) = 6a+12+6a-8$
$\qquad\qquad\qquad\qquad = 12a+4$

⑤ $4(a-1)-3(2a+1) = 4a-4-6a-3$
$\qquad\qquad\qquad\qquad = -2a-7$

각각의 a의 계수는

① -2 ② -4 ③ -1 ④ 12 ⑤ -2

이므로 a의 계수가 가장 작은 것은 ②이다.

11 n이 홀수일 때, $n+1$은 짝수이므로
$(-1)^n = -1$, $(-1)^{n+1} = 1$
(주어진 식) $= 1 \times (3x+1) - (-1) \times (3x-1)$
$\qquad\qquad = (3x+1) + (3x-1)$
$\qquad\qquad = 3x+1+3x-1$
$\qquad\qquad = 6x$

12 $\dfrac{2x-1}{3} - \dfrac{4x-2}{5} = \dfrac{5(2x-1)-3(4x-2)}{15}$
$\qquad\qquad\qquad\qquad = \dfrac{10x-5-12x+6}{15}$
$\qquad\qquad\qquad\qquad = \dfrac{-2x+1}{15}$
$\qquad\qquad\qquad\qquad = -\dfrac{2}{15}x + \dfrac{1}{15}$

$a = -\dfrac{2}{15}$, $b = \dfrac{1}{15}$이므로

$a - b = -\dfrac{2}{15} - \dfrac{1}{15} = -\dfrac{3}{15} = -\dfrac{1}{5}$

13 (1) 사다리꼴의 넓이는

$\dfrac{1}{2} \times (a+b) \times h = \dfrac{(a+b)h}{2}$ (cm²) $\cdots$ 1단계

(2) $a=3$, $b=7$, $h=5$를 $\dfrac{(a+b)h}{2}$에 대입하면

(사다리꼴의 넓이) $= \dfrac{(3+7) \times 5}{2}$
$\qquad\qquad\qquad = \dfrac{10 \times 5}{2} = 25$ (cm²)
$\cdots$ 2단계

채점 기준표

단계	채점 기준	비율
1단계	사다리꼴의 넓이를 문자를 사용한 식으로 나타낸 경우	50 %
2단계	사다리꼴의 넓이 구한 경우	50 %

14 $\dfrac{x+6}{2} - 5y$에서 x의 계수는 $a = \dfrac{1}{2}$, y의 계수는

$b = -5$, 상수항은 $c = \dfrac{6}{2} = 3$이다. $\cdots$ 1단계

$a = \dfrac{1}{2}$, $b = -5$, $c = 3$을 $a(b+c)$에 대입하면

$a(b+c) = \dfrac{1}{2} \times (-5+3) = \dfrac{1}{2} \times (-2) = -1$
$\cdots$ 2단계

채점 기준표

단계	채점 기준	비율
1단계	a, b, c의 값을 각각 구한 경우	60 %
2단계	$a(b+c)$의 값을 구한 경우	40 %

15 $3+4=7$, $4+5=9$, $7+9=16$에서 규칙이 위의 두 칸에 적힌 수를 더하여 아래 칸에 적는 것임을 알 수 있다.

오른쪽 그림에서
$(3a-1)+B=5a+3$
이므로
$B=2a+4$ $\cdots$ 1단계

$3a-1$	B	$4-a$
	$5a+3$	C
	A	

$B+(4-a)=C$이므로
$2a+4+4-a=C$
$C=a+8$ $\cdots$ 2단계

$(5a+3)+C=A$이므로
$5a+3+a+8=A$
$A=6a+11$ $\cdots$ 3단계

16 주어진 식을 계산하면

$4x-[-6+\{-3x-(x+4)\}]$

$=4x-\{-6+(-3x-x-4)\}$

$=4x-\{-6+(-4x-4)\}$

$=4x-(-6-4x-4)$

$=4x-(-4x-10)$

$=4x+4x+10$

$=8x+10$ $\cdots$ 1단계

x의 계수는 8, 상수항은 10이므로 $\cdots$ 2단계

x의 계수와 상수항의 곱은 $8\times10=80$이다.

$\cdots$ 3단계

중단원 실전 테스트 2회   본문 111~113쪽

01 ③	**02** ③	**03** ⑤	**04** ②	**05** ④
06 ①	**07** ③	**08** ⑤	**09** ④	**10** ①
11 ②	**12** ④	**13** $-\dfrac{1}{4}$	**14** $-\dfrac{1}{6}$	
15 $5x-4$	**16** $-4x+23$			

01 ③ $a\div\dfrac{1}{b}=a\times b=ab$

⑤ $a-b\div3=a-\dfrac{b}{3}=\dfrac{3a}{3}-\dfrac{b}{3}=\dfrac{3a-b}{3}$

따라서 옳지 않은 것은 ③이다.

02 10개에 a원인 귤 1개의 가격은 $a\div10=\dfrac{a}{10}$(원)이다.

따라서 귤 b개의 값은 $\dfrac{a}{10}\times b=\dfrac{ab}{10}$(원)이다.

03 (색칠한 부분의 넓이)

$=\dfrac{1}{2}\times(6+6+6+6)\times2a-\dfrac{1}{2}\times(6+6)\times a$

$=\dfrac{1}{2}\times24\times2a-\dfrac{1}{2}\times12\times a$

$=24a-6a$

$=18a$

04 $a=2$, $b=-3$을 각각의 식에 대입하면

① $3a-b=3\times2-(-3)=6+3=9$

② $a^2-b^2=2^2-(-3)^2=4-9=-5$

③ $\dfrac{a-3}{b+2}=\dfrac{2-3}{-3+2}=\dfrac{-1}{-1}=1$

④ $\dfrac{1}{a}-\dfrac{1}{b}=\dfrac{1}{2}-\dfrac{1}{-3}=\dfrac{1}{2}+\dfrac{1}{3}=\dfrac{5}{6}$

⑤ $\dfrac{a+b}{ab}=\dfrac{2+(-3)}{2\times(-3)}=\dfrac{-1}{-6}=\dfrac{1}{6}$

따라서 옳지 않은 것은 ②이다.

05 $a^2=\left(\dfrac{1}{3}\right)^2=\dfrac{1}{9}$, $c^3=\left(-\dfrac{2}{5}\right)^3=-\dfrac{8}{125}$이므로

$\dfrac{1}{a^2}-\dfrac{3}{b}-\dfrac{8}{c^3}=1\div a^2-3\div b-8\div c^3$

$=1\div\dfrac{1}{9}-3\div\dfrac{3}{2}-8\div\left(-\dfrac{8}{125}\right)$

$=1\times9-3\times\dfrac{2}{3}-8\times\left(-\dfrac{125}{8}\right)$

$=9-2+125$

$=132$

06 $x=50$을 $\dfrac{5}{9}(x-32)$에 대입하면

$\dfrac{5}{9}\times(50-32)=\dfrac{5}{9}\times18=10(℃)$

07 다항식 $5x^2+2x-1$에서

① 상수항은 -1이다.

② 항은 $5x^2$, $2x$, -1이다.

③ x의 계수는 2이다.

④ $5x^2$의 차수는 2이다.

⑤ x에 대한 이차식이다.

따라서 옳은 것은 ③이다.

08 $(3x-12)\div\left(-\dfrac{3}{4}\right)=(3x-12)\times\left(-\dfrac{4}{3}\right)$

$=3x\times\left(-\dfrac{4}{3}\right)-12\times\left(-\dfrac{4}{3}\right)$

$=-4x+16$

09 ④ a, $\frac{2}{5}a^2$은 문자는 같지만 차수가 다르므로 동류항이 아니다.

10 $3(x-2)-\frac{1}{2}(2x+12)=3x-6-x-6$
$$=2x-12$$
$a=2$, $b=-12$이므로 $ab=2\times(-12)=-24$

11 상수항이 -4인 x에 대한 일차식을 $px-4$(p는 상수)라고 하면
$x=3$일 때, $a=3p-4$
$x=-3$일 때, $b=-3p-4$
$a+b=(3p-4)+(-3p-4)=-8$

12 $6(3x-1)-\square=2(5x-2)$
$18x-6-\square=10x-4$
$\square=8x-2$

13 $\frac{2x+1}{3}-\frac{x-3}{4}+\frac{x+2}{12}$
$$=\frac{4(2x+1)-3(x-3)+x+2}{12}$$
$$=\frac{8x+4-3x+9+x+2}{12}$$
$$=\frac{6x+15}{12}=\frac{2x+5}{4} \qquad \cdots \boxed{\text{1단계}}$$

$x=-3$을 $\frac{2x+5}{4}$에 대입하면

$$\frac{2x+5}{4}=\frac{2\times(-3)+5}{4}=\frac{-6+5}{4}=-\frac{1}{4}$$
$\qquad\qquad\qquad\qquad\qquad\qquad\qquad \cdots \boxed{\text{2단계}}$

14 주어진 카드 중 일차식이 적힌 카드만 고르면

$\boxed{\dfrac{1}{6}a}$ $\boxed{4-x}$ $\qquad \cdots \boxed{\text{1단계}}$

모든 일차항의 각각의 계수는 $\frac{1}{6}$, -1이므로 그 곱은

$\frac{1}{6}\times(-1)=-\frac{1}{6}$이다. $\qquad \cdots \boxed{\text{2단계}}$

15

$-2x+4$	$5x-3$	
	$x+1$	
A	B	$4x-2$

위의 표에서 대각선에 놓인 다항식의 합은
$(-2x+4)+(x+1)+(4x-2)=3x+3$ $\cdots$ $\boxed{\text{1단계}}$
가로, 세로, 대각선에 놓인 세 다항식의 합이 모두 같으므로
$(5x-3)+(x+1)+B=3x+3$에서
$6x-2+B=3x+3$
$\therefore B=-3x+5$ $\qquad \cdots \boxed{\text{2단계}}$
$A+B+(4x-2)=3x+3$에서
$A+(-3x+5)+(4x-2)=3x+3$
$A+x+3=3x+3$
$\therefore A=2x$ $\qquad \cdots \boxed{\text{3단계}}$

16 어떤 다항식을 A라고 하면
$A+\frac{1}{3}(3x-9)=6x-7$이므로
$A+x-3=6x-7$
$A=5x-4$ $\qquad \cdots \boxed{\text{1단계}}$
따라서 바르게 계산한 식은
$5x-4-3(3x-9)=5x-4-9x+27$
$$=-4x+23 \qquad \cdots \boxed{\text{2단계}}$$

01 ⑤	**02** ④	**03** ④	**04** ④	**05** ③
06 ③	**07** ②	**08** ③	**09** ②	**10** ⑤
11 ⑤	**12** ③	**13** ④	**14** ③	**15** ⑤
16 ③, ④	**17** ④	**18** ④	**19** ①	**20** ③
21 98	**22** 오전 10시 24분		**23** 12	**24** $-\dfrac{5}{13}$
25 $34x-11$				

01 ⑤ 9의 약수는 1, 3, 9이므로 소수가 아니다.

02
① $3^2=3\times 3=9$
② $5\times 5\times 5=5^3$
③ $3\times 3\times 3\times 3=3^4$
⑤ $(3\times 5)\times(3\times 5)=3^2\times 5^2$

03 ④ $120=2^3\times 3\times 5$

04 두 수 A, B의 공약수는 두 수의 최대공약수의 약수이고
$42=2\times 3\times 7$이므로
두 수 A, B의 공약수의 개수는
$(1+1)\times(1+1)\times(1+1)=8$

05 두 수의 최대공약수를 구하면
① 2 ② 3 ③ 1
④ 3 ⑤ 7
이므로 ③ 7, 9가 서로소이다.

06
$$12=2^2\times 3$$
$$15=\quad 3\times 5$$
$$N$$
$$\text{(최소공배수)}=180=2^2\times 3^2\times 5$$
따라서 N은 3^2을 인수로 가지는 $2^2\times 3^2\times 5$의 약수이다.
① $9=3^2$ ② $18=2\times 3^2$
③ $27=3^3$ ④ $36=2^2\times 3^2$
⑤ $45=3^2\times 5$
③ $27=3^3$에서 3의 지수가 $180=2^2\times 3^2\times 5$에서 3의
지수보다 크므로 27은 180의 약수가 아니다.

07 N은 $2^2\times 3^2$을 반드시 포함해야 하고, 다른 수에서 최

소공배수인 $2^3\times 3^3\times 5\times 7$이 $3^3\times 7$이 없으므로 N은
$3^3\times 7$도 포함해야 한다.
따라서 가장 작은 수 $N=2^2\times 3^3\times 7$이다.

08 꽃다발에 들어가는 꽃의
수가 각각 같도록 가능
한 한 많은 꽃다발을 만
들려면 꽃다발의 수는
$$84=2^2\times 3\times 7$$
$$72=2^3\times 3^2$$
$$108=2^2\times 3^3$$
$$\text{(최대공약수)}=2^2\times 3$$
84, 72, 108의 최대공약수이므로
$2^2\times 3=12$(개)이다.

09 부호 +, −를 사용하여 나타내면
① $+20℃$ ② -3층
③ $+6\,\text{cm}$ ④ $+4$점
⑤ $+4$명
이므로 부호가 다른 것은 ②이다.

10 두 수 중에서 절댓값이 큰 수를 구하면
① $|3|=3$, $|-4|=4$이므로 -4
② $|-6|=6$, $|0|=0$이므로 -6
③ $\left|\dfrac{5}{4}\right|=\dfrac{5}{4}$, $\left|-\dfrac{5}{2}\right|=\dfrac{5}{2}=\dfrac{10}{4}$이므로 $-\dfrac{5}{2}$
④ $\left|-\dfrac{7}{3}\right|=\dfrac{7}{3}=\dfrac{14}{6}$, $\left|\dfrac{5}{6}\right|=\dfrac{5}{6}$이므로 $-\dfrac{7}{3}$
⑤ $|-2|=2=\dfrac{10}{5}$, $\left|-\dfrac{9}{5}\right|=\dfrac{9}{5}$이므로 -2
따라서 그 결과가 가장 큰 수는 ⑤ -2이다.

11 ⑤ 절댓값이 가장 작은 수는 0이다.

12
① $\dfrac{3}{4}\div\left(-\dfrac{1}{8}\right)\times(-1)=\dfrac{3}{4}\times(-8)\times(-1)=6$
② $(+9)\times(-5)\div\left(+\dfrac{9}{4}\right)$
$=(+9)\times(-5)\times\left(+\dfrac{4}{9}\right)=-20$
③ $6\div\left(+\dfrac{9}{16}\right)\times\left(+\dfrac{9}{4}\right)=6\times\left(+\dfrac{16}{9}\right)\times\left(+\dfrac{9}{4}\right)$
$=24$
④ $\left(+\dfrac{1}{4}\right)\div\dfrac{3}{8}\times(-27)=\left(+\dfrac{1}{4}\right)\times\dfrac{8}{3}\times(-27)$
$=-18$
⑤ $\left(-\dfrac{25}{4}\right)\div\left(+\dfrac{25}{36}\right)\times(+4)$
$=\left(-\dfrac{25}{4}\right)\times\left(+\dfrac{36}{25}\right)\times(+4)=-36$
따라서 계산 결과가 가장 큰 것은 ③이다.

13 앞면이 나온 횟수가 4회이면 $\frac{3}{2} \times 4 = 6$(점)

앞면이 나온 횟수가 3회이면 뒷면이 나온 횟수는 1회
이므로

$\frac{3}{2} \times 3 + \left(-\frac{2}{3}\right) \times 1 = \frac{9}{2} - \frac{2}{3} = \frac{27}{6} - \frac{4}{6} = \frac{23}{6}$(점)

앞면이 나온 횟수가 2회이면 뒷면이 나온 횟수는 2회
이므로

$\frac{3}{2} \times 2 + \left(-\frac{2}{3}\right) \times 2 = 3 - \frac{4}{3} = \frac{9}{3} - \frac{4}{3} = \frac{5}{3}$(점)

앞면이 나온 횟수가 1회이면 뒷면이 나온 횟수는 3회
이므로

$\frac{3}{2} \times 1 + \left(-\frac{2}{3}\right) \times 3 = \frac{3}{2} - 2 = \frac{3}{2} - \frac{4}{2} = -\frac{1}{2}$(점)

뒷면이 나온 횟수가 4회이면

$\left(-\frac{2}{3}\right) \times 4 = -\frac{8}{3}$(점)

따라서 나올 수 없는 점수는 ④이다.

14 $\frac{4}{3} - \left\{1 + \left(-\frac{1}{8}\right) \times (-6)\right\} \div \frac{7}{2}$

$= \frac{4}{3} - \left\{1 + \left(+\frac{3}{4}\right)\right\} \div \frac{7}{2}$

$= \frac{4}{3} - \left(+\frac{7}{4}\right) \times \frac{2}{7}$

$= \frac{4}{3} - \left(+\frac{1}{2}\right)$

$= \frac{8}{6} - \frac{3}{6}$

$= \frac{5}{6}$

15 분배법칙을 이용하여 계산하면

$59 \times 102 = 59 \times (100 + 2)$

$= 59 \times 100 + 59 \times 2$

$= 5900 + 118$

$= 6018$

$\therefore a + b + c + d = 2 + 2 + 118 + 6018 = 6140$

16 ③ (시간)$= \frac{(거리)}{(속력)}$이므로 $\frac{4}{v}$시간이다.

④ 30 % 할인하였으므로 물건의 가격은 a원의 70 %
인 $0.7a$원이다.

17 ① 문자가 다르다.

② 차수가 다르다.

③ $\frac{4}{x}$ 는 다항식이 아니다.

⑤ 문자가 다르다.

18 ④ x의 계수는 -1이다.

19

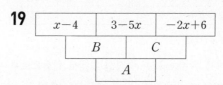

라고 하면

$B = (x-4) + (3-5x) = -4x-1$

$C = (3-5x) + (-2x+6) = -7x+9$

$\therefore A = B + C = (-4x-1) + (-7x+9) = -11x+8$

20 $B - 2(3A - B) = B - 6A + 2B = -6A + 3B$

이때 $A = 2 - x$, $B = 3x - 2$를 대입하면

$-6A + 3B = -6(2-x) + 3(3x-2)$

$= -12 + 6x + 9x - 6$

$= 15x - 18$

따라서 $a = 15$, $b = -18$이므로

$a + b = 15 + (-18) = -3$

21 $2^3 \times 3^2 \times 7 \times x$가 어떤 자연수의 제곱이 되려면 모든
소인수의 지수가 짝수이어야 하므로 가장 작은 자연수
는 $x = 2 \times 7 = 14$ ··· 1단계

$2^3 \times 3^2 \times 7 \times 2 \times 7 = 2^4 \times 3^2 \times 7^2 = (4 \times 3 \times 7)^2 = 84^2$

이므로 $y = 84$ ··· 2단계

$\therefore x + y = 14 + 84 = 98$ ··· 3단계

채점 기준표

단계	채점 기준	배점
1단계	x의 값을 구한 경우	2점
2단계	y의 값을 구한 경우	2점
3단계	$x+y$의 값을 구한 경우	1점

22 세 버스가 처음으로 다시 동시에 출발할 때까지 걸리
는 시간은 18, 24, 48의 최소공배수이므로

$18 = 2 \times 3^2$

$24 = 2^3 \times 3$

$48 = 2^4 \times 3$

(최소공배수)$= 2^4 \times 3^2$

$2^4 \times 3^2 = 144$(분) ··· 1단계

따라서 구하는 시각은 오전 8시에서 144분, 즉 2시간
24분 후인 오전 10시 24분이다.

··· 2단계

채점 기준표

단계	채점 기준	배점
1단계	최소공배수를 구한 경우	3점
2단계	시각을 구한 경우	2점

23 (가), (나)에서 두 수 a, b는 수직선 위에서 원점으로부터 각각 4만큼 떨어져 있는 점에 대응하는 수인 -4, 4이다. $\cdots$ 1단계

(다)에서 $|-4|=4=-(-4)$, $|4|=4$이므로

$a=-4$, $b=4$ $\cdots$ 2단계

$\therefore a^2-b=(-4)^2-4=16-4=12$ $\cdots$ 3단계

채점 기준표

단계	채점 기준	배점
1단계	(가), (나)를 만족하는 두 수를 구한 경우	2점
2단계	a, b의 값을 구한 경우	2점
3단계	a^2-b의 값을 구한 경우	1점

24 $A=\left(-\dfrac{9}{2}\right)\div\left(+\dfrac{9}{16}\right)-\left(-\dfrac{15}{4}\right)\times\left(+\dfrac{36}{25}\right)$

$=\left(-\dfrac{9}{2}\right)\times\left(+\dfrac{16}{9}\right)-\left(-\dfrac{15}{4}\right)\times\left(+\dfrac{36}{25}\right)$

$=(-8)-\left(-\dfrac{27}{5}\right)$

$=-\dfrac{40}{5}+\dfrac{27}{5}=-\dfrac{13}{5}$ $\cdots$ 1단계

따라서 A의 역수는 $-\dfrac{5}{13}$이다. $\cdots$ 2단계

채점 기준표

단계	채점 기준	배점
1단계	A의 값을 구한 경우	3점
2단계	A의 역수를 구한 경우	2점

25 그림과 같은 두 직사각형의 넓이의 합이 되므로

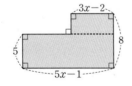

$(3x-2)\times(8-5)+(5x-1)\times5$ $\cdots$ 1단계

$=3(3x-2)+5(5x-1)$

$=9x-6+25x-5$

$=34x-11$ $\cdots$ 2단계

채점 기준표

단계	채점 기준	배점
1단계	직사각형의 넓이를 구하는 식을 세운 경우	3점
2단계	넓이를 구한 경우	2점

01 ③	**02** ⑤	**03** ③	**04** ②	**05** ③
06 ①	**07** ⑤	**08** ④	**09** ③	**10** ①, ②
11 ④	**12** ④	**13** ④	**14** ⑤	**15** ②
16 ①	**17** ③	**18** ①, ③	**19** ②	**20** ②
21 5	**22** 255	**23** 8	**24** $\dfrac{73}{12}$	**25** $\dfrac{7}{3}$

01 소수인 수는 2, 5, 7, 17, 29이므로 5개이다.

02 $6\times12\times42=2^4\times3^3\times7$이므로

$a=4$, $b=3$, $c=7$

$\therefore a+b+c=4+3+7=14$

03 $189=3^3\times7$이므로 소인수는 3, 7이다.

① $30=2\times3\times5$ ➡ 소인수: 2, 3, 5

② $42=2\times3\times7$ ➡ 소인수: 2, 3, 7

③ $63=3^2\times7$ ➡ 소인수: 3, 7

④ $75=3\times5^2$ ➡ 소인수: 3, 5

⑤ $105=3\times5\times7$ ➡ 소인수: 3, 5, 7

따라서 189와 소인수가 같은 것은 ③이다.

04 ① 9와 17의 최대공약수가 1이므로 서로소이다.

② 홀수인 9와 짝수인 12의 최대공약수는 3이므로 서로소가 아니다.

④ 서로소인 두 자연수의 최대공약수는 1이고 공약수는 1의 약수이므로 공약수의 개수는 1개이다.

따라서 옳지 않은 것은 ②이다.

05

$$2^3\times3^2\times5$$
$$2^4\times3^3$$
$$2^2\times3^3\times5$$

(최대공약수)$=2^2\times3^2$

06

$$2^2\times3^2$$
$$2^3\times3\times5$$
$$252=2^2\times3^2\quad\times7$$

(최소공배수)$=2^3\times3^2\times5\times7$

세 수의 공배수는 세 수의 최소공배수인

$2^3\times3^2\times5\times7$의 배수이다.

① $2^2\times3^3\times5\times7$에서 2의 지수가 $2^3\times3^2\times5\times7$에서 2의 지수보다 작으므로 $2^3\times3^2\times5\times7$의 배수가 아니다.

07 어떤 자연수를 x라 하면

$x \times 18$은 24와 42의 최소공배수인 $2^3 \times 3 \times 7$의 배수이다.

$$24 = 2^3 \times 3$$
$$42 = 2 \times 3 \times 7$$
$$\overline{\text{(최소공배수)} = 2^3 \times 3 \times 7}$$

$x \times 18 = x \times 2 \times 3^2$이고

$x \times 2 \times 3^2$이 $2^3 \times 3 \times 7 \times$ (자연수)의 꼴이 되어야 하므로 $x = 2^2 \times 7 \times$ (자연수)의 꼴이 되어야 한다.

따라서 가장 작은 자연수 $x = 2^2 \times 7 = 28$이다.

08 최대공약수가 15이므로 $N = 15 \times n$ (n은 5와 서로소)

라고 하면

최소공배수는

$15 \times 5 \times n = 675$,

$75 \times n = 75 \times 9$

$\therefore n = 9$

$$\underset{\text{공약수}}{\overset{\text{최대}}{}} \enspace \boxed{15} \,\underline{)\ 75 \quad 15 \times n}$$
$$ 5 \qquad n$$
$$ \underbrace{}_{\text{서로소}}$$

따라서 $N = 15 \times 9 = 135$이다.

09 (가), (나)에서 말뚝의 간격은 56과 80의 공약수이므로 56과 80의 최대공약수인 2^3의 약수인 1, 2, 4, 8이다.

가능한 한 적은 수의 말뚝을 사용하려면 말뚝의 간격은 최대가 되어야 하고, (다)에서 5 m 이하이므로 말뚝의 간격은 4 m이다.

필요한 말뚝의 개수는

56 m인 경우: $56 \div 4 = 14$(개)

80 m인 경우: $80 \div 4 = 20$(개)

이므로 $14 \times 2 + 20 \times 3 = 88$(개)이다.

10 ④ $-\dfrac{9}{3} = -3$이므로 정수이다.

따라서 정수가 아닌 것은 ①, ②이다.

11 -2, -1, 0, 1, 2이므로 5개이다.

12

그림과 같이 수직선 위에서 $-\dfrac{5}{3}$에 가장 가까운 정수는 -2, $\dfrac{15}{4}$에 가장 가까운 정수는 4이므로

$a + b = -2 + 4 = 2$

13 $1 + (-3) = -2$이므로

$a = -2 - \dfrac{1}{2} = -\dfrac{4}{2} - \dfrac{1}{2} = -\dfrac{5}{2}$

$b = -2 - \left(-\dfrac{2}{3} \right) = -\dfrac{6}{3} + \left(+\dfrac{2}{3} \right) = -\dfrac{4}{3}$

$\therefore a + b = \left(-\dfrac{5}{2} \right) + \left(-\dfrac{4}{3} \right)$

$ = \left(-\dfrac{15}{6} \right) + \left(-\dfrac{8}{6} \right) = -\dfrac{23}{6}$

14 ① $-1^4 = -1$ ② $(-1)^5 = -1$

③ $-(-2)^2 = -4$ ④ $-2^3 = -8$

⑤ $-(-2)^3 = -(-8) = 8$

따라서 가장 큰 수는 ⑤이다.

15 $1.2 \times a = 1$, $\dfrac{6}{5} \times a = 1$ $\therefore a = \dfrac{5}{6}$

$\left(-\dfrac{1}{3} \right) \times b = 1$ $\therefore b = -3$

$\therefore ab = \dfrac{5}{6} \times (-3) = -\dfrac{5}{2}$

16 $4.15 \times (-2.96) + 4.15 \times 1.46 + (-1.5) \times 1.85$

$= 4.15 \times \{(-2.96) + 1.46\} + (-1.5) \times 1.85$

$= 4.15 \times (-1.5) + (-1.5) \times 1.85$

$= (-1.5) \times (4.15 + 1.85)$

$= (-1.5) \times 6$

$= -9$

17 ㄱ. $2 \times 2 \times 2 \times 2 = 2^4$

ㄹ. $0.1 \times a \times a = 0.1a^2$

ㅁ. $a \times a \times b \times b \times a = a^3 b^2$

ㅂ. $(-3) \div y = (-3) \times \dfrac{1}{y} = -\dfrac{3}{y}$

따라서 옳은 것은 ③ ㄴ, ㄷ, ㅂ이다.

18 ① x^2의 차수는 2차이므로 일차식이 아니다.

③ 분모에 x가 있으므로 다항식이 아니다.

19 문자와 차수가 같아야 하므로 $5x$와 동류항인 것은

② $-\dfrac{2}{3}x$이다.

20

정삼각형의 개수	성냥개비의 개수
1	3
2	$3 + 2 \times 1 = 5$
3	$(3 + 2) + 2 = 3 + 2 \times 2 = 7$
...	...
n	$3 + 2(n-1) = 2n + 1$

n개의 정삼각형을 만드는 데 필요한 성냥개비는 $(2n+1)$개이므로

$n=18$을 대입하면 $2 \times 18 + 1 = 37$(개)이다.

21 $72 = 2^3 \times 3^2$이므로 약수의 개수는

$(3+1) \times (2+1) = 12$ $\qquad$ ··· 1단계

$2 \times 3^a \times 5^b$의 약수의 개수는

$(1+1) \times (a+1) \times (b+1)$이므로

$2 \times (a+1) \times (b+1) = 12$

$(a+1) \times (b+1) = 2 \times 3$

$a<b$이므로 $a+1=2$, $b+1=3$

$\therefore a=1$, $b=2$ $\qquad$ ··· 2단계

$\therefore a+b^2 = 1 + 2^2 = 5$ $\qquad$ ··· 3단계

채점 기준표

단계	채점 기준	배점
1단계	72의 약수의 개수를 구한 경우	2점
2단계	a, b의 값을 구한 경우	2점
3단계	$a+b^2$의 값을 구한 경우	1점

22 비가 $3:6:8$인 세 자연수를 $3 \times x$, $6 \times x$, $8 \times x$라고 하면

$$
\begin{array}{r}
3 \times x \\
6 \times x = 2 \times 3 \times x \\
8 \times x = 2^3 \quad \times x \\
\hline
\end{array}
$$

(최소공배수)$= 2^3 \times 3 \times x$ $\qquad$ ··· 1단계

$360 = 2^3 \times 3^2 \times 5$이므로

$2^3 \times 3 \times x = 2^3 \times 3^2 \times 5$

$\therefore x = 3 \times 5 = 15$ $\qquad$ ··· 2단계

세 자연수는 $3 \times 15 = 45$,

$6 \times 15 = 90$, $8 \times 15 = 120$이므로 세 자연수의 합은

$45 + 90 + 120 = 255$이다. $\qquad$ ··· 3단계

채점 기준표

단계	채점 기준	배점
1단계	세 자연수의 최소공배수를 x를 사용하여 나타낸 경우	2점
2단계	x의 값을 구한 경우	2점
3단계	세 자연수의 합을 구한 경우	1점

23 n은 96과 72의 공약수이므
로 최대공약수인 $2^3 \times 3$의 약
수이다. $\qquad$ ··· 1단계

$96 = 2^5 \times 3$
$72 = 2^3 \times 3^2$
$\overline{\text{(최대공약수)} = 2^3 \times 3}$

자연수 n의 개수는 최대공약수인 $2^3 \times 3$의 약수의 개수
와 같으므로

$(3+1) \times (1+1) = 8$이다. $\qquad$ ··· 2단계

채점 기준표

단계	채점 기준	배점
1단계	최대공약수를 구한 경우	2점
2단계	n의 개수를 구한 경우	3점

24 $\boxed{\bigcirc} - (\boxed{\bigcirc} + \boxed{\bigcirc})$이라고 할 때,

그 결과가 가장 크려면

$\bigcirc$, $\bigcirc$이 음수이어야 하므로

$\bigcirc$, $\bigcirc$에는 각각 $-\dfrac{9}{4}$, $-\dfrac{4}{3}$를 넣고

$\bigcirc$에는 $\dfrac{5}{2}$를 넣으면 $\qquad$ ··· 1단계

$$
\frac{5}{2} - \left\{ \left(-\frac{9}{4} \right) + \left(-\frac{4}{3} \right) \right\}
$$

$$
= \frac{5}{2} - \left\{ \left(-\frac{27}{12} \right) + \left(-\frac{16}{12} \right) \right\}
$$

$$
= \frac{5}{2} - \left(-\frac{43}{12} \right) = \frac{30}{12} + \frac{43}{12} = \frac{73}{12} \quad \text{··· 2단계}
$$

채점 기준표

단계	채점 기준	배점
1단계	$\bigcirc$, $\bigcirc$, $\bigcirc$에 넣을 수를 각각 구한 경우	3점
2단계	계산 결과가 가장 큰 값을 구한 경우	2점

25 $\dfrac{2x+1}{3} - \dfrac{3-x}{2} = \dfrac{2x}{3} + \dfrac{1}{3} - \left(\dfrac{3}{2} - \dfrac{x}{2} \right)$

$$
= \frac{2x}{3} + \frac{1}{3} - \frac{3}{2} + \frac{x}{2}
$$

$$
= \left(\frac{4x}{6} + \frac{3x}{6} \right) + \left(\frac{2}{6} - \frac{9}{6} \right)
$$

$$
= \frac{7x}{6} - \frac{7}{6} \quad \text{··· 1단계}
$$

x의 계수는 $a = \dfrac{7}{6}$, 상수항은 $b = -\dfrac{7}{6}$이므로

$\qquad$ ··· 2단계

$a - b = \dfrac{7}{6} - \left(-\dfrac{7}{6} \right) = \dfrac{7}{6} + \dfrac{7}{6} = \dfrac{14}{6} = \dfrac{7}{3}$ ··· 3단계

채점 기준표

단계	채점 기준	배점
1단계	식을 간단히 한 경우	2점
2단계	a, b의 값을 각각 구한 경우	2점
3단계	$a-b$의 값을 구한 경우	1점

01 ②	02 ③	03 ⑤	04 ②	05 ②
06 ②, ③	07 ②	08 ③	09 ⑤	10 ③
11 ③	12 ④	13 ④	14 ⑤	15 ⑤
16 ④	17 ②, ④	18 ⑤	19 ①, ③	20 ④
21 504	22 358명	23 16	24 −5	
25 −7x−2				

01 ② 2는 짝수인 소수이다.

02 $64=2^6=2^a$ ∴ $a=6$
$243=3^5=3^b$ ∴ $b=5$
$a=6$, $b=5$를 $2a-3b$에 대입하면
$2a-3b=2\times6-3\times5=12-15=-3$

03 $126=2\times3^2\times7$이므로 126의 소인수는 2, 3, 7이다.
따라서 소인수의 합은 $2+3+7=12$이다.

04 약수의 개수는
① $(2+1)\times(1+1)=6$
② $(2+1)\times(2+1)=9$
③ $(1+1)\times(1+1)\times(1+1)=8$
④ $(3+1)\times(1+1)=8$
⑤ $(1+1)\times(2+1)=6$
따라서 약수의 개수가 가장 많은 것은 ②이다.

05 $24=2^3\times3$이므로 N은 2, 3과 서로소인 자연수이다.
10 초과 40 이하의 자연수 중에서 2와 3의 배수를 제외한 11, 13, 17, 19, 23, 25, 29, 31, 35, 37이 조건을 만족하는 자연수 N이므로 10개이다.

06 두 수의 최대공약수가 $36=2^2\times3^2$이려면
□는 $3^2\times(3, 5와 서로소인 자연수)$이어야 한다.
각 수를 소인수분해하면
① $9=3^2$ ② $27=3^3$
③ $45=3^2\times5$ ④ $63=3^2\times7$
⑤ $72=2^3\times3^2$
② $27=3^3$인 경우
$2^4\times\boxed{3^3}$과 $2^2\times3^3\times5$의 최대공약수는
$2^2\times3^3=108$
③ $45=3^2\times5$인 경우
$2^4\times\boxed{3^2\times5}$와 $2^2\times3^3\times5$의 최대공약수는

$2^2\times3^2\times5=180$
따라서 □ 안에 들어갈 수 없는 수는 ②, ③이다.

07 24, 30, 32의 공배수는
세 수의 최소공배수인
$2^5\times3\times5=480$의 배수
이다.

$24=2^3\times3$
$30=2\times3\times5$
$32=2^5$
_____
(최소공배수)$=2^5\times3\times5$

480, 960, 1440, …이므로 1000에 가장 가까운 수는 960이다.

08 두 톱니바퀴 A, B가 다시 처음 톱니에서 맞물릴 때까지 움직인 톱니는 $28\times10=280$(개)이고 두 톱니바퀴의 톱니의 수의 최소공배수이다.
톱니바퀴 A의 톱니는 $28=2^2\times7$(개)이고,
두 톱니바퀴의 톱니의 수의 최소공배수는
$280=2^3\times5\times7$이므로
톱니바퀴 B의 톱니는
$2^3\times5=40$(개) 또는 $2^3\times5\times7=280$(개)
따라서 톱니바퀴 B의 톱니는 ③ 40개이다.

09 가장 작은 기약분수 $\dfrac{b}{a}$에
서 a는 63, 36, 108의 최
대공약수이므로
$3^2=9$

$63=3^2\times7$
$36=2^2\times3^2$
$108=2^2\times3^3$
_____
(최대공약수)$=3^2$

b는 10, 5, 25의 최소공배수이므로
$2\times5^2=50$
∴ $b-a=50-9=41$

10 두 수의 최대공약수가 12이므로
$A=12\times a$, $B=12\times b$ (a, b는 서로소)라고 하면
(두 수의 곱)$=$(최대공약수)$\times$(최소공배수)이므로
최소공배수는 $6048\div12=504$
$504=12\times a\times b$,
$2^3\times3^2\times7=2^2\times3\times a\times b$
∴ $a\times b=2\times3\times7$
a, b가 서로소이고, A, B가 두 자리 자연수이므로
A, B의 값은 $12\times2\times3=72$, $12\times7=84$이다.
따라서 A, B의 합은 $72+84=156$이다.

11 ㄱ. 0의 절댓값은 0이므로 정수의 절댓값은 0보다 크거나 같다.
ㄹ. 음수인 경우 절댓값이 클수록 수직선의 왼쪽에 있다.

ㅁ. $|a|=3$이면 $a=3$ 또는 $a=-3$이다.
따라서 옳은 것은 ③ ㄴ, ㄷ이다.

12

$-\dfrac{3}{2}$을 나타내는 점보다 오른쪽에 있는 수는 $-\dfrac{3}{2}$보다 큰 수이므로 $-\dfrac{2}{3}$, 0, $+\dfrac{3}{4}$, $\dfrac{6}{5}$의 4개이다.

13 ① $|-3|=3$이므로 $|-3|>2$이다.
② $|-4|=4$이므로 $-|-4|=-4$
음수는 0보다 작으므로 $-|-4|<0$
③ (음수)<(양수)이므로 $-\dfrac{1}{2}<\dfrac{1}{3}$
④ $-\dfrac{1}{2}=-\dfrac{2}{4}$이고 음수는 절댓값이 큰 수가 더 작으므로 $-\dfrac{1}{2}>-\dfrac{3}{4}$
⑤ 음수는 절댓값이 큰 수가 더 작으므로
$-4<-2$
따라서 옳은 것은 ④이다.

14 ① $+2+4=6$
② $-3+(-2)=-5$
③ $4-(+2)=2$
④ $\dfrac{15}{2}+(-3)=\dfrac{15}{2}+\left(-\dfrac{6}{2}\right)=\dfrac{9}{2}$
⑤ $\dfrac{13}{3}-\left(-\dfrac{12}{5}\right)=\dfrac{65}{15}+\left(+\dfrac{36}{15}\right)=\dfrac{101}{15}$
따라서 가장 큰 수는 ⑤이다.

15 두 수가 서로 역수가 되려면 두 수의 곱이 1이어야 한다.
① $-1\times0.1=-1\times\dfrac{1}{10}=-\dfrac{1}{10}$
② $-2\times\dfrac{1}{2}=-1$
③ $3\times\left(-\dfrac{1}{3}\right)=-1$
④ $0.3\times\dfrac{3}{10}=\dfrac{3}{10}\times\dfrac{3}{10}=\dfrac{9}{100}$
⑤ $2.5\times\dfrac{2}{5}=\dfrac{25}{10}\times\dfrac{2}{5}=1$
따라서 두 수가 서로 역수인 것은 ⑤이다.

16 세 수를 곱한 값이 가장 크려면 양수가 나오고 그 절댓값이 가장 커야 하므로

$x=\left(-\dfrac{3}{4}\right)\times\left(-\dfrac{1}{3}\right)\times2=\dfrac{1}{2}$
세 수를 곱한 값이 가장 작으려면 음수가 나오고 그 절댓값이 가장 커야 하므로
$y=\left(-\dfrac{3}{4}\right)\times\left(+\dfrac{3}{2}\right)\times2=-\dfrac{9}{4}$
$\therefore x-y=\dfrac{1}{2}-\left(-\dfrac{9}{4}\right)=\dfrac{2}{4}+\left(+\dfrac{9}{4}\right)=\dfrac{11}{4}$

17 ① $b\times(-1)\times a=-ab$
③ $(a-b)\div2+2\div c=(a-b)\times\dfrac{1}{2}+2\times\dfrac{1}{c}$
$\qquad\qquad =\dfrac{a-b}{2}+\dfrac{2}{c}$
$\qquad\qquad =\dfrac{a}{2}-\dfrac{b}{2}+\dfrac{2}{c}$
④ $b\times0.1\div a=b\times\dfrac{1}{10}\times\dfrac{1}{a}=\dfrac{b}{10a}$
⑤ $(-2)\div a-a\div(1\div b)=(-2)\times\dfrac{1}{a}-a\div\dfrac{1}{b}$
$\qquad\qquad =-\dfrac{2}{a}-a\times b$
$\qquad\qquad =-\dfrac{2}{a}-ab$
따라서 옳은 것은 ②, ④이다.

18 ① $a-b=-2-\left(-\dfrac{2}{3}\right)=-\dfrac{6}{3}+\left(+\dfrac{2}{3}\right)=-\dfrac{4}{3}$
② $a+9b^2=-2+9\times\left(-\dfrac{2}{3}\right)^2=-2+9\times\left(+\dfrac{4}{9}\right)$
$\qquad\qquad =-2+(+4)=2$
③ $a-\dfrac{1}{b}=-2-1\div\left(-\dfrac{2}{3}\right)=-2-1\times\left(-\dfrac{3}{2}\right)$
$\qquad\qquad =-\dfrac{4}{2}+\left(+\dfrac{3}{2}\right)=-\dfrac{1}{2}$
④ $ab^2=(-2)\times\left(-\dfrac{2}{3}\right)^2=(-2)\times\left(+\dfrac{4}{9}\right)=-\dfrac{8}{9}$
⑤ $\dfrac{3a}{b^2}=3\times(-2)\div\left(-\dfrac{2}{3}\right)^2=3\times(-2)\div\left(+\dfrac{4}{9}\right)$
$\qquad\qquad =3\times(-2)\times\left(+\dfrac{9}{4}\right)=-\dfrac{27}{2}$
따라서 가장 작은 값은 ⑤이다.

19 ① 항은 x^2, $\dfrac{x}{2}$, -3의 3개이다.
② 차수가 가장 큰 항은 x^2이므로 다항식의 차수는 2이다.
③ $x^2=1\times x^2$이므로 x^2의 계수는 1이다.
④ $\dfrac{x}{2}=\dfrac{1}{2}\times x$이므로 x의 계수는 $\dfrac{1}{2}$이다.
⑤ 상수항은 -3이다.
따라서 옳은 것은 ①, ③이다.

20 (가로의 길이)$=7-(2a-1)$
$$=7-2a+1=8-2a\,(\text{cm})$$
(세로의 길이)$=7+(a-2)$
$$=7+a-2=a+5\,(\text{cm})$$
(직사각형의 둘레의 길이)
$$=2\{(\text{가로의 길이})+(\text{세로의 길이})\}$$
$$=2\{(8-2a)+(a+5)\}$$
$$=2(13-a)$$
$$=26-2a\,(\text{cm})$$

21 (가)에서 소인수가 2, 3, 7뿐이므로 구하고자 하는 자연수는 $2^a\times3^b\times7^c$ (a, b, c는 자연수)로 나타낼 수 있다. ··· **1단계**
(나)에서 약수의 개수는
$(a+1)\times(b+1)\times(c+1)=12=2\times2\times3$이므로
(i) $a=2$, $b=1$, $c=1$인 경우
$\quad2^2\times3\times7=84$
(ii) $a=1$, $b=2$, $c=1$인 경우
$\quad2\times3^2\times7=126$
(iii) $a=1$, $b=1$, $c=2$인 경우
$\quad2\times3\times7^2=294$ ··· **2단계**
$\therefore 84+126+294=504$ ··· **3단계**

22 4명씩 배정하면 2명이 남고, 5명씩 배정하면 3명이 남고, 6명씩 배정하면 4명이 남는 것은 4, 5, 6의 공배수에서 2가 부족한 것과 같다. ··· **1단계**
4, 5, 6의 공배수는 4, 5, 6의 최소공배수인 60의 배수이다. ··· **2단계**
60의 배수에서 2를 뺀 수 중 350 이상 400 이하인 수가 참가한 학생 수이므로
$360-2=358$(명) ··· **3단계**

23 정수 a의 절댓값이 5이므로
$a=-5$ 또는 $a=5$
정수 b의 절댓값이 3이므로
$b=-3$ 또는 $b=3$ ··· **1단계**
(i) $a=-5$, $b=-3$일 때,
$\quad a-b=(-5)-(-3)=(-5)+(+3)=-2$
(ii) $a=-5$, $b=3$일 때,
$\quad a-b=(-5)-3=(-5)+(-3)=-8$
(iii) $a=5$, $b=-3$일 때,
$\quad a-b=5-(-3)=5+(+3)=8$
(iv) $a=5$, $b=3$일 때,
$\quad a-b=5-3=2$
따라서 $a-b$의 값 중 가장 큰 수는 8이므로
$M=8$
$a-b$의 값 중 가장 작은 수는 -8이므로
$m=-8$ ··· **2단계**
$\therefore M-m=8-(-8)=8+(+8)$
$$=16$$ ··· **3단계**

24 $A=2-\dfrac{2}{3}\times\left\{1-(-4)\div\left(-\dfrac{2}{3}\right)^2\right\}$
$$=2-\dfrac{2}{3}\times\left\{1-(-4)\div\dfrac{4}{9}\right\}$$
$$=2-\dfrac{2}{3}\times\left\{1-(-4)\times\dfrac{9}{4}\right\}$$
$$=2-\dfrac{2}{3}\times(1+9)$$
$$=\dfrac{6}{3}-\dfrac{20}{3}$$
$$=-\dfrac{14}{3}$$ ··· **1단계**
$A=-\dfrac{14}{3}=-4.666\cdots$이므로 가장 가까운 정수는 -5이다. ··· **2단계**

25 어떤 다항식을 $\square$라고 하면

$\boxed{}+(5x-1)=3x-4$에서

$\boxed{}=3x-4-(5x-1)$

$\qquad =3x-4-5x+1$

$\qquad =-2x-3 \qquad\qquad$ ··· 1단계

바르게 계산하면

$\boxed{-2x-3}-(5x-1)=-2x-3-5x+1$

$\qquad\qquad\qquad\qquad =-7x-2 \qquad$ ··· 2단계

채점 기준표

단계	채점 기준	배점
1단계	어떤 다항식을 구한 경우	3점
2단계	바르게 계산한 식을 구한 경우	2점

최종 마무리 50제

본문 128~135쪽

01 ⑤	02 ④	03 ④	04 ①	05 ④
06 ③	07 ⑤	08 ②	09 ④	10 ③, ④
11 ①	12 ②	13 ②	14 ⑤	15 ②
16 ⑤	17 ①, ④	18 ①	19 ②	20 ④
21 ④	22 ④	23 ④	24 ⑤	25 ①
26 ④	27 ①	28 ④	29 ③	30 ⑤
31 ⑤	32 ②	33 ②	34 ③	35 ①
36 ③	37 ③	38 ②	39 ②	40 ④
41 ⑤	42 ④	43 ③	44 ⑤	45 ④
46 ④	47 ③	48 ①	49 ⑤	50 ③

01 ⑤ $33=3\times11$은 1과 33 이외에도 3, 11을 약수로 가지므로 소수가 아니다.

02 ① 가장 작은 소수는 2이다.

② 2는 소수이지만 홀수가 아니다.

③ 2는 짝수이지만 합성수가 아니다.

④ 서로 다른 두 소수 p, q에 대하여 두 소수 p, q의 곱인 $p\times q$는 1과 $p\times q$ 이외에도 p, q를 약수로 가지므로 합성수이다.

⑤ 소수가 아닌 자연수는 1 또는 합성수이다.

03 ① $8=2^3$

② $24=2^3\times3$

③ $31=31$

⑤ $64=2^6$

04 $96=2^5\times3$이므로 소인수는 2, 3이다.

따라서 구하는 합은 $2+3=5$이다.

05 구하는 가장 작은 자연수를 x라고 하면

$240\times x$는 소인수의 지수가 모두 짝수가 되어야 한다.

$240\times x=2^4\times3\times5\times x$이므로

$x=3\times5=15$이다.

06 $2^2\times3^3\times7$의 약수는 2^2의 약수와 3^3의 약수, 7의 약수를 곱한 수이다.

③ 2^3은 2^2의 약수가 아니므로 $2^3\times3^2$은 $2^2\times3^3\times7$의 약수가 아니다.

07 $8=(3+1)\times(1+1)=7+1$이므로 $\square$ 안에 들어갈 수는 2가 아닌 소수 또는 2^4이다.

① 5는 2가 아닌 소수이므로 $\square$ 안에 들어갈 수 있다.

② 7은 2가 아닌 소수이므로 $\square$ 안에 들어갈 수 있다.

③ 11은 2가 아닌 소수이므로 $\square$ 안에 들어갈 수 있다.

④ $16=2^4$이므로 $\square$ 안에 들어갈 수 있다.

⑤ $20=2^2\times5$이므로 $\square$ 안에 들어갈 수 없다.

08 (나)에 의해 소인수의 합이 10인 경우는 $2+3+5$ 또는 $3+7$이다.

(i) 2, 3, 5만을 소인수로 갖는 경우

(다)에 의해 $12=2\times2\times3$이므로

주어진 수를 소인수분해했을 때, 소인수의 지수는 1, 1, 2이다.

$2^2\times3\times5$, $2\times3^2\times5$, $2\times3\times5^2$ 중 (가)를 만족하는 것은 $2^2\times3\times5=60$과 $2\times3^2\times5=90$이다.

(ii) 3, 7만을 소인수로 갖는 경우

(다)에 의해 $12=2\times6=3\times4$이므로

주어진 수를 소인수분해했을 때, 소인수의 지수는 1과 5 또는 2와 3이다.

3×7^5, $3^5\times7$, $3^2\times7^3$, $3^3\times7^2$ 중 (가)를 만족하는 것은 없다.

따라서 조건을 모두 만족시키는 자연수는

$2^2\times3\times5=60$, $2\times3^2\times5=90$의 2개이다.

09 $1 \times 2 \times 3 \times \cdots \times 100$에 곱해져 있는 수들 중에서 5를 약수로 갖는 수는 5×1, 5×2, 5×3, $\cdots$, 5×20이고, 5×5, 5×10, 5×15, 5×20에는 5가 2개 곱해져 있다.

따라서 소인수분해했을 때, 5의 지수는
$20+1+1+1+1=24$이다.

10 두 자연수의 공약수는 두 수의 최대공약수의 약수이므로 어떤 두 자연수의 공약수는 30의 약수이다.

③ 9는 30의 약수가 아니므로 9는 어떤 두 수의 공약수가 아니다.

④ 12는 30의 약수가 아니므로 12는 어떤 두 수의 공약수가 아니다.

11 최대공약수는 밑이 같은 거듭제곱 중에서 지수가 같거나 작은 것을 찾아서 곱하므로

$2^3 \times 3^2 \times 5$
$2^2 \times 3^3 \times 5^2$
$\underline{2 \times 3^2 \qquad \times 7}$
2×3^2

구하는 최대공약수는 2×3^2이다.

12 $28=2^2 \times 7$이므로 두 수가 서로소이려면 a는 2, 7을 인수로 가지면 안 된다.

① 2는 a의 값이 될 수 없다.

③ $6=2 \times 3$은 2를 인수로 가지므로 a의 값이 될 수 없다.

④ $10=2 \times 5$는 2를 인수로 가지므로 a의 값이 될 수 없다.

⑤ $21=3 \times 7$은 7을 인수로 가지므로 a의 값이 될 수 없다.

13 두 자연수의 공배수는 두 수의 최소공배수의 배수이다.

2×7과 3×7의 최소공배수는 밑이 같은 거듭제곱 중에서 지수가 같거나 큰 것을 찾고 밑이 다른 거듭제곱을 찾아 곱하므로 $2 \times 3 \times 7=42$

300 이하의 자연수 중에서 42의 배수는 42, 84, 126, 168, 210, 252, 294의 7개이다.

14 최소공배수는 밑이 같은 거듭제곱 중에서 지수가 같거나 큰 것을 찾고 밑이 다른 거듭제곱을 찾아 곱하므로

$3^2 \times 5^a \times 11^2$
$\underline{3^b \times 5^2}$
$3^4 \times 5^3 \times 11^2$

$a=3$, $b=4$

따라서 $a+b=3+4=7$

15 최대공약수는 밑이 같은 거듭제곱 중에서 지수가 같거나 작은 것을 찾아서 곱하므로

$2^a \times 3^3$
$2^5 \times 3^b \times 7$
$\underline{2^4 \times 3^3 \times 7^c}$
$2^3 \times 3$

$a=3$, $b=1$

최소공배수는 밑이 같은 거듭제곱 중에서 지수가 같거나 큰 것을 찾고 밑이 다른 거듭제곱을 찾아 곱하므로

$2^a \times 3^3$
$2^5 \times 3^b \times 7$
$\underline{2^4 \times 3^3 \times 7^c}$
$2^5 \times 3^3 \times 7^2$

$c=2$

따라서 $a+b+c=3+1+2=6$

16 자연수 n은 108, 120의 공약수이고, 이 중 가장 큰 값은 108, 120의 최대공약수이다.

$108=2^2 \times 3^3$, $120=2^3 \times 3 \times 5$이므로

$108=2^2 \times 3^3$
$\underline{120=2^3 \times 3 \times 5}$
$2^2 \times 3$

108, 120의 최대공약수는 $2^2 \times 3=12$

따라서 구하는 값은 12이다.

17 어떤 수로 58을 나누면 4가 남으므로 54를 나누면 나누어떨어지고, 97을 나누면 7이 남으므로 90을 나누면 나누어떨어진다.

즉, 어떤 수는 54, 90의 공약수이므로 54, 90의 최대공약수의 약수이다.

또한 어떤 수로 나누었을 때의 나머지가 4, 7인 경우가 있으므로 어떤 수는 7보다 큰 자연수이다.

$54=2 \times 3^3$, $90=2 \times 3^2 \times 5$이므로

$54=2 \times 3^3$
$\underline{90=2 \times 3^2 \times 5}$
2×3^2

54, 90의 최대공약수는 $2 \times 3^2=18$

따라서 어떤 수는 18의 약수 중 7보다 큰 자연수이므로 9, 18이다.

18 세 자연수 4, 5, 6의 어느 것으로 나누어도 항상 나머지가 3이 되는 자연수를 □라고 하면
□−3은 4, 5, 6의 공배수이다.
4, 5, 6의 공배수는 최소공배수의 배수이고
$4=2^2$, $6=2\times3$이므로

$$
\begin{array}{r}
4=2^2 \\
5=\qquad\ 5 \\
6=2\ \times 3 \\
\hline
2^2\times3\times5
\end{array}
$$

4, 5, 6의 최소공배수는 $2^2\times3\times5=60$이다.
즉 □−3은 60의 배수이다.
또한 □는 세 자리 자연수이므로 $97\leq□-3<997$
□−3은 120, 180, 240, ⋯, 960이 되어
□는 123, 183, 243, ⋯, 963의 15개이다.

19 똑같이 나누어 줄 수 있는 학생 수는 60, 48, 90의 공약수이고, 이 중 가장 많은 학생 수는 60, 48, 90의 최대공약수이다.
$60=2^2\times3\times5$, $48=2^4\times3$, $90=2\times3^2\times5$이므로

$$
\begin{array}{r}
60=2^2\times3\ \times5 \\
48=2^4\times3 \\
90=2\ \times3^2\times5 \\
\hline
2\ \times3
\end{array}
$$

60, 48, 90의 최대공약수는 $2\times3=6$이다.
따라서 구하는 학생 수는 6명이다.

20 만들 수 있는 정육면체의 한 모서리의 길이는 20, 12, 18의 공배수이고, 이 중 가장 작은 정육면체의 한 모서리의 길이는 20, 12, 18의 최소공배수이다.
$20=2^2\times5$, $12=2^2\times3$, $18=2\times3^2$이므로

$$
\begin{array}{r}
20=2^2\qquad\ \times5 \\
12=2^2\times3 \\
18=2\ \times3^2 \\
\hline
2^2\times3^2\times5
\end{array}
$$

20, 12, 18의 최소공배수는 $2^2\times3^2\times5=180$이다.
가장 작은 정육면체의 한 모서리의 길이는 180 cm이므로
가로 방향에 쌓게 되는 상자는
$180\div20=9$(개)
세로 방향에 쌓게 되는 상자는

$180\div12=15$(개)
위로 쌓게 되는 상자는
$180\div18=10$(개)
따라서 필요한 상자는
$9\times15\times10=1350$(개)

21 ① 15 % 증가 ➡ $+15\,\%$
② 영상 35℃ ➡ $+35℃$
③ 해발 8848.86 m ➡ $+8848.86$ m
④ 2000원 할인 ➡ -2000원
⑤ 10분 지연 ➡ $+10$분

22 □에 해당하는 수는 정수가 아닌 유리수이므로 ㄷ. 3.14, ㅁ. $-\dfrac{8}{3}$이다.

23 ④ $\dfrac{4}{2}$는 분자와 분모가 자연수인 분수이고 $\dfrac{4}{2}=2$이므로 정수이다.

24 점 A, B, C, D, E에 대응하는 수는 다음과 같다.

A	B	C	D	E
-4	$-\dfrac{7}{3}$	0	$\dfrac{3}{2}$	$\dfrac{7}{3}$

① 음수에 대응하는 점은 A, B의 2개이다.
② 정수에 대응하는 점은 A, C의 2개이다.
③ 점 C에 대응하는 점은 0이므로 유리수이다.
④ $|0|<\left|\dfrac{3}{2}\right|<\left|-\dfrac{7}{3}\right|=\left|\dfrac{7}{3}\right|<|-4|$이므로 절댓값이 가장 작은 수에 대응하는 점은 C이다.
⑤ $\left|-\dfrac{7}{3}\right|=\left|\dfrac{7}{3}\right|=\dfrac{7}{3}$이므로 점 B에 대응하는 수와 점 E에 대응하는 수의 절댓값은 같다.

25 0에 대응하는 점으로부터 가장 멀리 떨어져 있는 점에 대응하는 수는 절댓값이 가장 큰 수이다.
$|2|<|-3|<|-5|<|6|<|-7|$이므로
구하는 수는 -7이다.

26 (가)에 의해 a로 가능한 값은 1, -1이다.
(나)에 의해 b의 절댓값은 1보다 작은 정수이므로
$|b|=0$이 되어 $b=0$이다.
(다)에 의해 $a<0$이므로 $a=-1$이다.
따라서 $b-a=0-(-1)=0+(+1)=1$

27 음수끼리는 절댓값이 클수록 작고, 양수끼리는 절댓값이 클수록 크므로

$$-\frac{9}{2}<-\frac{21}{5}<-4<\frac{5}{4}<2$$

따라서 구하는 수는 $-\frac{21}{5}$이다.

28 '작지 않다.'는 '크거나 같다.'와 의미가 같고, '크지 않다.'는 '작거나 같다.'와 의미가 같으므로

$$-8\le x\le 2$$

29 구하는 정수를 x라고 하면 $\frac{8}{3}\le |x|<6$이므로 $|x|$는 3, 4, 5이다.

절댓값이 3인 수는 3, -3

절댓값이 4인 수는 4, -4

절댓값이 5인 수는 5, -5

따라서 구하는 정수의 개수는 6이다.

30 $-\frac{5}{6}=-\frac{20}{24}$, $\frac{3}{8}=\frac{9}{24}$이므로 두 수 사이에 있는 분모가 24인 유리수는 $-\frac{19}{24}$, $-\frac{18}{24}$, $-\frac{17}{24}$, $\cdots$, $\frac{8}{24}$이고, 이 중 기약분수로 나타내었을 때 분모가 24인 것은

$-\frac{19}{24}$, $-\frac{17}{24}$, $-\frac{13}{24}$, $-\frac{11}{24}$, $-\frac{7}{24}$, $-\frac{5}{24}$, $-\frac{1}{24}$,

$\frac{1}{24}$, $\frac{5}{24}$, $\frac{7}{24}$의 10개이다.

31 ① $(+3)+(-5)=-(5-3)=-2$

② $(-9)+(-2)=-(9+2)=-11$

③ $0-(-4)=0+(+4)=+4$

④ $(+2)-(+6)=(+2)+(-6)$

$\qquad\qquad\qquad =-(6-2)=-4$

⑤ $(-1)-(-8)=(-1)+(+8)$

$\qquad\qquad\qquad =+(8-1)=+7$

따라서 계산 결과가 가장 큰 것은 ⑤이다.

32 $a=5+\left(-\frac{3}{2}\right)=\left(+\frac{10}{2}\right)+\left(-\frac{3}{2}\right)=\frac{7}{2}$

$b=\left(-\frac{3}{7}\right)-(-1)=\left(-\frac{3}{7}\right)+(+1)$

$\quad =\left(-\frac{3}{7}\right)+\left(+\frac{7}{7}\right)=\frac{4}{7}$

따라서 $a\times b=\frac{7}{2}\times\frac{4}{7}=2$

33 -7과 다섯 번째 수의 합이 -2이므로

다섯 번째 수는

$(-2)-(-7)=(-2)+(+7)=+5$이다.

-2와 여섯 번째 수의 합이 $+5$이므로

여섯 번째 수는

$(+5)-(-2)=(+5)+(+2)=+7$이다.

$+5$와 일곱 번째 수의 합이 $+7$이므로

일곱 번째 수는

$(+7)-(+5)=(+7)+(-5)=+2$이다.

$+7$과 여덟 번째 수의 합이 $+2$이므로

여덟 번째 수는

$(+2)-(+7)=(+2)+(-7)=-5$이다.

즉, $+2$, -5, -7, -2, $+5$, $+7$이 계속해서 반복됨을 알 수 있다.

따라서 $50=6\times 8+2$이므로 50번째에 나오는 수는 -5이다.

34 $a=\left(+\frac{4}{3}\right)\times\left(-\frac{3}{8}\right)=-\left(\frac{4}{3}\times\frac{3}{8}\right)=-\frac{1}{2}$

$b=\left(-\frac{6}{5}\right)\div\left(-\frac{3}{2}\right)=\left(-\frac{6}{5}\right)\times\left(-\frac{2}{3}\right)$

$\quad =+\left(\frac{6}{5}\times\frac{2}{3}\right)=\frac{4}{5}$

따라서 $a+b=\left(-\frac{1}{2}\right)+\frac{4}{5}$

$\qquad\qquad =\left(-\frac{5}{10}\right)+\frac{8}{10}=\frac{3}{10}$

35 가위바위보를 10번 하여 수연이가 6번 이기고 2번 비겼으며 2번 졌으므로 수연이의 위치를 나타내는 수는

$6\times(+3)+2\times(+1)+2\times(-1)$

$=18+2+(-2)$

$=18$

도훈이는 2번 이기고 2번 비겼으며 6번 졌으므로 도훈이의 위치를 나타내는 수는

$2\times(+3)+2\times(+1)+6\times(-1)$

$=6+2+(-6)$

$=2$

따라서 두 사람의 계단의 위치의 차는

$18-2=16$

36 $(-1)+(-1)^2+(-1)^3+\cdots+(-1)^{100}$

$=(-1)+(+1)+(-1)+(+1)$

$\qquad\qquad\qquad +\cdots+(-1)+(+1)$

$=\{(-1)+(+1)\}+\{(-1)+(+1)\}$

$\qquad\qquad\qquad +\cdots+\{(-1)+(+1)\}$

$=\underbrace{0+0+\cdots+0}_{50번}=0$

37 a와 마주 보는 면에 적힌 수는 -5이므로
$$a = -\frac{1}{5}$$
b와 마주 보는 면에 적힌 수는 $-\frac{1}{4}$이므로
$$b = -4$$
c와 마주 보는 면에 적힌 수는 $0.4 = \frac{2}{5}$이므로
$$c = \frac{5}{2}$$
따라서 $a+b+c = -\frac{1}{5} + (-4) + \frac{5}{2}$
$$= -\frac{2}{10} + \left(-\frac{40}{10}\right) + \frac{25}{10}$$
$$= -\frac{42}{10} + \frac{25}{10}$$
$$= -\frac{17}{10}$$

38 세 수를 곱해서 나올 수 있는 값이 가장 작으려면 그 값이 음수이어야 하므로 세 수가 모두 음수이거나 양수 2개와 음수 1개이어야 한다.
또한 카드에 적힌 세 수를 곱한 값이 가장 작은 음수가 되려면 절댓값이 큰 수를 뽑아 곱해야 한다.
(ⅰ) 세 수의 부호가 모두 음수인 경우
$\left|-4\right| > \left|-3\right| > \left|-\frac{7}{3}\right| > \left|-2\right|$이므로 절댓값이
큰 -4, -3, $-\frac{7}{3}$을 곱하면
$$-4 \times (-3) \times \left(-\frac{7}{3}\right) = -\left(4 \times 3 \times \frac{7}{3}\right) = -28$$
(ⅱ) 양수 2개와 음수 1개인 경우
양수가 적힌 카드는 $\frac{11}{2}$과 3 뿐이며,
절댓값이 가장 큰 음수는 -4이므로
$\frac{11}{2}$, 3, -4를 곱하면
$$\frac{11}{2} \times 3 \times (-4) = -\left(\frac{11}{2} \times 3 \times 4\right) = -66$$
따라서 가장 작은 값은 -66이다.

39 덧셈, 뺄셈, 곱셈, 나눗셈이 혼합되어 있는 경우, 곱셈과 나눗셈을 먼저 계산하고 덧셈, 뺄셈을 계산해야 하므로 처음으로 틀린 부분은 ㉠이다.
$-2 - 14 \times \left(-\frac{7}{2}\right) \div \left(+\frac{4}{3}\right)$를 옳게 계산하면 다음과 같다.
$$-2 - 14 \times \left(-\frac{7}{2}\right) \div \left(+\frac{4}{3}\right)$$

$$= -2 - 14 \times \left(-\frac{7}{2}\right) \times \left(+\frac{3}{4}\right)$$
$$= -2 - \left\{-\left(14 \times \frac{7}{2} \times \frac{3}{4}\right)\right\}$$
$$= -2 - \left(-\frac{147}{4}\right)$$
$$= -2 + \left(+\frac{147}{4}\right)$$
$$= -\frac{8}{4} + \left(+\frac{147}{4}\right)$$
$$= \frac{139}{4}$$

40 $-3^2 - 2 \div \left[\frac{1}{2} + (-3) \div \{5 \times (-4) - (-6)\}\right]$
$$= -9 - 2 \div \left[\frac{1}{2} + (-3) \div \{5 \times (-4) - (-6)\}\right]$$
$$= -9 - 2 \div \left[\frac{1}{2} + (-3) \div \{-20 - (-6)\}\right]$$
$$= -9 - 2 \div \left\{\frac{1}{2} + (-3) \div (-14)\right\}$$
$$= -9 - 2 \div \left\{\frac{1}{2} + (-3) \times \left(-\frac{1}{14}\right)\right\}$$
$$= -9 - 2 \div \left(\frac{1}{2} + \frac{3}{14}\right)$$
$$= -9 - 2 \div \left(\frac{7}{14} + \frac{3}{14}\right)$$
$$= -9 - 2 \div \frac{5}{7}$$
$$= -9 - 2 \times \frac{7}{5}$$
$$= -9 - \frac{14}{5}$$
$$= -\frac{45}{5} - \frac{14}{5}$$
$$= -\frac{59}{5}$$

41 ① $0.1 \times x = 0.1x$
② $a \times (-2) = -2a$
③ $x \times (-1) \times y = -xy$
④ $a \times a \times a \times a = a^4$
⑤ $(a+b) \div (-3) = \frac{a+b}{-3} = -\frac{a+b}{3}$

42 5개에 x원인 과자 한 개의 가격은
$$x \div 5 = \frac{x}{5} (원)$$

43 ㄱ. $a \times b \div c = a \times b \times \dfrac{1}{c} = \dfrac{ab}{c}$

ㄴ. $c \times (b \div a) = c \times \left(b \times \dfrac{1}{a}\right) = c \times \dfrac{b}{a} = \dfrac{bc}{a}$

ㄷ. $b \div c \times a = b \times \dfrac{1}{c} \times a = \dfrac{ab}{c}$

ㄹ. $b \div (a \times c) = b \div ac = b \times \dfrac{1}{ac} = \dfrac{b}{ac}$

ㅁ. $a \div b \div c = a \times \dfrac{1}{b} \times \dfrac{1}{c} = \dfrac{a}{bc}$

ㅂ. $a \div (c \div b) = a \div \left(c \times \dfrac{1}{b}\right)$
$= a \div \dfrac{c}{b} = a \times \dfrac{b}{c} = \dfrac{ab}{c}$

44 $-2x + y^2$에 $x = -2$, $y = -5$를 각각 대입하면
$-2 \times (-2) + (-5)^2 = 4 + 25 = 29$

45 ① $4x^2$의 차수가 2이므로 일차식이 아니다.
② 상수항은 -5이다.
③ x의 계수는 $\dfrac{1}{3}$이다.
⑤ x에 관한 $4x^2$의 차수는 2이다.

46 ① $5x \times (-6) = -30x$
② $2 \times (6x - 2) = 2 \times 6x - 2 \times 2$
$\qquad\qquad\qquad = 12x - 4$
③ $6x \div \left(-\dfrac{1}{2}\right) = 6x \times (-2)$
$\qquad\qquad\qquad = -12x$
④ $-\dfrac{1}{3} \times (9x - 2) = -\dfrac{1}{3} \times 9x - \left(-\dfrac{1}{3}\right) \times 2$
$\qquad\qquad\qquad = -3x - \left(-\dfrac{2}{3}\right)$
$\qquad\qquad\qquad = -3x + \left(+\dfrac{2}{3}\right)$
$\qquad\qquad\qquad = -3x + \dfrac{2}{3}$
⑤ $(-10x - 5) \div (-5)$
$\quad = (-10x - 5) \times \left(-\dfrac{1}{5}\right)$
$\quad = -10x \times \left(-\dfrac{1}{5}\right) - 5 \times \left(-\dfrac{1}{5}\right)$
$\quad = 2x - (-1)$
$\quad = 2x + (+1)$
$\quad = 2x + 1$

47 $-3a$와 $4a$는 문자가 a로 같고 차수가 1로 같으므로 동류항이다.

48 $2(-7x + 2) - 3(4x + 8)$

$= -14x + 4 - 12x - 24$
$= -14x - 12x + 4 - 24$
$= -26x - 20$

49 $\dfrac{-2x - 1}{5} - \dfrac{4x + 3}{3}$

$= -\dfrac{2}{5}x - \dfrac{1}{5} - \left(\dfrac{4}{3}x + \dfrac{3}{3}\right)$

$= -\dfrac{2}{5}x - \dfrac{1}{5} - \dfrac{4}{3}x - 1$

$= -\dfrac{2}{5}x - \dfrac{4}{3}x - \dfrac{1}{5} - 1$

$= \left(-\dfrac{2}{5} - \dfrac{4}{3}\right)x - \dfrac{1}{5} - 1$

$= -\dfrac{26}{15}x - \dfrac{6}{5}$

$a = -\dfrac{26}{15}$, $b = -\dfrac{6}{5}$이므로

$a - b = -\dfrac{26}{15} - \left(-\dfrac{6}{5}\right) = -\dfrac{26}{15} + \left(+\dfrac{6}{5}\right)$
$\qquad = -\dfrac{26}{15} + \left(+\dfrac{18}{15}\right) = -\left(\dfrac{26}{15} - \dfrac{18}{15}\right) = -\dfrac{8}{15}$

50 (사다리꼴의 넓이)
$= \dfrac{1}{2} \times \{(윗변의 길이) + (아랫변의 길이)\} \times (높이)$
이므로
(색칠한 부분의 넓이)
$= \dfrac{1}{2} \times \{(3x - 2) + (x + 7)\} \times 4 - (2x - 1) \times 2$
$= \dfrac{1}{2} \times (4x + 5) \times 4 - (2x - 1) \times 2$
$= 2(4x + 5) - 2(2x - 1)$
$= 8x + 10 - 4x + 2$
$= 4x + 12$

중학도 역시 EBS

중/학/기/본/서 베/스/트/셀/러

교과서가 달라도,
한 권으로 끝내는
자기 주도 학습서
━━━━ 뉴런

국어 1~3 영어 1~3 수학 1(상)~3(하)
사회 ①,② 과학 1~3 역사 ①,②

문제 상황

 학교마다 다른 교과서

 자신 없는 자기 주도 학습

 풀이가 꼭 필요한 수학

뉴런으로 해결!

→ 어떤 교과서도 통하는
중학 필수 개념 정리

→ All-in-One 구성(개념책/실전책/미니북),
무료 강의로 자기 주도 학습 완성

→ 수학 강의는 문항코드가 있어
원하는 문항으로 바로 연결

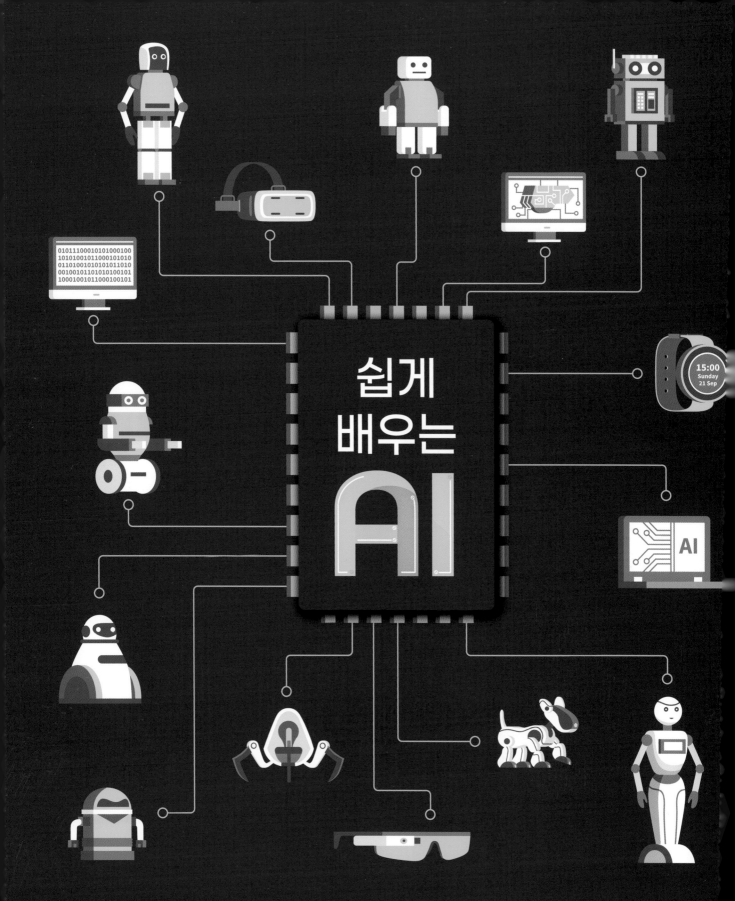

쉽게
배우는
AI

교육과정과 융합한
쉽게 배우는
인공지능(AI) 입문서

초등

중학

고교